U0657946

国家电网公司
STATE GRID
CORPORATION OF CHINA

"全能型"
乡镇供电所岗位培训教材

通用知识

国家电网公司营销部（农电工作部） 编

中国电力出版社
CHINA ELECTRIC POWER PRESS

内 容 提 要

《"全能型"乡镇供电所岗位培训教材(通用知识、台区经理、综合柜员)》共分 3 个分册,本书为《"全能型"乡镇供电所岗位培训教材(通用知识)》分册。

本书共分为 17 章,主要内容包括电工基础、电气识绘图、营业业务、电价电费、配电设备、配电线路、电能计量、电能质量、无功补偿、新能源、触电急救、常用工器具使用与维护、常用仪表使用、优质服务、职业道德、企业文化、沟通技巧与团队建设。

本书针对性、实用性强,可供乡镇供电所各岗位工作人员岗位培训与业务技能指导使用。

图书在版编目(CIP)数据

"全能型"乡镇供电所岗位培训教材. 通用知识/国家电网公司营销部(农电工作部)编. —北京:中国电力出版社,2017.12(2019.1 重印)
ISBN 978-7-5198-1611-7

Ⅰ. ①全… Ⅱ. ①国… Ⅲ. ①农村配电–岗位培训–教材 Ⅳ. ①TM727.1

中国版本图书馆 CIP 数据核字(2017)第 316457 号

出版发行:中国电力出版社
地　　址:北京市东城区北京站西街 19 号(邮政编码 100005)
网　　址:http://www.cepp.sgcc.com.cn
责任编辑:王冠一(010–63412726) 孙世通
责任校对:闫秀英
装帧设计:赵姗姗　东方文墨
责任印制:单　玲

印　　刷:北京雁林吉兆印刷有限公司
版　　次:2017 年 12 月第一版
印　　次:2019 年 1 月北京第十八次印刷
开　　本:787mm×1092mm　16 开本
印　　张:19.25
字　　数:440 千字
定　　价:58.00 元

编 委 会

前　言

乡镇供电所是国家电网公司最基层的供电服务组织，承担着密切联系乡镇政府和人民群众、服务"三农"和地方经济社会发展的重要职责，是国家电网公司安全生产、经营管理、供电服务、树立品牌形象的一线阵地和窗口。

2017年初，国家电网公司党组研究部署开展"全能型"乡镇供电所建设工作，目标是依托信息技术应用，推进营配业务融合，建立网格化供电服务模式，优化班组设置，培养复合型员工，支撑新型业务推广，构建快速响应的服务前端，建设业务协同运行、人员一专多能、服务一次到位的"全能型"乡镇供电所。经过近一年的建设，国家电网公司所属乡镇供电所基本实现了班组和业务营配融合，建立了农村供电网格化管理、片区化服务的新模式。

为贯彻落实"全能型"乡镇供电所建设要求，培育一专多能的员工队伍，提高乡镇供电所员工岗位技能和队伍素质水平，国家电网公司营销部（农电工作部）组织、国网江苏电力牵头，国网河北、山西、江西、黑龙江、陕西、宁夏、四川电力配合，共同编写了《"全能型"乡镇供电所岗位培训教材（通用知识、台区经理、综合柜员）》及《乡镇供电所台区经理实务手册》《乡镇供电所综合柜员实务手册》，用于乡镇供电所台区经理与营业厅综合柜员的岗位培训和工作指导。

《"全能型"乡镇供电所岗位培训教材（通用知识、台区经理、综合柜员）》以促进岗位技能提升为目标，根据乡镇供电所岗位工作职责、内容、标准和要求，以模块化的形式，明确了从事各岗位工作应掌握的知识与技能，划分为基础知识、专业知识、相关知识、基本技能、专业技能、相关技能及职业素养七个方面的知识技能培训模块。

统筹考虑乡镇供电所人员素质和岗位技能现状，将基础知识、基本技能及职业素养部分组卷为《"全能型"乡镇供电所岗位培训教材（通用知识）》分册，供乡镇供电所岗位人员自学及基础培训用。本教材涵盖了乡镇供电所各岗位人员应知应会的基础知识和基本技能，对乡镇供电所各岗位人员均有较高的学习与参考价值。

本教材是国家电网公司乡镇供电所岗位人员培训及自学的基础教材，可用于乡镇供电所岗位培训与业务技能提升。它与乡镇供电所各主要岗位教材的配套出版发行，必将对培养一专多能的员工队伍有着极大的促进作用，同时也将对全面推进"全能型"乡镇供电所建设产生积极的影响。

编　者

2017 年 10 月

目　录

第 1 章

电 工 基 础

模块 1　直流电路（GDSTY01001）

模块描述

　　本模块介绍了利用欧姆定律计算简单的串联、并联电路的参数，通过要点讲解、计算举例，掌握电阻串联电路的电压分配规律和电阻并联电路的电流分配规律。

模块内容

一、欧姆定律

　　欧姆定律是反映电压、电流、电阻三者之间关系的基本定律。在电阻一定的电路中，通过电阻的电流与施加于电阻上的电压成正比。也可以说成电路中的电流与电压成正比，而与电阻成反比。其表达式为：

$$I = \frac{U}{R} \tag{1-1-1}$$

式中　　I ——电流，A；

　　　　U ——电压，V；

　　　　R ——电阻，Ω。

　　上述公式也可以写成：

$$U = IR \text{ 或 } R = \frac{U}{I}$$

　　【例 1-1-1】 有一电热器的电阻为 44Ω，使用时的电流是 5A，求电源的供电电压是多少？

　　解： $U = IR = 5 \times 44 = 220$（V）

　　【例 1-1-2】 已知一电阻两端所加电压为 220V，测得电路中的电流为 0.5A，求该电阻为多少？

　　解： $R = \dfrac{U}{I} = \dfrac{220}{0.5} = 440$（Ω）

二、串、并联电路

1. 串联电路

将几个电阻的首尾依次连接起来，中间没有分支，各电阻流过同一电流，这些电阻的连

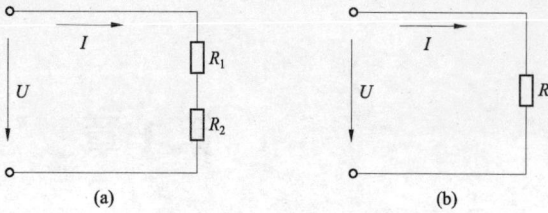

图 1-1-1 串联电路图

（a）电路图；（b）用等效电阻代替串联电阻

接叫做串联，如图 1-1-1 所示。

由图 1-1-1 可知串联电路的特点：

（1）流过各电阻的电流相同；

（2）电路总电压等于各电阻上的电压降之和，即 $U=U_1+U_2$；

（3）电路总电阻（等效电阻）等于各电阻阻值之和，即 $R=R_1+R_2$；各电阻上的电压与该电阻的阻值成正比；

（4）电路中消耗的电功率（简称功率）等于各电阻上消耗的功率之和，即 $P=P_1+P_2$；各电阻上消耗的功率与该电阻的阻值成正比。

2. 并联电路

将几个电阻的头和尾分别接在一起，使之在电路中承受同一电压，这些电阻的连接叫做并联，如图 1-1-2 所示。

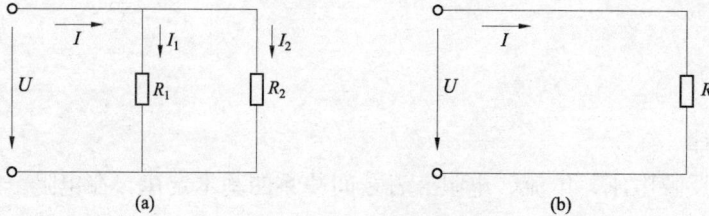

图 1-1-2 并联电路图

（a）电路图；（b）等效电阻代替并联电阻

由图 1-1-2 可知并联电路的特点：

（1）电路中各电阻上所承受的电压相同；

（2）电路中的总电流等于各电阻中电流之和，即 $I=I_1+I_2$；

（3）电路中的总电阻（等效电阻）的倒数等于各电阻的倒数之和，即 $\dfrac{1}{R}=\dfrac{1}{R_1}+\dfrac{1}{R_2}$。

3. 混联电路

电路中既有相互串联的电阻，又有相互并联的电阻，这种电路叫做混联电路。分析混联电路时，应先合并串联或并联部分，逐步对电路进行等值简化，求出总的等效电阻，然后根据欧姆定律，由总电阻、总电压（或总电流），求出电路中的总电流（或总电压），最后再逐步推算各部分的电压和电流。

三、电功率和电能

1. 电功率

单位时间内产生或消耗的电能，叫做功率。它表明了电能与非电能相互转换速率的大小。负荷接受的功率等于负荷两端的电压与通过负荷的电流的乘积，常用 P 表示。

$$P=UI \tag{1-1-2}$$

式中 P ——电功率，W；

2

U ——负荷端电压，V；

I ——负荷电流，A。

同理，电源产生的功率等于电动势与电流的乘积。

2. 电能

电流在一段时间内所做的功叫做电能。电能的大小不仅与功率的大小有关，还与做功的时间长短有关。其表达式为

$$W = Pt \qquad (1-1-3)$$

式中　P ——功率，W 或 kW；

t ——时间，h；

W ——电能，Wh 或 kWh。

【例 1-1-3】 已知一个额定电压为 220V 的灯泡接在 220V 电源上，通过灯泡的电流为 0.454A，问 5h 内该灯泡所消耗的电能为多少？

解： 灯泡的功率　$P=UI=220×0.454≈100$（W）$=0.1$（kW）

5h 内灯泡消耗的电能　$W=Pt=0.1×5=0.5$（kWh）

3. 电的热效应

电流通过电阻时要发热，其发热量同电流的平方、回路中的电阻及通过电流的时间成正比，即

$$Q = I^2Rt \text{（J）}$$
$$= 0.24I^2Rt \text{（cal）} \qquad (1-1-4)$$

1J 等于 0.24cal，上式表明了电能转换为热能的关系，称为焦耳—楞次定律。

思考与练习

1. 某一铝导线，长度 $L=100$m，截面积 $S=4$mm^2，求此导线的电阻 R 是多少？（20℃时的铝电阻率为 $\rho =0.028\ 3×10^{-6}\Omega$m）

2. 试述并联电路、串联电路的特点。

3. 有一台直流发电机，在某一工作状态下测得该机端电压 $U=230$V，内阻 $R_0=0.2\Omega$，输出电流 $I=5$A，求发电机的负载电阻、电动势、输出功率。

模块 2　单相交流电路（GDSTY01002）

模块描述

本模块包含交流电的周期、频率、角频率、瞬时值、最大值、有效值、相位、初相位、相位差等；通过要点讲解、概念描述、定量分析等，掌握正弦交流电表达式、相量图法表示；电阻、电感、电容元件在交流电流中的特点。

模块内容

一、正弦交流电的基本知识

1. 交流电

交流电是指大小和方向都随时间作周期性变化的电流（或电动势、电压）。我们日常生活或生产中用的交流电是随时间按正弦规律变化的，所以叫做正弦交流电，简称交流。

交流电的大小和方向都在变化，如果只有大小变化，而方向没有变化的不是交流电，而是直流电。例如：电池供电的电流、电压随时间的增加，电流逐渐减小，电压逐渐降低。

2. 正弦交流电动势的产生

交流发电机工作原理如图 1-2-1 所示。

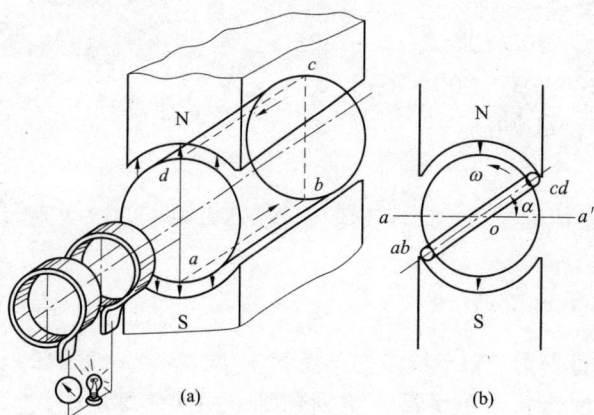

图 1-2-1 交流发电机原理示意图
(a) 透视图；(b) 剖面图

一对固定于机壳上的磁极，磁极间有一个可以自由转动的电枢，电枢上绕着绕组，绕组两端分别接在两个彼此绝缘的铜环上，铜环上装有电刷，通过铜环和电刷使绕组和外电路的负荷连接。当磁场中的绕组被原动机带动转动时，绕组中产生了感应电动势。该电动势产生的电流通过灯泡和检流计构成了闭合电路，使外电路中的灯泡发光，检流计的指针摆动。

由前述导线切割磁感线产生感应电动势的原理可知，当 L 和 v 一定时，感应电动势的大小取决于 B 的大小。为了得到随时间按正弦规律变化的交流电动势，在制造发电机时将磁极做成一定的形状，使磁通密度沿着电枢表面垂直方向按正弦规律分布，即

$$B = B_m \sin \alpha \qquad (1-2-1)$$

式中　B_m——磁通密度的最大值，T；

　　　α——绕组的一边与转轴 O 所组成的平面与中性面（两磁极间的分界面）间的夹角。

所以，感应电动势也是空间角 α 的正弦函数，即

$$e = E_m \sin \alpha \qquad (1-2-2)$$

式中　E_m——感应电动势的最大值，V。

当绕组单位时间内旋转的角度（又称角速度）为 ω 时，空间角 $\alpha = \omega t$，则感应电动势 e 随时间变化的规律可写成

$$e = E_m \sin \omega t \qquad (1-2-3)$$

式中　ωt——电动势在时间为 t 时的角度，称为电动势的相位角。

3. 周期与频率

正弦交流电随时间按正弦规律由正到负、由负到正周而复始地变化。变化一周所需要的

时间叫做周期，单位为 s，符号用 T 表示。以电角度表示的一个周期为 2π 弧度，即

$$\omega T = 2\pi \text{或} T = \frac{2\pi}{\omega}$$

每秒正弦量交变的次数叫做频率，单位为 Hz，用 f 表示。我国电网采用的频率是 50Hz。周期和频率互为倒数，即

$$f = \frac{1}{T} \text{或} T = \frac{1}{f}$$

因为一个周期（360°）等于 2π 弧度，若将频率的单位 Hz 化为 rad/s，即为角频率 ω，因此

$$\omega = \frac{2\pi}{T} = 2\pi f \tag{1-2-4}$$

【例 1-2-1】频率为 50Hz 的交流电，其周期和角频率各是多少？

解：
$$T = \frac{1}{f} = \frac{1}{50} = 0.02(\text{s})$$

$$\omega = 2\pi f = 2 \times 3.14 \times 50 = 314（\text{rad/s}）$$

4. 瞬时值与最大值

瞬时值：交流电任一时刻的数值称为瞬时值。用英文小写字母表示。如电流用 i 表示，电压用 u 表示，电动势用 e 表示等。

最大值：正弦交流电瞬时值中的最大值，用有下标 m 的英文大写字母表示。如交流电流、电压、电动势的最大值分别用 I_m、U_m、E_m 表示。对于给定的正弦交流电的最大值是常数，在一个周期内出现两次，即正最大值和负最大值。

5. 有效值

交流电的瞬时值是随时间变化的，用瞬时值来反应交流电在电路中产生的效果很不方便。同时，用最大值也不能确切地反映出交流电的大小，工程中常用有效值。

$$I^2 RT = R\int_0^T i^2 \mathrm{d}t$$

$$I = \sqrt{\frac{1}{T}\int_0^T i^2 \mathrm{d}t}$$

若交流电流的瞬时值方程为 $i = I_m \sin\omega t$，则可推导出 $I = \frac{I_m}{\sqrt{2}} = 0.707 I_m$，正弦交流电流的有效值等于最大值的 $\frac{1}{\sqrt{2}}$ 倍。

如果一个交变电流通过一个电阻，在一周期的时间内所产生的热量和某一直流电流通过同一电阻，在相等的时间内所产生的热量相等，则此直流值就定义为该交流电的有效值。即交变电流的有效值等于与它热效应相当的直流值。交流电的有效值用英文大写字母表示，如用 U、I、E 分别表示电压、电流、电动势的有效值。

正弦交流电的有效值等于最大值的 $\dfrac{1}{\sqrt{2}}$，近似为 0.707 倍，或者说正弦交流电的最大值等于有效值的 $\sqrt{2}$ 倍，即近似为 1.414 倍。有效值与最大值的关系分析如下：

当交变电流 i 通过电阻 R 时，根据焦耳–楞次定律在 $\mathrm{d}Q$ 时间内产生的热量为：$\mathrm{d}Q=i^2R\mathrm{d}t$，在一周期的时间内所产生的热量为：

$$Q = \int_0^T i^2 R\mathrm{d}t = R\int_0^T i^2 \mathrm{d}t \qquad (1-2-5)$$

直流电流 I 通过电阻 R 时，在时间 T 内产生的热量为：$Q=I^2RT$

根据有效值的定义：

同理可得

$$U = \frac{U_\mathrm{m}}{\sqrt{2}} = 0.707U_\mathrm{m} \qquad (1-2-6)$$

$$E = \frac{E_\mathrm{m}}{\sqrt{2}} = 0.707E_\mathrm{m}$$

在工程计算与实际应用中，电流、电压和电动势的数值通常指有效值。

【例 1-2-2】 用伏特表测得电源电压为 220V，这个电压的最大值为多少？

解：
$$U_\mathrm{m} = \sqrt{2}\,U = \sqrt{2}\times220 \approx 311\,(\mathrm{V})$$

6. 相位、初相位和相位差

（1）相位、初相位。在交流发电机中，当电枢绕组平面的起始位置与中性面 $a-a'$ 重合时，感应电动势瞬时值的表达式为

$$e = E_\mathrm{m}\sin\alpha = E_\mathrm{m}\sin\omega t$$

如果电枢绕组平面在与中性面夹角为 φ 时作起始位置（即 $t=0$ 时，$\alpha=\varphi$），如图 1-2-2 所示。经过 $t(\mathrm{s})$ 后，电枢绕组平面与中性面的夹角增加了 ωt，因此绕组所处位置的角度为 $\alpha = \omega t + \varphi$，则绕组中感应电动势的瞬时值应为

$$e = E_\mathrm{m}\sin(\omega t + \varphi) \qquad (1-2-7)$$

式中 　$\omega t + \varphi$ ——相位角或相位。

相位是随时间变化的，它决定了正弦电动势瞬时值的大小和方向。$t=0$ 时的相位角 φ，叫初相位角或初相位。在波形图上，初相位 φ 是正弦曲线正向过零点与坐标原点之间的角度。如正向过零点在纵轴左侧时，初相位是正值；在右侧时，初相位是负值。如图 1-2-3 所示，电流 i_1 的初相位为 $+60°$，电流 i_2 的初相位为 $-30°$，它们的瞬时值表达式分别为

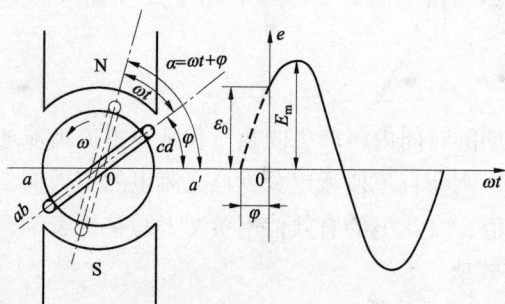

图 1-2-2　电动势的相位和初相位

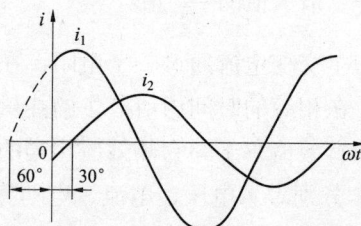

图 1-2-3　初相位的正负值

$$i_1 = I_m \sin(\omega t + 60°)$$
$$i_2 = I_m \sin(\omega t - 30°)$$

（1-2-8）

（2）相位差。两个完全相同的电枢绕组，它们在电枢上的空间位置如图 1-2-4（a）所示。由于它们绕在同一电枢上，所以两个绕组以同一角速度切割磁感线，它们产生的感应电动势分别为

$$e_1 = E_m \sin(\omega t + \varphi_1)$$
$$e_2 = E_m \sin(\omega t + \varphi_2)$$

这两个电动势的最大值和角频率相同，只是相位不同。两个同频率的正弦量在相位上的差别叫做相位差，即

$$(\omega t + \varphi_1) - (\omega t + \varphi_2) = \varphi_1 - \varphi_2 = \varphi$$

由图 1-2-4（b）看出，由于 e_1 和 e_2 存在相位差，所以在同一时刻它们的瞬时值不相等，且 e_1 总比 e_2 先到达最大值，就是说 e_1 在相位上超前 e_2 为 φ 角，或者说 e_2 较 e_1 滞后 φ 角。

在图 3-3 中，i_1 和 i_2 间的相位差为

$$\varphi_1 - \varphi_2 = 60° - (-30°) = 90°$$

就是说 i_1 超前 i_2 90°，或者说 i_2 滞后 i_1 90°。

如果两个同频率的正弦量的相位差

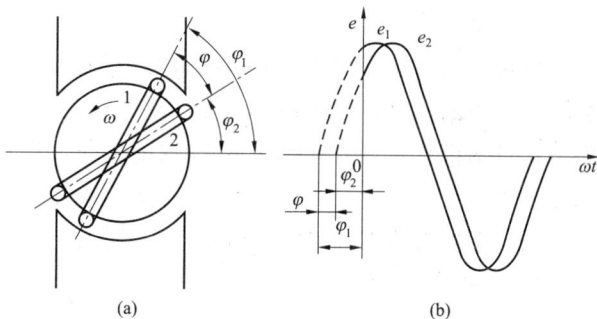

图 1-2-4 相位差
（a）两绕组的空间位置；（b）电动势波形图

为零，这两个正弦量为同相位；如果相位差为 180°，则这两个正弦量为反相位。

二、正弦交流电的相量表示法

1. 向量

向量用于表示交流电时称为相量，在相应字母符号上方加"·"表示，如 $\dot{I}_m$、$\dot{I}$、$\dot{U}_m$、$\dot{U}$ 等。正弦电流瞬时值 $i = I_m \sin(\omega t + \varphi)$ 的相量表示法，如图 1-2-5 所示。

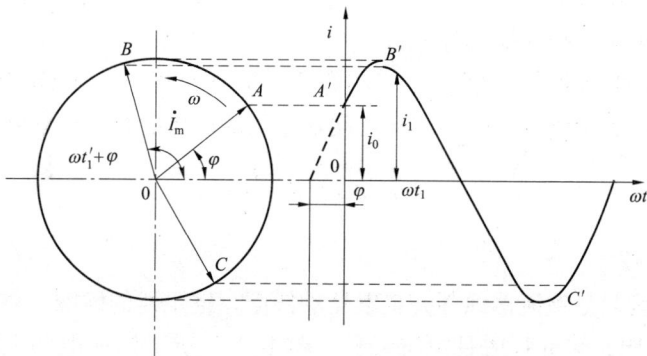

图 1-2-5 用相量表示正弦量

7

在图 1-2-5 中，i_m 的长短代表正弦电流的最大值，i_m 与横轴正方向的夹角表示 i 的初相位 φ，i_m 以角速度（角速度是单位时间内变化的角度，相量旋转的角速度应为正弦量的角频率 ω）ω 逆时针方向旋转，对应于每一个瞬时相量 i 的位置在纵轴上的投影，恰好等于该时刻 i 的瞬时值。将 i_m 随时间旋转在纵轴上的投影按时间变量描成曲线，正好是一条正弦波曲线。

2. 相量图

将几个相互关联的同频率正弦量分别用相应的相量表示，并组合在同一坐标系中的图叫相量图。画相量图时要先画出其中任意一个相量，一般先画出初相位为零的相量，这个相量称为参考相量。参考相量通常与横轴重合，其他相量可由它们之间的相位关系逐个确定。在实际工程问题进行分析计算时，通常使用有效值计量，因此在用相量表示正弦量时，各相量的长度均取它们的有效值。

3. 相量的加、减运算

相量相加可用平行四边形法则进行。相量相减时，将要减去的相量取其相反方向后再与被减相量相加即可。相量相加的和、相量相减的差及和、差的初相位均可从相量图中测量出数值，再乘以作图的比例，就可得到实际值。相量和、差及它们的初相位角也可用计算法求出。

三、交流电路中的电阻、电感、电容元件

1. 电阻交流电路

实际应用的白炽灯、电烙铁、电阻器等可看成电阻元件。在电阻元件构成的交流电路中，电流和电压的频率相同，相位相同，完全符合欧姆定律，即

$$\frac{u}{i} = \frac{U_m}{I_m} = \frac{U}{I} = R$$

电阻电路的相量图和波形图，如图 1-2-6 所示。

任何瞬间电阻上所消耗的功率等于通过电阻的电流与加在电阻两端电压的瞬时值的乘积，即

$$p = ui$$

从图 1-2-6（c）看出，任一瞬间的功率数值都是正值，说明电阻电路中总是从电源吸取能量，也就是说电阻是一种耗能元件。

在日常生活中，计量用的平均功率（又叫有功功率），是指一个周期内瞬时功率的平均值。电阻元件的平均功率等于流过电阻的电流、两端施加的电压的有效值的乘积，即

$$P = UI = I^2 R = \frac{U^2}{R}$$

2. 电感交流电路

实际应用中的荧光灯镇流器线圈、接触器的线圈、继电器的线圈、电动机的绕组等，若忽略它们的导线电阻，都可看成是电感元件。图 1-2-7 所示为纯电感电路及其相量图、波形图。

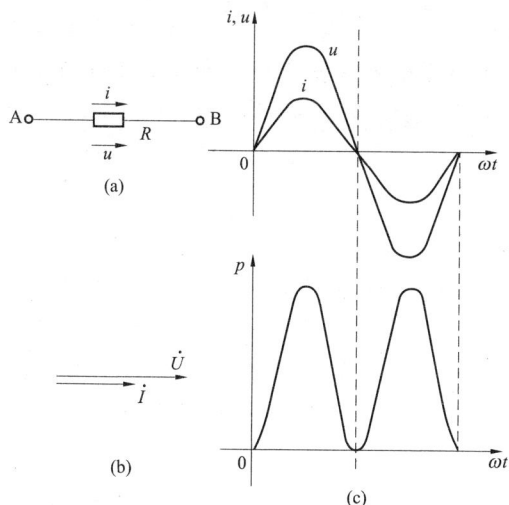

图 1-2-6 电阻电路的相量图和波形图

（a）电阻电路图；（b）相量图；（c）u、i、p 波形图

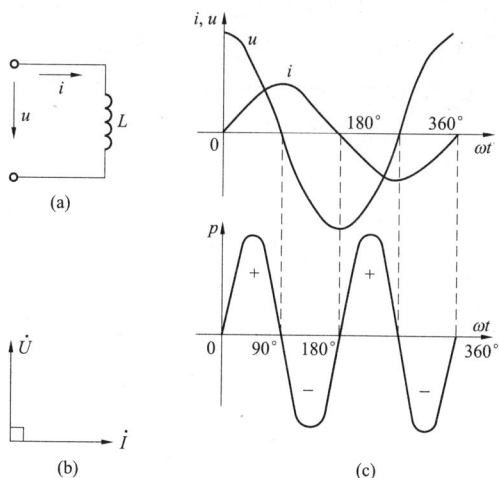

图 1-2-7 电感电路的相量图、波形图

（a）电感电路图；（b）相量图；（c）u、i、p 波形图

在电感交流电路中，电压和电流的有效值或最大值之比叫做电感电抗，简称感抗，用 X_L 表示，即

$$X_L = \frac{U}{I} = \frac{U_m}{I_m} \qquad (1-2-9)$$

感抗 X_L 和电阻 R 相似，在交流电路中都起阻碍电流通过的作用。X_L 的大小与电感 L 和频率 f 的乘积成正比，即

$$X_L = \omega L = 2\pi f L \qquad (1-2-10)$$

式中　L——绕组（线圈）的电感，H；

　　　f——电源电压的频率，Hz；

　　　ω——电源电压的角频率，rad/s；

　　　X_L——感抗，Ω。

从图 1-2-7（c）中看出，电压和电流的频率相同，电压的相位超前于电流 90°，用瞬时值表示为

$$i = I_m \sin \omega t$$
$$u = U_m \sin(\omega t + 90°) = I_m X_L \sin(\omega t + 90°) \qquad (1-2-11)$$

瞬时功率是一个两倍于电压（或电流）频率的正弦曲线，且曲线的正、负半周完全对称。正值表示从电源吸取能量，负值表示向电源放出能量，从而得知电感元件从电源吸取的平均功率为零，即电感没有消耗能量，只是在电源和电感线圈之间有周期性的能量互换。因此，电感是一种储能元件。在电源和电感线圈之间互相转换功率的规模（瞬时功率的最大值）叫做感性无功功率，用 Q 表示

$$Q_L = UI = I^2 X_L = \frac{U^2}{X_L} \qquad (1-2-12)$$

9

为了与有功功率区别，无功功率的单位是 var。

【例 1–2–3】有一线圈，电感 L 为 10mH，电阻可忽略不计，将它接在电压 $u=311\sin\omega t$（V），频率为 50Hz 的电源上。试求线圈的感抗、电路中通过的电流、电路中的无功功率，并写出电流瞬时值的表达式。

解： 线圈的感抗：$X_L=2\pi fL=2\times3.14\times50\times0.01=3.14$（$\Omega$）

通过线圈的电流：$I=\dfrac{U}{X_L}=\dfrac{311/\sqrt{2}}{3.14}=70$（A）

无功功率：$Q_L=UI=\dfrac{311}{\sqrt{2}}\times70\approx15\,400$（var）

电流瞬时值：$i=\sqrt{2}\times70\sin(\omega t-90°)=99\sin(\omega t-90°)$

3. 电容交流电路

任何两块靠近的金属导体（又称极板），中间用不导电的绝缘介质隔开，就形成了电容器。把电容器接在电源上，电容器中就储存了电荷。其两个极板总是分别带有电量相等的正、负电荷。表示电容器储存电荷电量能力的物理量，称为电容器的电容量（简称电容），用符号 C 表示。C 值越大，表明电容器所储存的电量越多。用公式表示为

$$C=\frac{Q}{U} \tag{1–2–13}$$

式中　Q ——极板上的带电量，C；

　　　U ——两个极板之间的电压，V；

　　　C ——电容，F。

一般用微法（μF）或皮法（pF）做电容的单位。

$$1\mu F=10^{-6}F;\quad 1pF=10^{-6}\mu F=10^{-12}F$$

电容交流电路中电压和电流的有效值（或最大值）之比等于电容电抗，简称容抗，用 X_C 表示。

$$\frac{U}{I}=\frac{U_m}{I_m}=X_C \tag{1–2–14}$$

容抗在电路中也起阻碍电流的作用。X_C 的大小与电容 C 和频率 f 的乘积成反比，即

$$X_C=\frac{1}{\omega C}=\frac{1}{2\pi fC} \tag{1–2–15}$$

式中　C ——电容元件的电容，F；

　　　f ——电源交流电压的频率，Hz；

　　　ω ——电源交流电压的角频率，rad/s；

　　X_C ——容抗，Ω。

电容元件中的电流与电压的频率相同，但电流的相位超前于电压 90°，如图 1–2–8 所示。

电容电路中电压电流的瞬时值为

$$u=U_m\sin\omega t=I_mX_C\sin\omega t$$
$$i=I_m\sin(\omega t+90°)$$

从图 1-2-8（c）看出，在电容电路中，其瞬时功率的频率也是两倍于电压（或电流）的频率，在一个周期内的平均值也等于零。说明电容电路中也不消耗能量，在电源和电容器间只有周期性的能量交换。它也是一个储能元件。这种互相转换功率的规模（最大值）叫做电容性无功功率，用 Q_C 表示

$$Q_C = UI = I^2 X_C = \frac{U^2}{X_C} \qquad (1-2-16)$$

Q_C 的单位也是 var。

【例 1-2-4】一只 $1\mu F$ 的电容器两端加上正弦电压 $u = 220\sqrt{2}\sin(314t - 30°)$（V），求通过电容器中电流的有效值，并写出电流的瞬时值表达式。

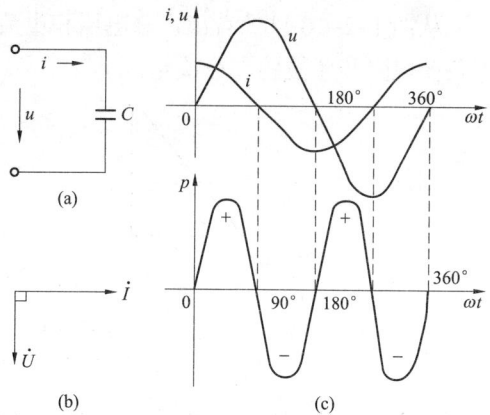

图 1-2-8 电容电路的相量图和波形图
（a）电容电路图；（b）相量图；（c）u、i、p 波形图

解：电容器的容抗：$X_C = \dfrac{1}{\omega C} = \dfrac{1}{314 \times 1 \times 10^{-6}} = 3184.71$（$\Omega$）

通过电容器电流的有效值：$I = \dfrac{U}{X_C} = \dfrac{220}{3184.71} = 0.069$（A）

电流的初相位：$\varphi = 90° - 30° = 60°$

则电流的瞬时值表达式：$i = 0.069 \times \sqrt{2}\sin(\omega t + 60°)$（A）

4. 电阻与电感串联的交流电路

电气设备的实际电路几乎都不是单一的电阻、电感或电容电路。最常见的是电阻与电感串联的电路，如电动机、变压器等。在电阻、电感串联电路中，各元件上的电压和总电压的关系，如图 1-2-9 所示。

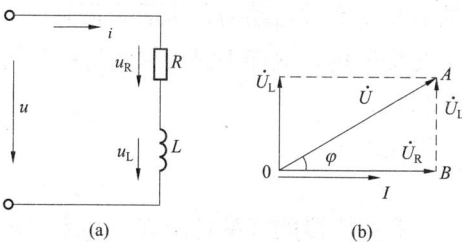

图 1-2-9 电阻和电感串联电路
（a）电路图；（b）相量图

在电压 u 的作用下，通过 R、L 的电流为 i，i 与 R 上的压降 u_R 同相位，i 比 L 上的压降 u_L 落后 90°。画相量图时，以电流 $\dot{I}$ 为参考相量，再画出电阻上的电压 $\dot{U}_R$ 相量和电感上的电压 $\dot{U}_L$ 相量，总电压 $\dot{U}$ 等于 $\dot{U}_R$ 和 $\dot{U}_L$ 的相量和。从图 1-2-9（b）看出，总电压 $\dot{U}$ 与 $\dot{U}_R$、$\dot{U}_L$ 构成了一个直角三角形，称为电压三角形。其斜边为总电压 $\dot{U}$，两直角边分别为 $\dot{U}_R$、$\dot{U}_L$，根据勾股定律可得

$$U = \sqrt{U_R^2 + U_L^2} \qquad (1-2-16)$$

或

$$U = \sqrt{(IR)^2 + (IX_L)^2} = I\sqrt{R^2 + X_L^2}$$

式中 $\sqrt{R^2 + X_L^2}$ ——交流电路的阻抗，用 Z 表示，阻抗的单位也是欧姆（Ω）。

由式（1-2-16）可看出，Z、R、X_L 之间也是一个直角三角形，叫做阻抗三角形，如图 1-2-10（a）所示。

从图 1-2-10（b）看出，总电压和电流之间的相位差为 φ，即总电压和电流之间的相位差由负荷电阻和感抗的大小决定。

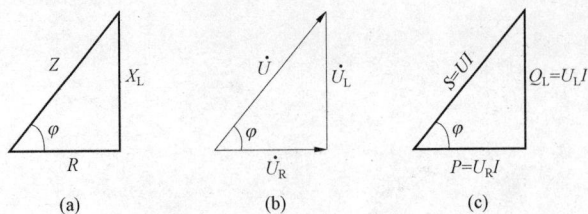

图 1-2-10　阻抗、电压、功率三角形
（a）阻抗三角形；（b）电压三角形；（c）功率三角形

在电阻、电感串联电路中，电阻上消耗的有功功率为

$$P = U_R I$$

由电压三角形可知　　　　　　$U_R = U \cos\varphi$

所以　　　　　　　　　　　　$P = UI \cos\varphi$ 　　　　　　　　　　（1-2-17）

式中　$\cos\varphi$——电路的功率因数，可由阻抗三角形求得，其数值与负荷的阻抗参数有关。

在电阻、电感串联电路中的无功功率为

$$Q = U_L I$$

由电压三角形可知　　　　　　$U_L = U \sin\varphi$

所以　　　　　　　　　　　　$Q = UI \sin\varphi$ 　　　　　　　　　　（1-2-18）

无功功率并不是无用的功率，由它所建立的交变磁场，在电能的输送、电能转换的过程中具有极为重要的作用。因为很多电气设备（如常见的变压器、电动机等）都是靠磁场来传送和转换能量的。若没有无功功率，变压器就不能变换电压，也无法传送能量；没有无功功率，电动机就不能转动。因此，发电机除了发出一定的有功功率供给动力、生活等负荷外，还必须同时发出一定的无功功率供给电感负荷，以建立交变磁场。这样不仅可以满足供、用电设备运行的需要，对发电机、电网的稳定运行也是有利的。

电路中电压与电流的有效值的乘积叫做视在功率，用 S 表示

$$S = UI$$ 　　　　　　　　　　（1-2-19）

视在功率的单位为伏安（VA）或千伏安（kVA）。一般变压器的容量是用视在功率表示的，由视在功率 S、有功功率 P、无功功率 Q 组成的三角形，称为功率三角形，如图 1-2-11（c）所示。视在功率为 $S = \sqrt{P^2 + Q^2}$。

【例 1-2-5】有一个电阻 $R=6\Omega$、电抗 $L=25.5\text{mH}$ 的线圈，串接于 $U=220\text{V}$、50Hz 的电源上，试求线圈的感抗 X_L、阻抗 Z、电流 I、电阻压降 U_R、电感压降 U_L、功率因数 $\cos\varphi$、有功功率 P、无功功率 Q 和视在功率 S。

解：

$$X_L = 2\pi f L = 2 \times 3.14 \times 50 \times 0.025\,5 = 8 \,（\Omega）$$

$$Z = \sqrt{R^2 + X_L^2} = \sqrt{6^2 + 8^2} = 10 \,（\Omega）$$

$$I = \frac{U}{Z} = \frac{220}{10} = 22 \,（A）$$

$$U_R = IR = 22 \times 6 = 132 \text{（V）}$$

$$U_L = IX_L = 22 \times 8 = 176 \text{（V）}$$

$$\cos\varphi = \frac{R}{Z} = \frac{6}{10} = 0.6$$

$$P = I^2 R = 22^2 \times 6 = 2904 \text{（W）} = 2.904 \text{（kW）}$$

$$Q = I^2 X_L = 22^2 \times 8 = 3872 \text{（var）} = 3.872 \text{（kvar）}$$

$$S = UI = 220 \times 22 = 4840 \text{（VA）} = 4.48 \text{（kVA）}$$

四、功率因数 $\cos\varphi$

在功率三角形中，有功功率和视在功率的比值等于功率因数，即

$$\cos\varphi = \frac{P}{S} \qquad\qquad (1-2-20)$$

因为发电机、变压器等电气设备的容量用视在功率表示时，等于额定电压和额定电流的乘积，即 $S=UI$。在正常运行时，电流、电压应不超过其额定值，从而发电机、变压器所输出的有功功率则与负荷的功率因数有关，即

$$P = UI\cos\varphi = S\cos\varphi$$

当 S 恒定时，若 $\cos\varphi$ 过低，则电源设备所输出的有功功率就要减少，使设备的容量不能得到充分利用。例如有一台 $S=50\text{kVA}$ 的变压器，当 $\cos\varphi=1$ 时，输出的有功功率 $P=50\times1=50\text{kW}$；当 $\cos\varphi=0.8$ 时，$P=50\times0.8=40\text{kW}$；当 $\cos\varphi=0.6$ 时；$P=50\times0.6=30\text{kW}$。$\cos\varphi$ 越低，输出的有功功率越少。

当负荷所需要的有功功率恒定时，$\cos\varphi$ 越低，线路上输送的无功功率就越多，从而使线路上的电流增大，造成线路的电压降和功率损耗增大。线路压降增大，使负荷端的电压太低，导致灯光变暗和电动机的转速下降，严重时还会烧毁电动机。线路功率损耗增大，造成电能的浪费，所以一定要注意适当提高负荷的功率因数。

思考与练习

1. 如何表示正弦交流电的相量？

2. 有一线圈与一块交、直流两用电流表串联，在电路两端分别加 $U=100\text{V}$ 的交、直流电压时，电流表指示分别为 $I_1=20\text{A}$ 和 $I_2=25\text{A}$，求该线圈的电阻、电抗。

3. 有一纯电感电路，已知电感 $L=100\text{mH}$，接在 $u=220\sqrt{2}\sin\omega t$（V），$f=50\text{Hz}$ 的电源上。试求电感线圈的电抗、电流有效值、电流瞬时表达式、电感的有功功率和无功功率。

模块 3 三相交流电路（GDSTY01003）

模块描述

本模块包含三相交流电的概念，三相交流电路中电源及负载的连接方式。通过要点讲解、概念描述、定量分析等，掌握简单的对称三相交流电路的分析计算

方法。

模块内容

一、三相交流电动势

1. 三相交流电动势的产生

三相交流电动势是由三相交流发电机产生的，图1-3-1所示为三相交流发电机工作原理示意图。

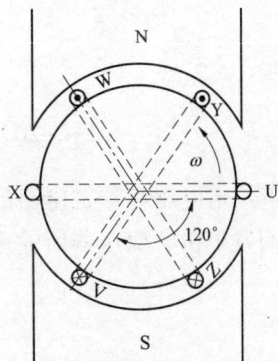

图1-3-1 三相交流发电机
工作原理示意图

三相交流发电机的构成与前述的单相交流发电机相比较，只不过是在磁场中的电枢上放置了三个在空间彼此相差120°、结构完全相同的绕组，一个绕组为一相。三个绕组的首端分别用U、V、W表示；末端分别用X、Y、Z表示。当电枢在外力作用下按逆时针方向旋转时，图1-3-1中UX绕组从水平位置开始切割磁力线，它的初相位为零，则UX绕组中产生感应电动势的瞬时值为

$$e_U = E_{Um}\sin\omega t \tag{1-3-1}$$

VY绕组比UX绕组在空间上后移120°，绕组中产生的感应电动势的瞬时值为

$$e_V = E_{Vm}\sin(\omega t - 120°)$$

WZ绕组比UX绕组在空间上后移240°或者说前移120°，绕组中感应电动势的瞬时值为

$$e_W = E_{Wm}\sin(\omega t - 240°) \text{或} e_W = E_{Wm}\sin(\omega t + 120°)$$

由于三个绕组结构相同，所以在三个绕组中感应电动势的最大值相等，即

$$E_{Um} = E_{Vm} = E_{Wm} = E_m$$

三个绕组同一角速度在磁场中等速旋转，所以三个感应电动势的角频率相同，并且在空间上互差120°，所以三个感应电动势的相位互差120°。

这样，三个最大值相等、角频率相同、相位互差120°的电动势，叫做对称三相电动势。其相量图和波形图，如图1-3-2所示。

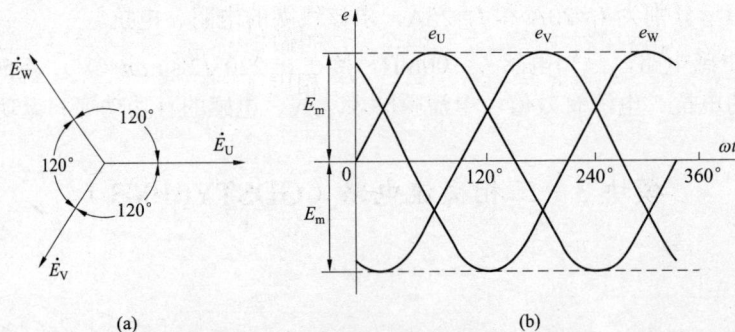

(a)

(b)

图1-3-2 对称三相电动势的相量图和波形图
（a）相量图；（b）波形图

对称三相电动势的相量和等于零，即 $\dot{E}_U + \dot{E}_V + \dot{E}_W = 0$；

任一瞬间的代数和亦为零，即 $e_U + e_V + e_W = 0$。

2. 相序

在实际应用中常说到相序这个名词。所谓相序是指三相交流电相位的顺序，它是三相电动势到达最大值的先后次序，习惯上用 U、V、W 表示。在确定相序时，可以先把任何一相定为 U 相，另外两相中比 U 相落后 120° 的就是 V 相（滞后相），比 U 相超前 120° 的就是 W 相（超前相），这种相序排列叫做正相序。通常在电源母线上用黄、绿、红三种颜色分别表示 U、V、W 三相。

二、电源绕组的连接

1. 电源绕组连接的两种方式

三相交流发电机的三个绕组并不是分别单独向外送电的，而是按照一定的方式，连接成一个整体向负荷供电。绕组的连接方式有两种，即星形连接和三角形连接。星形连接的形状像英文字母的 Y，因此星形连接也叫 Y 连接。三角形连接的形状像希腊字母的Δ，英文是 Delta，因此三角形连接也叫 D 连接。

2. 电源绕组的星形连接

星形连接是将电源三相绕组的末端连接在一起，成为一个公共点，叫做中性点，英语称为 Neutral-Piont，因此用字母 N 表示中性点。从中性点引出的导线叫做中性线，也用字母 N 表示。从每相绕组的首端引出的导线，叫做相线，用 L 表示，依其相序分别用 U、V、W 表示电源三相，用 L_1、L_2、L_3 表示导线三相，如图 1-3-3 所示。

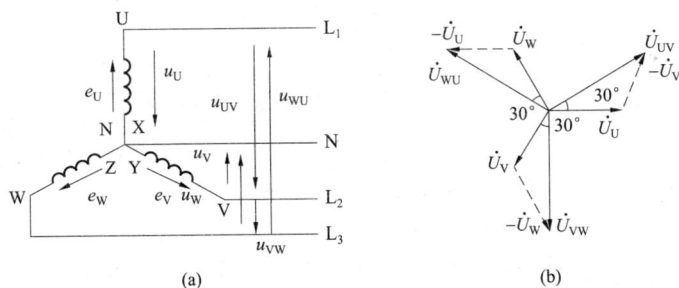

图 1-3-3 三相电源绕组的星形连接

（a）电路图；（b）相电压与线电压的相量图

图 1-3-3 中，每相绕组首末两端之间的电压，叫做相电压，如 u_U、u_V、u_W。正常情况下各相电压与相应的各相电动势基本相等。所以三个相电压也是对称的，且三个相电压的有效值大小相等。两相线之间的电压，或两绕组首端与首端之间的电压，叫做线电压，如 u_{UV}、u_{VW}、u_{WU}。经分析和实测得知，当电源电压对称且接称星形时，线电压等于相电压的 $\sqrt{3}$ 倍，各线电压超前相应相电压 30°，u_{UV} 超前 u_U30°，u_{VW} 超前 u_V30°，u_{WU} 超前 u_W30°。三个线电压之间的相位差也都是 120°。因此，三个线电压也是对称的。电源星形连接时，相电压和线电压的相量图如图 1-3-3（b）所示。

配电变压器的低压侧三相绕组一般采用星形连接，低压侧的相电压是 220V，线电压是 380V。用三相三线制（三根相线）三相四线制（三根相线和一根中性线）向负荷供电。380V

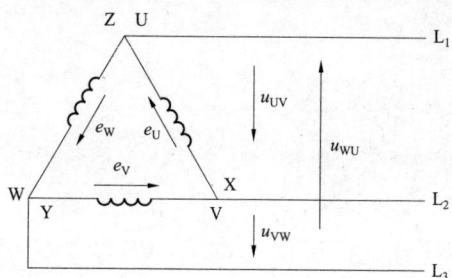

图 1-3-4　三相电源绕组的三角形连接

电压可给三相电动机供电，220V 电压可给电灯等单相负载供电。

3. 电源绕组的三角形连接

三角形连接是将电源三相绕组中一相绕组的末端与另一相绕组的首端依次连接成闭合回路，例如 X 接 V，Y 接 W，Z 接 U，连接成一个闭合的三角形，再从三个连接点引出三根导线，用三相三线制电路给负荷供电，如图 1-3-4 所示。三角形连接时的相电压等于线电压。

三、三相负荷的连接方法

负荷有三相负荷（如三相电动机等）和单相负荷（如电灯、电风扇、电视机、洗衣机、收录机等）两大类。三相负荷采用也是采用星形或三角形连接，连接的方法与电源相同。星形连接时，将各相负荷的首端分别接在电源的相线上，末端连接在一起。三角形连接时，将各相负荷跨接在电源的两根相线之间。究竟采用哪种接法，要根据负荷的额定电压和电源电压来确定，如图 1-3-5 所示。

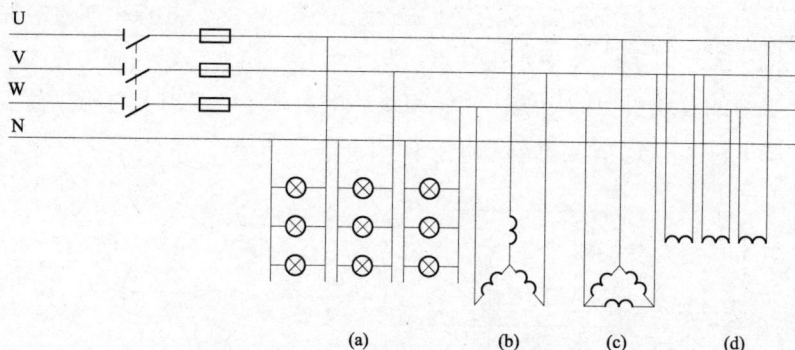

图 1-3-5　负荷的连接方式

（a）单相负荷的星形连接方式；（b）三相负荷的星形连接方式；
（c）三相负荷的三角形连接方式；（d）单相负荷的三角形连接方式

如果负荷的额定电压等于电源的相电压，三相负荷应接成星形，如图 1-3-5（b）所示；如果负荷的额定电压等于电源线电压，三相负荷应接成三角形，如图 1-3-5（c）所示；对于单相负荷，可按负荷的额定电压等于电源相电压或线电压的原则，接在电源相电压或线电压上，如图 1-3-5（a）、（d）所示。为了使三相电源电压对称，单相负荷应尽量均匀的分接在三相电源上，使电源的三相负荷尽可能平衡。

四、电源、负荷都是星形连接的三相电路

1. 三相四线制电路

三相四线制电路如图 1-3-6 所示，Z_U、Z_V、Z_W 分别为各相负荷的阻抗。各相负荷承受的电压称为负荷的相电压。流过各相负荷的电流称为负荷的相电流。流过中性线的电流称为中性线电流。它们的正方向如图 1-3-6 所示。

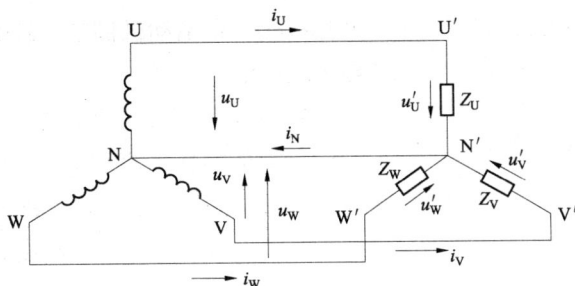

图 1-3-6 三相四线制电路

相电流的计算分别为

$$I_U = \frac{U'_U}{Z_U}, I_V = \frac{U'_V}{Z_V}, I_W = \frac{U'_W}{Z_W} \qquad (1-3-2)$$

各相负荷的相电压与相电流之间的相位差可按下式计算

$$\tan\varphi_U = \frac{X_U}{R_U}, \tan\varphi_V = \frac{X_V}{R_V}, \tan\varphi_W = \frac{X_W}{R_W} \qquad (1-3-3)$$

【例 1-3-1】有三个单相负荷 $R_U=5\Omega$，$R_V=10\Omega$，$R_W=20\Omega$，接于三相四线制电路中，电源三相对称相电压 $U=220V$，试求各相电流和中性线电流。

解：画出电路图，如图 1-3-7（a）所示。

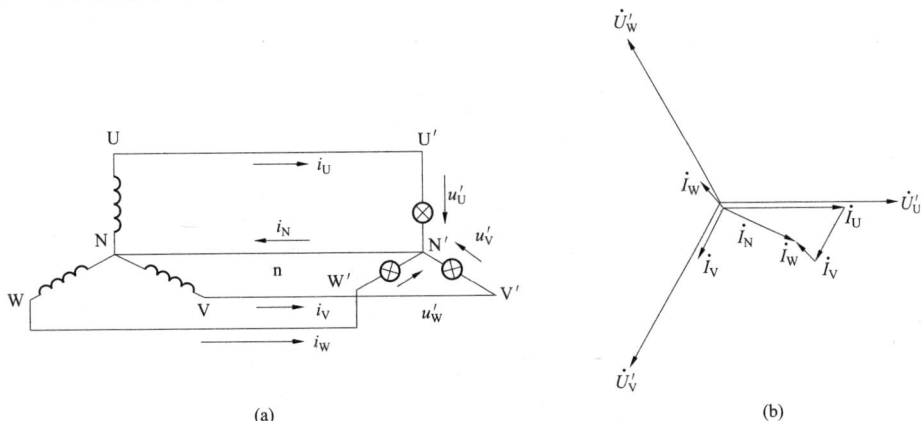

(a)

(b)

图 1-3-7 三相四线制电路负荷电流计算

（a）接线原理图；（b）相量图

各相电流为

$$I_U = \frac{U'_U}{R_U} = \frac{220}{5} = 44 \text{ (A)}$$

$$I_V = \frac{U'_V}{R_V} = \frac{220}{10} = 22 \text{ (A)}$$

$$I_W = \frac{U'_W}{R_W} = \frac{220}{20} = 11 \text{ (A)}$$

中性线电流为三相电流之相量和，即

$$\dot{I}_N = \dot{I}_U + \dot{I}_V + \dot{I}_W$$

采用画出相量图的方法求出中性线电流。首先按比例画出三相相电压，然后画出各相电流，采用平行四边形法则，画出中性线电流，量取长度，乘以比例即为中性线电流值。

$$I_N = 29（A）$$

2. 三相三线制电路

若三相负荷的 $X_U = X_V = X_W = X$，$R_U = R_V = R_W = R$，则称为三相对称负荷。如将三相对称负荷接于三相四线制电路中，三相负荷上的电压及电流都是对称的，相位互差 $120°$。三相电流的相量和为零。因此，可将中性线去掉，并不影响电路的运行、分析和计算。如图 1-3-8 所示的三相三线制电路，适用于给三相对称负荷（如三相电动机等）供电，在工农业生产中应用极广。

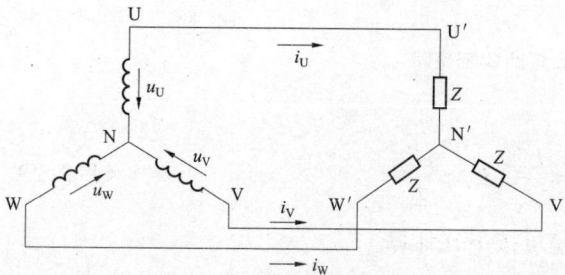

图 1-3-8　三相三线制电路

由于三相三线制电路三相电流对称，所以电路的计算可简化为单相电路计算。

应用 $\dfrac{U}{Z}$ 及 $\cos\varphi = \dfrac{R}{Z}$ 先算出一相的电流及相位，然后根据三相对称关系即可得知其他两相的电流及相位。

【**例 1-3-2**】有一星形连接的三相对称负荷，接于三相三线制电路中，每相电阻 $R = 6\Omega$，电感电抗 $X_L = 8\Omega$，电源线电压为 380V，求各相负荷电流的有效值，并写出各相电流顺时针表达式，画出电压、电流相量图。

解：由于该电路是对称的三相三线制电路，所以相电压

$$U_U = U_{Ph} = \frac{380}{\sqrt{3}} = 220（V）$$

各相电流有效值为

$$I_U = I_{Ph} = \frac{U_U}{Z} = \frac{220}{\sqrt{R^2 + X_L^2}} = \frac{220}{\sqrt{6^2 + 8^2}} = 22（A）$$

$$I_U = I_V = I_W = 22（A）$$

各相电流和电压之间的相位差为

$$\tan\varphi = \frac{X}{R}，\varphi_U = \arctan\frac{X}{R} = \arctan\frac{8}{6} = 53°8'$$

$$\varphi_U = \varphi_V = \varphi_W = 53°8'$$

设以 U 相电压为参考正弦量，则各相电流顺时针为

$$i_U = \sqrt{2} \times 22\sin(\omega t - 53.13°)（A）$$

$$i_V = \sqrt{2} \times 22\sin(\omega t - 173.13°)（A）$$

$$i_W = \sqrt{2} \times 22\sin(\omega t + 66.87°)（A）$$

电流、电压相量图如图 1-3-9 所示。

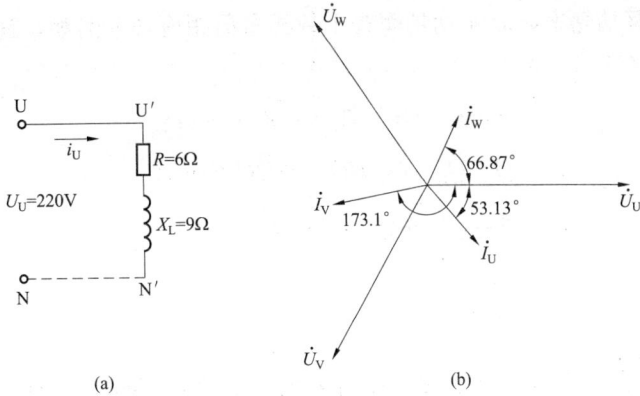

图 1-3-9　负载等效图及电流、电压相量图

（a）负载等效图；（b）电流、电压相量图

五、电源星形连接、负荷三角形连接的对称三相电路

电源星形连接、负荷三角形连接的对称三相电路如图 1-3-10 所示，这种三相电路在实际工程中采用，每相负荷承受的电压为电源线电压。

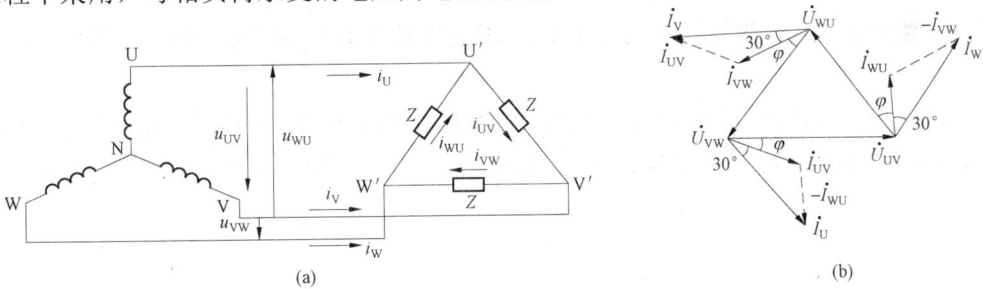

图 1-3-10　电源星形连接、负荷三角形连接的对称三相电路

（a）电路图；（b）相量图

由于三相对称负载接于三相对称电压上，因而三相电流也是对称的，因此，只需计算一相即可。如计算 U′V′ 相电流，即

$$I_{UV} = \frac{U_{UV}}{Z}, \tan\varphi_{UV} = \frac{X}{R} \tag{1-3-4}$$

其余两相电流可按对称关系直接写出。

线电流和相电流的关系如图 1-3-10（b）图所示。三个负荷相电压组成一个正三角形，三个负荷相电流分别落后于三个相应的负荷相电压一个 φ 角，线电流为相邻两个负载相电流之差，线电流比相应相电流落后 30°，线电流的有效值是相电流有效值的 $\sqrt{3}$ 倍。

六、三相电路的功率

三相负荷接于三相电源上，无论负荷接成星形还是三角形，每相负荷的有功功率、无功功率、视在功率都和单相电路功率的计算方法一样。现以 U 相为例：

$$P_U = U_U I_U \cos\varphi_U$$
$$Q_U = U_U I_U \sin\varphi_U$$
$$S_U = U_U I_U$$

三相负荷的总有功功率、总无功功率等于各相负荷相应功率的和，视在功率可用功率三角形关系求得，即

$$P = P_U + P_V + P_W = \sqrt{3}U_l I_l \cos\varphi_{ph}$$

$$Q = Q_U + Q_V + Q_W = \sqrt{3}U_l I_l \sin\varphi_{ph}$$

$$S = \sqrt{P^2 + Q^2} = \sqrt{3}U_l I_l$$

思考与练习

1. 三相负载接成三角形，已知线电压有效值为380V，每相负载的阻抗为38Ω。求：

（1）相电压的有效值；

（2）相电流的有效值；

（3）线电流的有效值；

（4）负载视在功率、有功功率、无功功率。

2. 一台三绕组为三角形接三相电动机的功率 P=2.4kW，把它接到线电压 U=380V 的三相电源上，用钳形电流表测得线电流 I_l=6.1A，求此电动机的功率因数、每相绕组的电阻、电感值。

3. 有一个三相负载，每相的等效电阻 R=30Ω，等效电抗 X_L=25Ω。接线为星形，当把它接到线电压 U=380V 的三相电源时，求负载的电流、功率因数、有功功率和无功功率。

第 2 章

电气识绘图

模块 1　常用电气图形符号基本知识（GDSTY02001）

模块描述

本模块介绍常用电气图中的元器件的图形标记，图形符号旁标注的相应文字符号的含义及标注方法，通过对图形符号的基本知识和绘图原则的讲解，掌握这些常用图形符号的形式、内容及它们之间的关系。

模块内容

一、常用电气图形符号

（一）图形符号的基本知识

电气图用图形符号是指用于电气图中的元器件或设备的图形标记，它是电气图的基本要素之一。电气制图与识图首先应了解和熟悉这些图形符号的形式、内容、含义及它们之间的关系，这是看懂电路图的基础。图形符号有符号要素、一般符号、限定符号和方框符号四种基本形式，在电气图中，最为常用的是一般符号和限定符号。

1. 符号要素

符号要素是具有确定含义的最简单的基本图形，通常表示项目的特性功能，它不能单独使用，必须与其他符号组合在一起形成完整的图形符号。

2. 一般符号

一般符号是表示同一类元器件或设备特征的一种广泛使用的简单符号，也称为通用符号，是各类元器件或设备的基本符号。一般符号不但从广义上代表了各类元器件，同时也可用来表示一般的、没有其他附加信息（或功能）的各类具体元器件。表 2-1-1 中列举了几种常见一般符号，其他常用符号参见 GB/T 4728.2—2005《电气简图用图形符号　第 2 部分：符号要素、限定符号和其他常用符号》中所列出的标准。

表 2-1-1　　　　　　　　　　常 见 一 般 符 号

序号	图形符号	含义	序号	图形符号	含义
1		电容器	3		半导体二极管
2		电阻器	4		扬声器

3. 限定符号

限定符号是用来提供附加信息的一种加在其他符号上的符号，不能单独使用，必须与其他符号组合使用。限定符号与一般符号、方框符号组合在一起，可派生出具有附加信息的元器件图形符号。表2-1-2中列举出几种常见限定符号。

表 2-1-2   常见限定符号

序号	图形符号	含义	序号	图形符号	含义
1	↗	可调节性	3	～	交流
2	+	正极性	4	—	负极性

4. 方框符号

方框符号是用正方形或矩形轮廓框表示较复杂电气装置或设备的简化图形，它一般高度概括其组合，不给出内部元器件、零部件及其连接细节，加上框内的限定符号、文字符号共同表示某产品的特性功能。方框符号通常用于单线表示法的电气图中，也可用在表示全部输入和输出接线的图中。表2-1-3中列举了几种常见方框符号。

表 2-1-3   常见方框符号

序号	图形符号	含义	序号	图形符号	含义
1	形式1 □ 形式2 ▭ 形式3 ○	物件，例如： 设备 器件 功能单元 元件 功能	2	≥1	"或"元件

（二）图形符号的绘制原则

（1）图形符号仅表示器件或设备的非工作状态，所以均按无电压、无外力作用的状态表示。如继电器和接触器在无电压状态，断路器和隔离开关在断开位置。

（2）图形符号的布置一般为水平或垂直布置，但电气图的方位不是强制性的，在不改变符号含义的前提下，可根据电气图布线的需要逆时针旋转（90°、180°或270°）或镜像布置，但作为图形符号一部分的文字符号、指示方向及某些限定符号的位置不能随之旋转，应遵循有关规定。

（3）图形符号旁应有标注，用以指明图形符号所代表的元器件或设备的文字符号、项目代号及相关性能参数。绘制的标准图形符号中的文字、物理量、元素符号应视为图形符号的重要组成部分。国家标准对图形符号的绘制尺寸并没有作统一规定，实际绘图中，图形符号均可按实际情况以便于理解的尺寸进行绘制，根据具体电气图的图幅情况缩小或放大，并尽量使符号各部分之间的比例适当，但符号各组成部分的比例、相互之间的位置应保持不变。

（三）电气图用常用图形符号

根据需要，可以在下面列举的标准中查阅有关的国家标准图形符号。

（1）GB/T 4728.2—2005《电气简图用图形符号　第 2 部分：符号要素、限定符号和其他常用符号》

（2）GB/T 4728.3—2005《电气简图用图形符号　第 3 部分：导体和连接件》

（3）GB/T 4728.4—2005《电气简图用图形符号　第 4 部分：基本无源元件》

（4）GB/T 4728.5—2005《电气简图用图形符号　第 5 部分：半导体管和电子管》

（5）GB/T 4728.9—2008《电气简图用图形符号　第 9 部分：电信：交换和外围设备》

（6）GB/T 4728.10—2008《电气简图用图形符号　第 10 部分：电信：传输》

（7）GB/T 4728.11—2008《电气简图用图形符号　第 11 部分：建筑安装平面布置图》

（8）GB/T 4728.12—2008《电气简图用图形符号　第 12 部分：二进制逻辑元件》

（9）GB/T 5465.2—2008《电气设备用图形符号　第 2 部分：图形符号》

二、文字符号的制订通则

在电气图中，除用图形符号来表示各种设备、元件外，还在图形符号旁标注相应的文字符号，以区分不同的设备、元件以及同类设备或元件中不同功能的设备或元件。文字符号是以文字形式作为代码或代号，表明项目种类和线路特征、功能、状态或概念的。

（一）文字符号的作用

（1）为项目代号提供电气设备、装置和元器件种类字母代号和功能字母代号。

（2）作为限定符号与一般图形符号组合使用，以派生新的图形符号。

（3）在技术文件和电气设备中表示电气设备及线路的功能、状态和特征。

（二）文字符号的组成

文字符号分为基本文字符号（单字母或双字母）和辅助文字符号。

1. 基本文字符号

（1）单字母符号是按拉丁字母将各种设备、装置和元件划分为 23 大类，每大类用一个专用单字母符号表示。如"C"表示电容器类等。单字母符号应优先使用。GB/T 20939—2007《技术产品及技术产品文件结构原则　字母代码　按项目用途和任务划分的主类和子类》，列举了一部分，各专业可按分类补充所需的电气设备、装置和元器件。

（2）双字母符号是由一个表示种类的单字母符号与另一个字母组成，其组合形式应以单字母符号在前、另一字母在后的次序列出。如"GB"表示蓄电池，"G"为电源的单字母符号。只有当用单字母符号不能满足要求、需要将大类进一步划分时，才采用双字母符号，以便较详细和更具体地表述电气设备、装置和元器件。如"F"表示保护器件类，而"FU"表示熔断器，"FR"表示具有延时动作的限流保护器件等。双字母符号的第一位字母只允许按 GB/T 20939—2007《技术产品及技术产品文件结构原则　字母代码　按项目用途和任务划分的主类和子类》表 1 中单字母所表示的种类使用。各专业可以补充其中未列出的双字母符号。

2. 辅助文字符号

辅助文字符号是用以表示电气设备、装置和元器件以及线路的功能、状态和特征的。如

"SYN"表示同步,"L"表示限制,"RD"表示红色等。辅助文字符号也可放在表示种类的单字母符号后边组成双字母符号,如"SP"表示压力传感器,"YB"表示电磁制动器。为简化文字符号起见,若辅助文字符号由两个以上字母组成时,允许只采用其第一位字母进行组合,如"MS"一表示同步电动机等。辅助文字符号还可以单独使用,如"ON"表示接通,"M"表示中间线,"PE"表示保护接地等。

(三)补充文字符号的原则

GB/T 20939—2007《技术产品及技术产品文件结构原则 字母代码 按项目用途和任务划分的主类和子类》中规定的基本文字符号和辅助文字符号如不便使用,可按照其中文字符号组成规律和下面的原则予以补充。

(1)在不违背标准编制原则的条件下,可以采用国际标准中规定的电气技术文字符号。

(2)在优先采用 GB/T 20939—2007《技术产品及技术产品文件结构原则 字母代码 按项目用途和任务划分的主类和子类》中规定的单字母符号、双字母符号和辅助文字符号前提下,可以补充其中未列出的双字母符号和辅助文字符号。

(3)文字符号应按有关电气名词术语国家标准或专业标准中规定的英文术语缩写而成,同一设备有几种名称时,应选用其中一个名称。当设备名称、功能、状态和特征为一个英文单词时,一般采用该单词的第一个字母构成文字符号,需要时也可用前两位字母,或前两个音节的首位字母,亦可采用常用缩略语或约定俗成的习惯用法构成;当设备名称、功能、状态或特征为二个或三个英文单词时,一般采用该二个或三个单词的第一位字母,亦可采用常用缩略语或约定俗成的习惯用法构成文字符号。对基本文字符号不得超过两位字母,对辅助文字符号一般不能超过三位字母。

(4)因拉丁字母,"I""O"易同阿拉伯数字"1"和"0"混淆,因此,不允许单独作为文字符号使用。

(5)文字符号的字母采用拉丁字母大写正体字。

三、电气设备的标注方法

(一)电气图中设备位置的表示法

在电气图中,为了标注中断线的另一端在图中的位置信息,或为了找到某一元件、器件的图形符号在图上的位置,当更改电路图时,也需要注明更改部分在图中的位置。以上这些情况,都涉及如何表示元器件在图上的位置问题,为此对电气图中元器件的位置标记常用下述方法表达。

(1)表示导线去向的位置标记。在采用图幅分区的电路图中,查找水平布置的电路,需标明行的标记。而垂直布置的电路,需标明列的标记。对于复杂的电路,则需标明"行"与"列"的组合标记。如图 2-1-1 中所示的标记,"=E1/112/D"表示三相电源线 L1、L2、L3 接至配电系统 E1 的第 112 张图的 D 行。

(2)表示图形符号在图上的位置。如图 2-1-2 所示,标记 2/2 表示触点 33-34 的驱动线圈图形符号在第二张图纸的 2 列,而标记 2/5 表示触点 45-46 的驱动线圈图形符号在第 2 张图的 5 列。

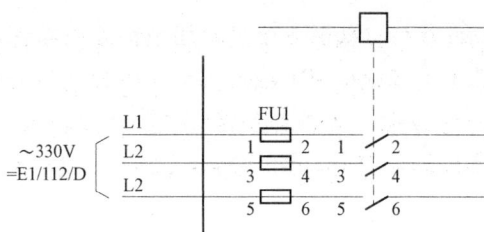

图 2-1-1 表示导线去向位置的标记示例

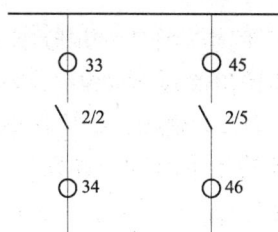

图 2-1-2 表示图形符号在图上的位置

（二）元件组合符号的表示方法

为了清晰表示电路原理，元件的组合符号在图中可以采用下列方法来表示。

1. 元件中功能相关的部分

（1）集中表示法。在电路图上，把一个组合符号的各部分列在一起的表示方法，称为集中表示法，见表 2-1-4，集中表示法常用于比较简单的电路图中。

表 2-1-4　　　　　　　　　　　　集中表示法符号示例

序号	图形符号	含义	备注
1		继电器	
2		按钮开关	
3		与或门	
4		三绕组变压器	
5		光耦合器	

（2）半集中表示法。在电路图上，把组合符号具有功能关联的各组成部分展开绘制，并采用机械连接符号 02-12-01，或采用电气连接符号 03-01-01 连接具有功能相关联的各组成部分的表示方法，称为半集中表示法。半集中表示法常见于机械功能相关联的元件图形符号，见表 2-1-5 的序号 1、2，也见于二进制逻辑元件图形符号，见表 2-1-2 的序号 3，标记 INT（Internal 的缩写）表示封装单元的内部联系。

表 2-1-5　半集中表示法符号示例

序号	图　形　符　号	含　义
1	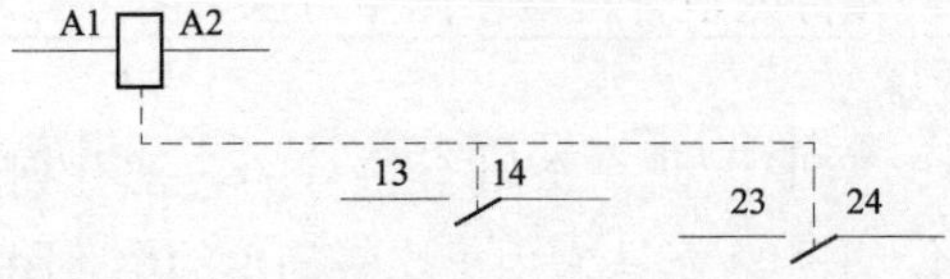	继电器
2	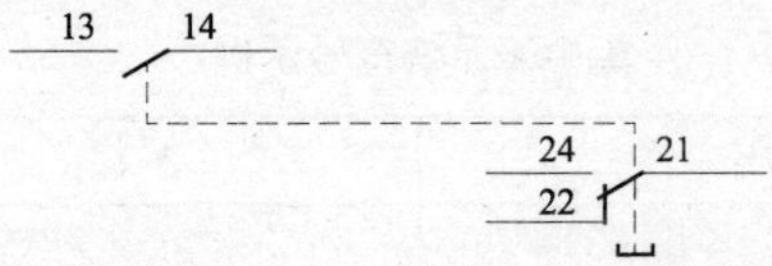	按钮开关
3	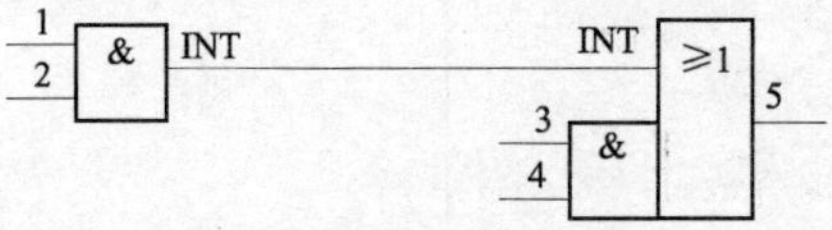	与或门

（3）分开表示法。把组合图形符号各个部分分散于电路图上，并标注同一个项目代号表示元件各部件之间关联的表示方法，称为分开表示方法，见表 2-1-6。分开表示法绘制的电路图习惯称为展开图。

表 2-1-6　分开表示法符号示例

序号	图　形　符　号	含　义
1	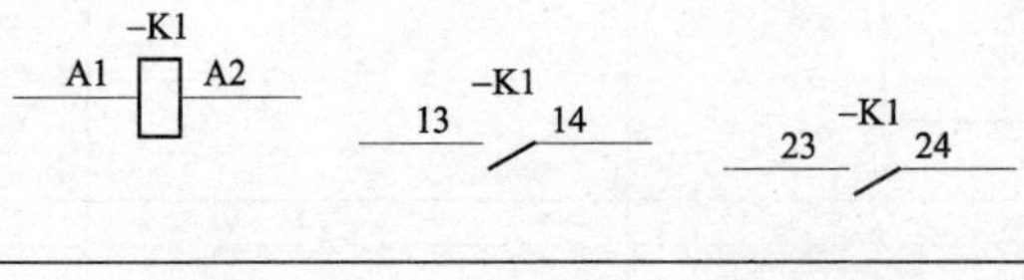	继电器
2		按钮开关
3		与或门

序号	图 形 符 号	含 义
4	−T1 11 　12 　13 　14　　　　−T1 21 　　　　　　　22	三绕组变压器
5	−U3　　　　　　　　−U3	光耦合器

在分开表示法中，分散在电路图上的、功能上有关联的各组成部分之间的内部联系和连接是隐含的。为便于识别，元件各组成部分的每个符号旁标注同一项目代号，以表示它们之间功能上是关联的，见表 2-1-6。为方便查找，必要时还标示出从激励部分（驱动部分）到其他部分的位置检索标记，例如从线圈到触点的位置检索标记，也可以标示出从触点到线圈的位置检索标记。

阅读展开式电路图时，判别各图形符号的内部功能联系和连接有以下几种方法：

1）按照相同项目代号查找阅读。

2）按照位置检索标记查找阅读。

3）按照插图、插表中的检索标记查找阅读。

在分开表示法中，元件的激励部分（驱动部分）的限定符号随同激励部分（驱动部分）符号一同画出，元件的受激励部分（受驱动部分）的限定符号随同受激励部分（受驱动部分）符号一同画出，而整个元件共同的限定符号则和激励部分（驱动部分）符号一同画出，见表 2-1-7。

表 2-1-7　　　　　　　　　　分开表示法中限定符号示例

序号	集中表示法	分开表示法
1		
2		
3		

续表

序号	集中表示法	分开表示法
4		
5		

如上所述，限定符号通常只画在一处，因而在识读元件的功能时，应注意别处的限定符号，特别是激励部件（驱动部件）符号处的限定符号。

（4）重复表示法。一个组合符号以集中表示形式画在电路图的两处或多处，在每一处仅部分对外连接，且标注同一个项目代号的表示方法，称为重复表示法，见表2-1-8。

表 2-1-8　　　　　　　　　　　重复表示法符号示例

序号	图 形 符 号	含　义
1		按钮开关
2		与或门

如图2-1-3所示，多处出现的同一端子均标注端子代号，但连接只在一处画出。如果端子代号加括号，或使用特殊的识别符，是强调重复的意思。

图 2-1-3　端子代号加括号示例

2. 元件中功能不相关的各部分

（1）组合表示法。组合表示法按下列两种方式表示：

1）在功能上独立的几个图形符号画在同一围框线内，用以表示机电元件组装在同一安装单元内。

2）将功能上独立的几个图形符号拼接画在一起，用以表示二进制逻辑元件或模拟元件封装在一起。

如图 2-1-4 所示为采用组合表示法的示例：图 2-1-4（a）表示含两个继电器的封装单元；图 2-1-4（b）表示四输出与非门封装单元。

（2）分立表示法是将封装在同一单元内具有独立功能的各部分符号分开画在电路图上，且用同一项目代号标志的表示方法，如图 2-1-5 所示。其中，图 2-1-5（a）所示元件与图 2-1-4（a）所示等同，图 2-1-5（b）所示元件与图 2-1-4（b）所示等同。

（三）可动部件工作位置的图示

元件的可动部件（如断路器手车、触点）有两个或多个位置，其中有的工作位置在撤除激励或外力后能稳定，有的则不能稳定。例如：多数继电器触点有两个位置，一个位置对应于非激励或断电状态（稳定），另一个位置对应于激励或通电状态（不稳定）；断路器手车有三个稳定位置，分别是运行位置、试验位置和检修位置；断路器主触点则有两个位置，即合闸位置和分闸位置。

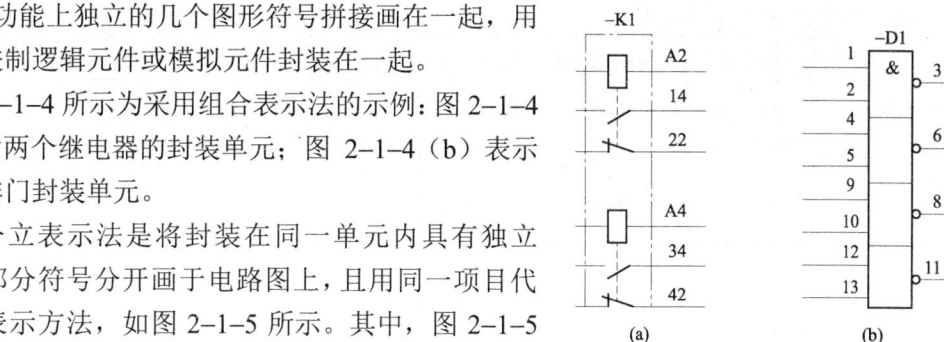

图 2-1-4 组合表示法示例
（a）含两个继电器的封装单元；
（b）四输出与非门封装单元

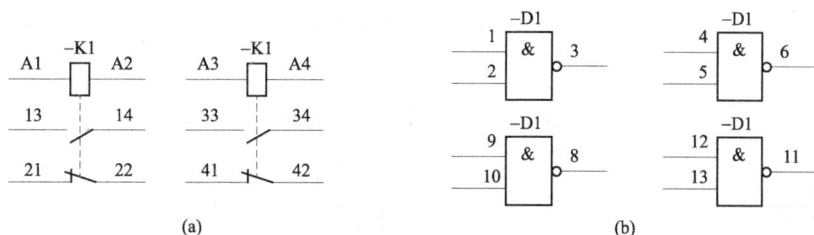

图 2-1-5 分立表示法示例
（a）含两个继电器的封装单元；（b）四输出与非门封装单元

1. 可动部件工作位置的图示

电路图标示出的可动部件符号只能对应于一个工作位置。为了便于绘制和识读，GB/T 6988.1—2008《电气技术用文件的编制 第 1 部分：规则》统一规定，电路图中的可动部件符号对应在下列位置绘制：

（1）单稳态的手动或机电元件，诸如继电器和接触点在非激励或断电状态。在特定情况下，也可以表示在激励或通电状态，但此情况应在图中说明。

（2）两个或多个稳定位置的开关装置中，断路器在分闸位置，隔离开关在断开位置，其他开关装置可表示在其中任一个位置。

（3）标有断开位置的多个稳定位置的手动控制开关在断开位置。未标有断开位置的控制开关在图中规定的位置。应急、备用、告警、测试等用途的手动控制开关，表示在设备正常工作时所处的位置，或其他规定位置。

（4）引导开关在图中规定的位置。

2. 多位置开关符号的位置识读

在阅读电路图中多位置开关时，除了读出开关的操作方式、触点数、触点形式与机械联锁功能外，还应读出如下位置信息：

(1) 开关的工作位置数。

(2) 开关的图示工作位置。

(3) 哪些位置稳态，哪些位置非稳态。

思考与练习

1. 电气图用图形符号的绘制原则是什么？

2. 文字符号的作用是什么？

3. 识别如图 2-1-6 所示符号的表示方法。

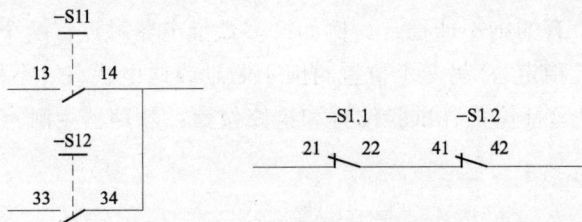

图 2-1-6　电气符号表示方法

模块 2　电气系统图（GDSTY02002）

模块描述

本模块介绍电气系统图的识、绘基本知识。通过要点讲解、图形示例，熟悉电气系统图的分类及特点，掌握电气系统图的识读方法。

模块内容

一、电气系统图的识读基础

（一）电气系统图的分类

(1) 电气系统图分为可分为一次系统电气图和二次系统电气图。

(2) 电力一次系统电气图分为电力系统的地理接线图和电力系统的电气接线图。

（二）电气系统图的特点

通常电气系统接线图主要反映整个电力系统中：系统特点，发电厂、变电站的设置，相互之间的联结形式，正常运行方式等。常用地理接线图和电气接线图两种方式来表示。电气系统地理接线图主要显示整个电力系统中发电厂、变电站的地理位置，电网的地理上连接、线路走向与路径的分布特点等；电力系统电气主接线图主要表示该系统中各电压等级的系统特点，发电机、变压器、母线和断路器等主要元器件之间的电气连接关系。

（三）电气系统图的识读

1. 电力系统的地理接线图

在地理接线图的平面绘制中，选用特定图例来表示，详细绘制出电力系统内部各发电厂、变电站的相对地理位置，电缆、线路按地理的路径走向相连接，并按一定的比例来表示，但不反映各元件之间的电气联系，通常和电气接线图配合使用，如图 2-2-1 所示。

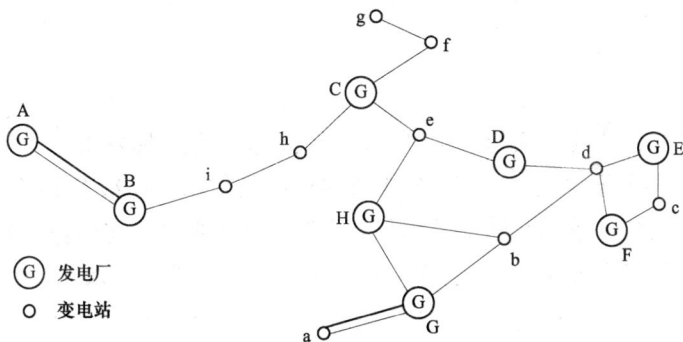

图 2-2-1 电力系统地理接线图

2. 电力系统地理接线图的特点

电力系统地理接线图分为无备用接线和有备用接线两类。

（1）无备用接线为单回路放射式为主干线图形，如：发电厂 C—变电站 f—变电站 g 为无备用单回路放射线路。

（2）有备用接线图以双回路、环网接线和双电源供电网络的图形，如：发电厂 A、B 之间的线路、发电厂 G—变电站 a 之间的线路为有备用双回路接线；发电厂 D—变电站 d—变电站 b—发电厂 H—变电站 e—发电厂 D 构成的环网接线；发电厂 D—变电站 d—变电站 b—发电厂 G—发电厂 H—变电站 e—发电厂 D 构成的大环网接线；发电厂 H—变电站 b—发电厂 G—发电厂 H 构成的子环网接线；发电厂 E—变电站 c—发电厂 F—变电站 d—发电厂 E 构成的子环网接线；发电厂 B—变电站 i—变电站 h—发电厂 C 之间的线路为双电源供电网络。

以单实线表示架空线，或单虚线表示电缆与发电厂与变电站节点连接；用文字说明连接特点和互相关系。

思考与练习

1. 电气系统图是如何分类的？

2. 电气系统图的基本特点是什么？

3. 如何识读电力系统地理接线图？

模块 3 配电线路接线图识读（GDSTY02003）

　　本模块包含配电线路接线图的识读。通过接线图的展示和各种图形符号含义的介绍，掌握配电线路接线图中各类设备的识读。

　　配电线路由电杆、导线、横担、绝缘子、开关设备（包括断路器、负荷开关、跌落式熔断器等）、变压器、避雷器等元件组成。配电线路接线图是以单线和线路相关元件的图形符号相互连接在一起，反映一条线路的主干线和分支线的连接杆号，变压器、开关等设备的连接关系和相对位置，以及各设备的型号等，以直观的方式展现出一条线路的连接关系和设备概况。

　　一、常见配电线路元件的图形符号

　　常见配电线路元件的图形符号见表 2-3-1。

表 2-3-1　　　　　　　　　　　　重复表示法符号示例

序号	图例	名称	序号	图例	名称
1	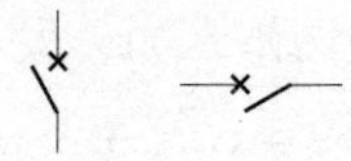	断路器	6	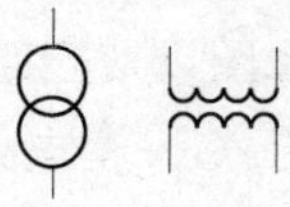	双绕组变压器
2	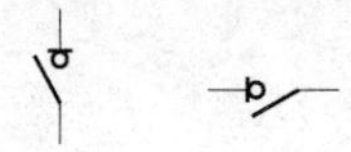	负荷开关（合）	7	KG	开关站
3	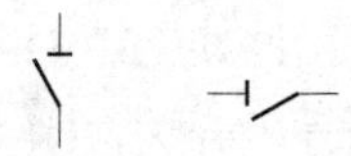	隔离开关（合）	8	HB	环网箱式变电站
4		跌落式熔断器	9	XB	箱式变电站
5	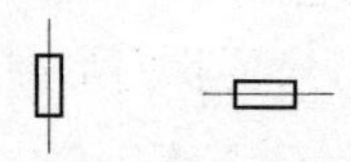	熔断器	10	HW	环网柜

　　二、配电线路接线图的识读

　　如图 2-3-1 所示是一条简单的配电线路接线图，在识读时，要注意以下几点：

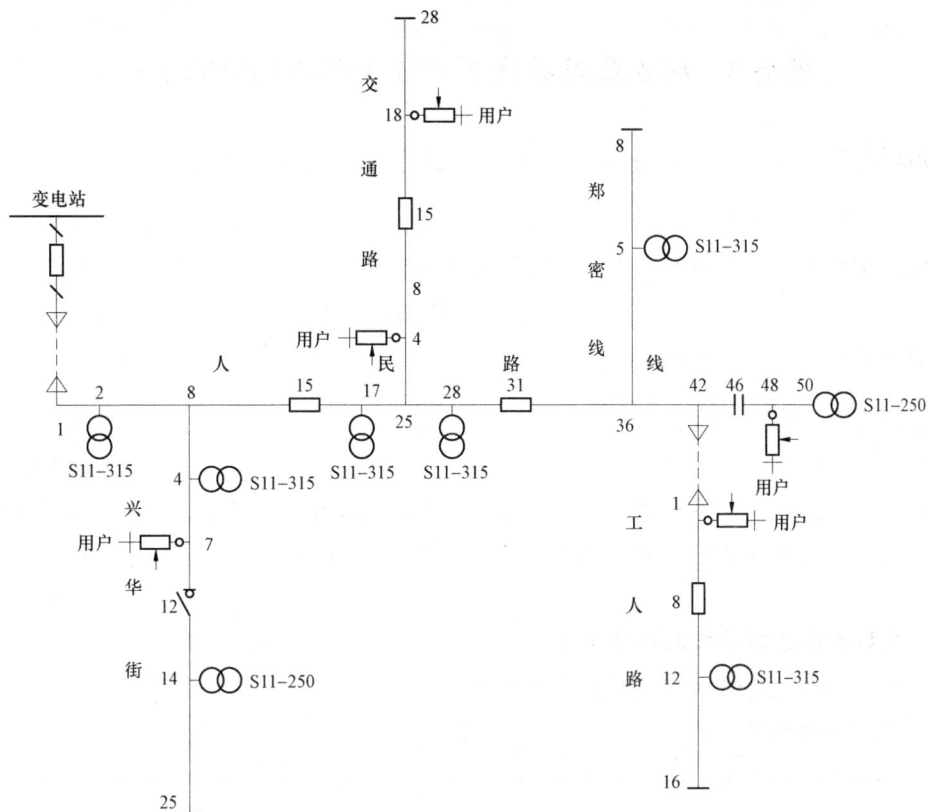

图 2-3-1　配电线路接线图

（1）要正确识别接线图中各图形符号的含义，如"$\triangleright\,\text{-}\,\text{-}\,\triangleleft$"表示电缆线路、$\otimes\otimes$ 表示变压器、"$\text{-}\square\text{-}$"表示断路器、"$\text{-}\text{-}\!\!\swarrow\text{-}$"表示负荷开关、"$\text{-}\!\!\swarrow$"表示跌落式熔断器等。

（2）要分清线路的电源侧和负荷侧，如人民路线的小号侧为电源侧（如人民路线1号），大号侧相对于小号侧即为负荷侧。

（3）要确定干线和支线及相对位置，如人民路线为该条线路的干线，兴华街、交通路、工人路等为支线，兴华街分支在线路首端，工人路分支在线路末端。

（4）要理解线路上开关设备作用、相对位置和逻辑关系，如人民路线15、31号断路器为干线分段开关，兴华街12号、交通路15号、工人路8号为支线分段开关，当人民路线15号断路器断开时，其负荷侧的断路器（人民路线31号、工人路8号）与其他设备均处于停电状态，其电源侧的线路及设备仍处于带电状态。

（5）了解接线图中变压器和其他高压用户的分布和相对位置。

（6）掌握接线图中蕴含的设备信息，如设备的数量、型号、容量等。

配电设备的种类和型号纷繁多样，线路的结构也千变万化，但只要我们掌握了基本的识图方法，就很容易读懂线路接线图。

思考与练习

1. 配电线路的基本组成元件有哪些？

33

2. 你能从配电线路接线图中可以了解哪些信息?

3. 配电线路接线图的识读步骤是什么?

模块 4　配电网络图识读（GDSTY02004）

模块描述

本模块介绍配电网络图的识读。通过网络图的展示和各种图形符号含义的介绍,掌握配电网络图中各类设备的识读。

模块内容

配电网络图是反映一个区域内配电线路之间联络关系的接线图。网络图在一定程度上可反映该区域配电线路网架结构的合理性、灵活性和可靠性。正确识读配电网络图,对于分析配电网结构,指导配网建设改造,并使其达到经济合理具有重要作用。

一、常见配电线路元件的图形符号

常见配电线路元件的图形符号见表 2-3-1。

二、配电网络图的识读

如图 2-4-1 所示是某一区域的配电网络图,该网络图由不同变电站的五条配电线路组成。

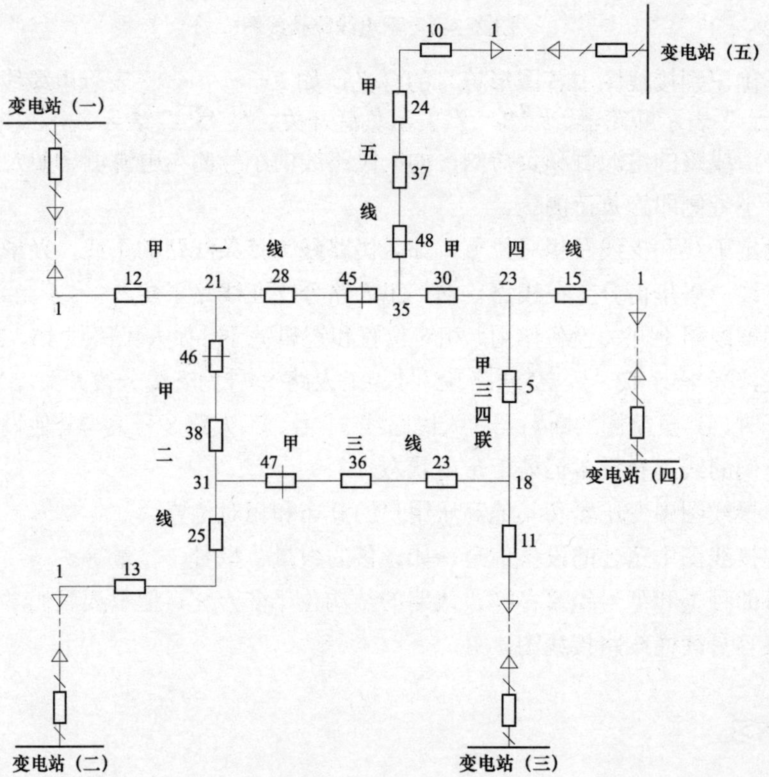

图 2-4-1　配电网络图

在配电网络图上，一般不显示每一条线路的所有变压器、高压用户、分支线的具体信息。主要显示每一条线路分段、联络开关的位置和各线路之间的连接关系。

以图 2-4-1 为例，在识读配电网络图时，应做到以下几点：

（1）要正确识别网络图中各图形符号的含义；

（2）要分清每一条线路的电源侧和负荷侧，如变电站一侧为电源侧，联络开关一侧为负荷侧；

（3）要确定各线路之间的连接关系，如甲一线既与甲二线联络又与甲四线联络、甲五线与甲四线联络、甲四线除与甲五线联络外，还与甲一线和甲三线联络等；

（4）要理解线路上分段、联络开关设备的作用、相对位置和逻辑关系，如当甲二线 13 号断路器之前停电检修时，可通过相应分段开关和联络开关的分闸和合闸操作，使甲二线 13 号断路器之后的非检修段的负荷转移到甲一线或甲三线。同样，所有相互联络的线路，都可以相互转移负荷，使线路在停电检修或故障时，最大限度地缩小停电范围；

（5）分析网络图中蕴含的逻辑关系，并能掌握其结构特点和优缺点。

配电网络复杂多变，不同地区所选择的网络结构也不尽相同，但只要掌握了基本的识图方法，就很容易读懂网络图。

思考与练习

1. 什么是配电网络图？

2. 如图 2-4-1 所示，若甲四线 15 号断路器之前停电检修，其非检修段的负荷有哪几种转供发生？

3. 配电网络图的识读步骤是什么？

第3章

营 业 业 务

模块1 客户业务办理（GDSTY03001）

模块描述

本模块包含业扩报装和变更用电的工作流程和规定。通过概念描述、流程介绍、框图示意、要点归纳，掌握低压电力客户业务办理的步骤和要求。

模块内容

低压电力客户业务主要包括两部分，即业扩报装和变更用电。供电营业人员需要掌握客户办理各项用电业务的步骤和要求。

一、业扩报装

业扩报装（又称业务扩充或业扩），是电力企业营业工作中的习惯用语，即为新装和增容客户办理各种必须的登记手续和一些业务手续。业扩报装是供电企业电力供应和销售的受理环节，是电力营销工作的开始。业扩报装流程是指供电企业受理新装或增容等业扩报装工作的内部传递程序。流程的具体运转是由供电企业营业窗口——供电营业厅完成的，按照"一口对外、便捷高效、三不指定、办事公开"的原则开展。低压业扩报装范围是指用电电压等级在 1kV 以下的客户新装工作，低压业扩报装工作涉及面广，工作量较大，供电所要严格按承诺时间做好流程中各环节工作，为客户提供优质服务，低压非居民新装工作流程如图 3-1-1 所示。

二、变更用电

变更用电业务指用户在不增加用电容量和供电回路的情况下，由于自身经营、生产、建设、生活等变化而向供电企业申请，要求改变原《供用电合同》中约定的用电事宜的业务。

1. 变更用电的主要内容

（1）减少合同约定的用电容量（简称减容）。

（2）暂时停止全部或部分受电设备的用电（简称暂停）。

（3）临时更换大容量变压器（简称暂换）。

（4）迁移受电装置用电地址（简称迁址）。

（5）移动受电计量装置安装位置（简称移表）。

（6）暂时停止用电并拆除受电计量装置（简称暂拆）。

（7）改变客户的名称（简称更名或过户）。

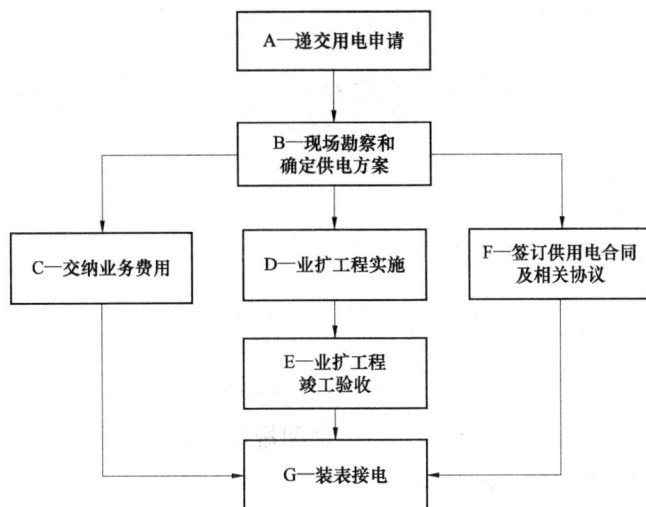

图 3-1-1　低压非居民客户新装工作流程

（8）一户分列为两户及以上的客户（简称分户）。

（9）两户及以上客户合并为一户（简称并户）。

（10）合同到期终止用电（简称销户）。

（11）改变供电电压等级（简称改压）。

（12）改变用电类别（简称改类）。

2. 变更用电的注意事项

（1）用户需要变更用电时，应事先提出申请，并携带有关证明文件及《供用电合同》原件，到供电所营业厅办理手续，变更供用电合同。

（2）凡不办理手续私自变更的，属于违约行为，应按照违约用电有关规定执行。

（3）供电企业不受理临时用电客户的变更用电事宜。

思考与练习

1. 什么是业扩报装？

2. 什么是变更用电？

3. 变更用电业务办理应注意哪些事项？

模块 2　现场勘查及供电方案答复（GDSTY03002）

模块描述

本模块包含现场勘查的内容、确定供电方案的依据、供电方案所要明确的内容、供电所答复客户供电方案的时限、供电方案的有效期等内容。通过概念描述、术语说明、案例介绍，掌握确定供电方案的基本知识。

模块内容

一、现场勘查

现场勘查应重点核实客户负荷性质、用电容量、用电类别等信息，结合现场供电条件，初步确定供电电源、计量、计费方案，并填写现场勘查单。

二、确定供电方案

1. 确定供电方案的基本原则

（1）应能满足供用电安全、可靠、经济、运行灵活、管理方便的要求，并留有发展裕度。

（2）符合电网建设、改造和发展规划的要求；满足客户近期、远期对电力的需求，具有最佳的综合经济效益。

（3）具有满足客户需求的供电可靠性及合格的电能质量。

（4）符合相关国家标准、电力行业技术标准和规程，以及技术装备先进要求，并应对多种供电方案进行技术经济比较，确定最佳方案。

2. 确定供电方案的基本要求

（1）根据客户的用电容量、用电性质、用电时间，以及用电负荷的重要程度，确定高压供电、低压供电、临时供电等供电方式。

（2）根据用电负荷的重要程度确定多电源供电方式，提出保安电源、自备应急电源、非电性质的应急措施的配置要求。

（3）客户的自备应急电源、非电性质的应急措施、谐波治理措施应与供用电工程同步设计、同步建设、同步投运、同步管理。

3. 确定低压供电方案的依据

低压新装根据客户的用电申请要求、性质以及现场勘查的信息确定供电方案。

4. 供电方案需要明确的内容

供电方案要确定客户的供电容量、供电电压、供电方式、电能计量方式、供电电源点、供电线路路径、客户用电性质及执行电价类别等。

5. 供电所答复客户供电方案的时限

供电所答复客户供电方案的时限要遵守供电服务承诺的约定，根据国家电网公司公布的供电服务"十项承诺"的规定，供电方案答复期限为：居民客户不超过 3 个工作日，低压电力客户不超过 7 个工作日，高压单电源客户不超过 15 个工作日，高压双电源客户不超过 30 个工作日。

三、供电方案的有效期

《供电营业规则》第二十一条规定：供电方案的有效期是指从供电方案正式通知书发出之日起至受电工程开工日为止。高压供电方案的有效期为 1 年，低压供电方案的有效期为 3 个月，逾期注销。如客户遇有特殊情况，需延长供电方案有效期的，应在供电方案有效期到期前 10 天向供电企业提出申请，供电企业应视情况予以办理延长手续，但延长时间不得超过上述规定期限。

四、典型案例

一农村居民客户新建一栋两层居民楼房，向供电所申请用电。业务受理后，供电所工作人员到客户处勘察，了解客户用电地址、设备及供电情况，列出客户用电设备清单，确定了该用电容量合计为 15kW，经过分析，附近的配电变压器容量和线路容量可以接入该客户的设备容量，确定由彭枫台区变压器和 380V 彭枫Ⅰ线供电，搭头位置（彭枫线 12 号杆处）、新架 1 基 8m 低压电杆，新架线路长度 50m，单回路供电，计量方式为低供低计，电能表安装位置在 1 楼户外左边窗户上部，安装预购电能表，用电性质为居民生活照明用途等。

思考与练习

1. 现场勘查需要注意哪些事项？
2. 确定供电方案的基本原则是什么？
3. 供电所答复客户供电方案的时限是如何规定的？

模块 3 低压用电工程验收项目及标准（GDSTY03003）

模块描述

本模块包含低压用电工程验收项目、验收条件、验收标准及验收准备等内容。通过概念描述、要点归纳，掌握低压用电工程验收项目及标准。

模块内容

1. 验收时间

低压客户工程施工结束以后，由供电所组织验收。

2. 验收条件

（1）工程项目按设计规定全部竣工。

（2）自验收合格。

（3）竣工验收所需资料已准备齐全。

3. 验收项目

（1）工程施工是否依照施工图纸、设计说明和施工要求并按照相关规范进行施工，工程中发生的施工变更是否按规定程序进行。

（2）工程量是否全部完成。

（3）工程决算资料。

（4）所用设备材料质量是否符合规定要求。

（5）施工工艺是否达标，有无安全隐患。

（6）工程相关档案资料收集、整理是否齐全。

（7）各种电气设备试验是否合格、齐全。

（8）变电站（室）土建是否符合规定标准。

（9）全部工程是否符合安全运行规程以及防火规范等。

（10）安全工器具是否配备齐全，是否经过试验。

（11）操作规程、运行值班制度等规章制度的审查。

（12）作业电工、运行值班人员的资格审查。

4. 验收标准

（1）工程建设批复、规划、设计等相关文件资料。

（2）DL/T 499—2001《农村低压电力技术规程》。

（3）DL 477—2015《农村低压电气安全工作规程》。

（4）相关规程。

5. 验收准备

工程施工结束后，施工单位必须首先进行自验收，验收合格后提供工程竣工图、隐蔽工程记录、设备材料使用清单等资料，提交竣工申请报告，申请验收。

思考与练习

1. 低压用电工程验收应选择在什么时间？

2. 低压用电工程验收前应如何准备？

3. 低压用电工程验收哪些项目？

模块 4 高压电力客户业扩报装流程（GDSTY03004）

模块描述

本模块包含高压客户新装或增容申请时应携带的资料、业扩报装流程和服务时限等内容。通过概念描述、流程介绍、要点归纳，熟悉和掌握高压电力客户业扩申请主要内容。

模块内容

依据《电力供应与使用条例》《供电营业规则》，用户新装或增加用电容量均要求事先到供电公司用电营业场所提出申请，办理手续。用户在新建项目的立项、选址阶段，应与供电公司联系，就供电可能性、用电容量和供电条件达成原则协议，方可定项目选址。

客户新建项目定址后，应提供上级主管部门批准的文件及有关资料，并依照供电公司规定的格式如实填写用电申请书及办理所需手续，供电公司应密切配合，尽快确定供电方案。客户未按规定办理时，供电公司有权拒绝受理其用电申请。

营业工作人员在接受客户用电申请时，必须根据客户的用电性质，对资料进行审查，特别要查清工程项目是否是已得到批准，提供的资料是否可以满足审定供电方案和设计、施工的要求。进行供电可能性和合理性的审查，通过客户提供的用电资料及现场调查，要查明供电网络的输、变、配电等情况以及电源供应情况，进行综合研究。受理用电申请后，要进行编号、登记、建账、记录经办情况等。

一、客户需要新装或增容申请时应携带的资料

高压电力客户需要新装或增容申请时，应携带以下有关资料：

（1）报装申请单。

（2）客户用电主体证明（营业执照、组织机构代码证等）。

（3）项目批复文件。

（4）房屋产权证明或土地权属证明文件。

（5）对于重要、"两高"（即成长性高、科技含量高）及其他特殊客户，按照国家要求，加验环评报告等证照资料。

二、业扩流程

供电公司高压客户业扩流程如图3-4-1所示，箭头所指方向为流程顺序。对高压供电的客户，通过压缩用电报装供电方案答复、设计审查、中间检查、竣工验收及装表接电等环节办理时间，提高办电效率。

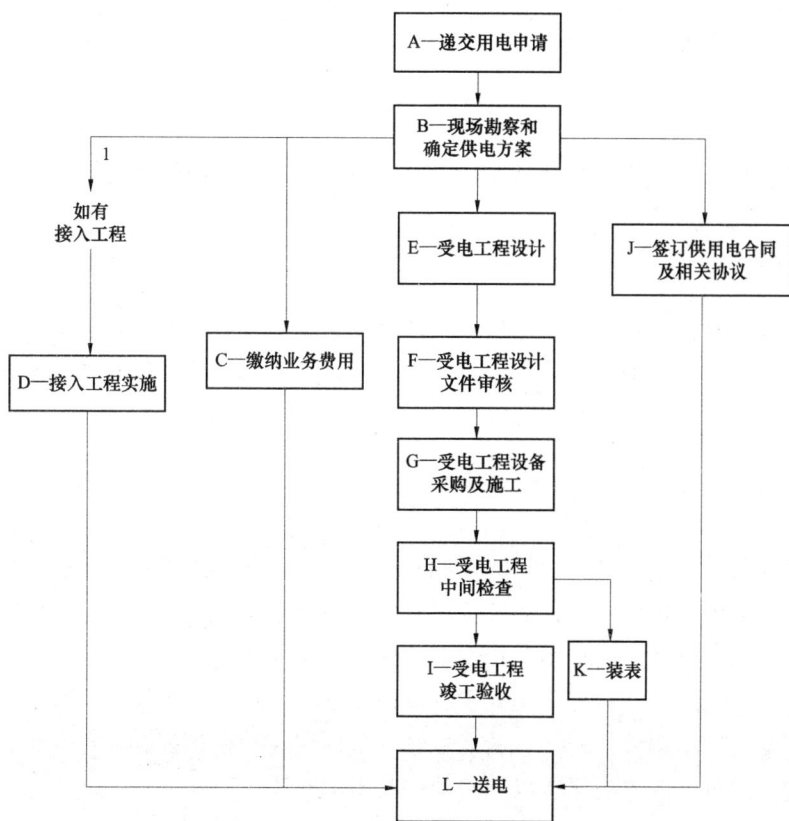

图 3-4-1 高压客户新装、增容流程图

三、服务时限

（1）受理申请后 2 个工作日内和客户联系，并到现场勘查。

（2）高压单电源客户供电方案答复不超过 15 个工作日，高压双电源客户供电方案答复不超过 30 个工作日，供电方案有效期一年。

（3）客户受电工程设计文件和有关资料审核的期限不超过 20 个工作日。

（4）用户受电工程启动中间检查的期限不超过 3 个工作日。

（5）对客户受电工程启动竣工检验的期限不超过 5 个工作日。

（6）受电工程检验合格并办结相关手续后，装表接电不超过 5 个工作日。

思考与练习

1. 营业工作人员在接受客户用电申请时应作好哪些方面的审查？

2. 客户需要新装或增容申请时应携带哪些资料？

3. 客户需要新装申请时应携带哪些资料？

第 4 章

电 价 电 费

模块 1　电价与电费（GDSTY04001）

模块描述

本模块介绍了我国现行法律在电价与电费方面的有关规定，包含电价管理的原则、电价的分类以及用电计量装置的维护、电费收取、电费差异的计算等。通过法规讲解、案例分析，了解我国电价、电费特性，掌握运用法律手段依法催缴电费。

模块内容

一、电价

（一）概述

1. 基本概念和种类

（1）电价的概念。电价是指电能商品价格的总称。

（2）电价的分类。

1）电价按照生产和流通环节划分，可分为上网电价、互供电价、销售电价。

上网电价指发电厂向电网输送电力商品的结算价格，对电网经营企业而言，上网电价也称为电网的购入电价。上网电价是调整独立经营发电厂与电网经营企业利益关系的重要手段，是协调发、供电企业两者经济关系，促进发、供电企业协调发展的主要经济杠杆之一，目前我国的上网电价均执行单一制电价制度。

互供电价是指电网与电网之间相互销售的电力价格，售电与购电双方均为电网独立经营企业。互供电价包括跨省（自治区、直辖市）电网和独立电网之间；省级电网和独立电网之间；独立电网与独立电网之间的互供电量结算价格。

销售电价是指电网经营企业向电力用户销售电能的价格，是最敏感最复杂的电价。销售电价是电网电力价格的主体，每一种销售电价按照供电电压等级高低不同，由不同的目录电价和其他的附加费用构成。销售电价中的目录电价及其他加价由各独立网、省网及省级以上电网根据本电网企业发供电成本不同而形成不同的价格。

为使电价公平合理，目前我国销售电价还实行分类电价和分时电价两种电价制度。

2）电价按照销售方式划分，可分为直供电价、趸售电价。

直供电价是指电网经营企业直接向用户销售电能的价格。

趸售是指国家电网公司以趸售（批发）电价将电能销售给地方供电公司，再由地方供电公司以终端销售电价将电能销售给终端电力客户。趸售区域电力客户的供电服务由趸售区域的地方供电公司具体负责。

3）按照用电类别划分，可分为城乡居民生活用电电价、一般工商业及其他用电电价、农业生产用电电价，并暂单列大工业用电电价。

4）按照使用时段划分，可分为峰时电价、谷时电价、平时电价。

2. 电价的管理原则

（1）统一政策指国家制定和管理电价的行为准则，是国家物价政策的组成部分。其目的是为了协调不同地区、不同的利益集团的利益分配关系，随着社会主义市场经济的逐步建立和完善，同一地区、电网，同一类型的发电、供电，用电单位在电价政策上应当相对统一，从而有利于公平竞争，调动各方面的积极性。

（2）统一定价指国家制定电价的基本原则，任何有权制定和核准电价的部门在确定电价时，所依据的原则应当是统一的，也即今后制定电价、管理电价应遵循有关法律法规的规定，在全国实行统一"定价原则"。

（3）分级管理指我国对电价管理实行统一领导，分级管理。一般由国务院统一领导价格制定工作，制定价格的工作方针、政策。因电价关系到国民经济全局和人民生活的切身利益，电价仍以国家管理为主，企业协商定价只是一种国家确定电价的潜质条件，所以本条仍把分级管理作为一项法律制度，但《中华人民共和国电力法》（简称《电力法》）中所规定的分级管理是有限制的，并非任意，也并非常规的级别管理，此权限在《电力法》第三十八条、第三十九条、第四十条中作了具体规定。

3. 制定电价的原则

（1）合理补偿成本的原则。第一，电力成本是依据发供电成本核算的客观数值，它从货币上反映了电力生产必要的劳动耗费。所以，合理补偿成本制定电价，一方面可以维持电力企业单位再生产，另一方面又排除电力企业任意定价。第二，电力成本应是电力生产经营过程的成本费用，因此，各个层次的电价水平不能低于其生产经营的成本水平。第三，电力生产经营中一部分固定资产的损耗能得到补偿，也就是指固定资产折旧费用应当能够补偿实际的耗费。

（2）合理确定收益的原则。电力企业在正常的营运过程中，必须向企业的所有者支付股息和利息，必须向国家缴纳税金，使国家有所收益。与此同时，电力企业也应有自我发展的能力。由于我国电力企业是公益性企业，不应在电价中含有超额利润，合理确立收益，有利于电力的持续发展和满足人民生活的需要。

（3）依法计入税金的原则。这是指根据法律规定允许纳入电价的税种和税款。

（4）公平负担原则。这是指定价时要考虑电力企业和用户、甚至电力投资者的收益，在不同的用电户取得不同的经济效益，产业类别要加以区别，要有不同的负担。基于电力是全民享有的公益事业，因此制定电价坚持公平负担原则是包括我国在内的世界上许多国家的法律原则和惯例，对于如何公平负担在《电力法》第四十一条中有明确规定。

（二）销售电价

1. 销售电价的概念

销售电价是指电网经营企业对终端用户销售电能的价格。

2. 制定销售电价的原则

坚持公平负担，有效调节电力需求，兼顾公共政策目标，并建立与上网电价联动的机制。

3. 销售电价的构成

销售电价由购电成本、输配电损耗、输配电价及政府性基金四部分构成。

购电成本指电网企业从发电企业或其他电网购入电能所支付的费用及依法缴纳的税金，包括所支付的容量电费、电度电费。

输配电损耗指电网企业从发电企业或其他电网购入电能后，在输配电过程中产生的正常损耗。

输配电价指销售电价中包含的输配电成本，省电力公司的收入来自于向电力用户售电的收入与向发电公司买电的费用之差，这就是实际的输配电价。

政府性基金指按照国家有关法律、行政法规规定或经国务院以及国务院授权部门批准，随售电量征收的基金及附加。

4. 销售电价的分类

根据用户承受能力逐步调整。先将非居民照明、非工业及普通工业、商业用电三大类合并为一类，合并后销售电价分为居民生活用电、大工业用电、农业生产用电、一般工商业及其他用电四大类。在同一电压等级中，条件具备的地区按用电负荷的价格，用户可根据其用电特性自行选择。

5. 销售电价的计价方式

居民生活、农业生产用电，实行单一制电度电价。一般工商业及其他用户中受电变压器容量在 315kVA 或用电设备装接容量在 315kW 及以上的用户，实行两部制电价。受电变压器容量或用电设备装接容量小于 315kVA 的实行单一电度电价，条件具备的也可实行两部制电价。两部制电价由电度电价和基本电价两部分构成。电度电价是指按用户用电度数计算的电价。基本电价是指按用户用电容量计算的电价。

二、电费管理

（一）用电计量装置

1. 用电计量装置的安装

（1）用电计量装置包括计费电能表（有功电能表、无功电能表及最大需量表）和电压互感器、电流互感器及二次连接线导线。计费电能表及附件的购置、安装、移动、更换、校验、拆除、加封、启封及表计接线等，均由供电企业负责办理，用户应提供工作上的方便。高压用户的成套设备中装有自备电能表及附件时，经供电企业检验合格、加封并移交供电企业维护管理的，可作为计费电能表。用户销户时，供电企业应将该设备交还用户。供电企业在新装、换装及现场校验后应对用电计量装置加封，并请用户在工作凭证上签章。

（2）供电企业应在用户每一个受电点内按不同电价类别，分别安装用电计量装置。每个受电点作为用户的一个计费单位。用户为满足内部核算的需要，可自行在其内部装设考核能耗用的电能表，但该表所示读数不得作为供电企业计费依据。

在用户受电点内难以按电价类别分别装设用电计量装置时，可装设总的用电计量装置，然后按其不同电价类别的用电设备容量的比例或定量进行分算，分别计价。供电企业每年至少对上述比例或定量核定一次，用户不得拒绝。

（3）对10kV及以下电压供电的用户，应配置专用的电能表计量柜（箱）；对35kV及以上电压供电的用户，应有专用的电流互感器二次线圈和专用的电压互感器二次连接线，并不得与保护、测量回路共用。电压互感器专用回路的电压降不得超过允许值。超过允许值时，应予以改造或采取必要的技术措施予以更正。

（4）用电计量装置原则上应装在供电设施的产权分界处。如产权分界处不适宜装表的，对专线供电的高压用户，可在供电变压器出口装表计量；对公用线路供电的高压用户，可在用户受电装置的低压侧计量。当用电计量装置不安装在产权分界处时，线路与变压器损耗的有功与无功电量均须由产权所有者负担。在计算用户基本电费（按最大需量计收时）、电度电费及功率因数调整电费时，应将上述损耗电量计算在内。

2. 用电计量装置的维护管理

（1）计费电能表装设后，用户应妥善保护，不应在表前堆放影响抄表或计量准确及安全的物品。如发生计费电能表丢失、损坏或过负荷烧坏等情况，用户应及时告知供电企业，以便供电企业采取措施。如因供电企业责任或不可抗力致使计费电能表出现或发生故障的，供电企业应负责换表，不收费用；其他原因引起的，用户应负担赔偿费或修理费。

（2）供电企业必须按规定的周期校验、轮换计费电能表，并对计费电能表进行不定期检查。发现计量失常时，应查明原因。

3. 计费电能表不准的处理

（1）用户认为供电企业装设的计费电能表不准时，有权向供电企业提出校验申请。

（2）在用户交付验表费后，供电企业应在七天内检验，并将检验结果通知用户。如计费电能表的误差在允许范围内，验表费不退；如计费电能表的误差超出允许范围时，除退还验表费外，并应按规定退补电费。

（3）用户对检验结果有异议时，可向供电企业上级计量检定机构申请检定。用户在申请验表期间，其电费仍应按期交纳，验表结果确认后，再退补电费。

4. 用电计量装置误差的电费处理

（1）由于计费计量的互感器、电能表的误差及其连接线电压降超出允许范围或其他非人为原因致使计量记录不准时，供电企业应按下列规定退补相应电量的电费：

1）互感器或电能表误差超出允许范围时，以"0"误差为基准，按验证后的误差值退补电量。退补时间从上次检验或换装后投入之日起至误差更正之日止的二分一时间计算。

2）连接线的电压降超出允许范围时，以允许电压降为基准，按验证后实际值与允许值之差补收电量。补收时间从连接线投入或负荷增加之日起至电压降更正之日止。

3）其他非人为原因致使计量记录不准时，以用户正常月份的用电量为基准，退补电量，退补时间按抄表记录确定。退补期间，用户先按抄见电量如期交纳电费，误差确定后，再行退补。

（2）用电计量装置接线错误、保险熔断、倍率不符等原因，使电能计量或计算出现差错时，供电企业应按下列规定退补相应电量的电费：

1）计费计量装置接线错误的，以其实际记录的电量为基数，按正确与错误接线的差额率退补电量，退补时间从上次校验或换装投入之日起至接线错误更正之日止。

2）电压互感器保险熔断的，按规定计算方法计算值补收相应电量的电费；无法计算的，以用户正常月份用电量为基准，按正常月与故障月的差额补收相应电量的电费，补收时间按抄表记录或按失压自动记录仪记录确定。

3）计算电量的倍率或铭牌倍率与实际不符的，以实际倍率为基准，按正确与错误倍率的差值退补电量，退补时间以抄表记录为准确定。退补电量未正式确定前，用户先按正常月电量交付电费。

（二）电费的收取

1. 收取电费的主要法律依据

（1）《电力法》第三十三条规定：供电企业应当按照国家核准的电价和用电计量装置的记录，向用户计收电费……用户应当按照国家核准的电价和用电计量装置的记录，按时交纳电费；对供电企业查电人员和抄表收费人员依法履行职责，应当提供方便。

（2）《电力供应与使用条例》第二十七条、第三十四条作了补充规定，供电企业应当按照合同约定的数量、质量、时间、方式，合理调度和安全供电。用户应当按照国家批准的电价，以及规定的期限、方式或者合同约定的数量、条件用电，交付电费和国家规定的其他费用。

同时规定了违反第二十七条规定，逾期未交付电费的，供电企业可以从逾期之日起，每日按照电费总额的 1‰～3‰ 加收违约金，具体比例由供用电双方在供用电合同中约定；自逾期之日起计算超过 30 日，经催交仍未交付电费的，供电企业可以按照国家规定的程序停止供电。

（3）《供电营业规则》第八十三条规定，供电企业应在规定的日期抄录计费电能表读数。由于用户的原因未能如期抄录计费电能表读数时，可通知用户待期补抄或暂按前次用电量计收电费，待下次抄表时一并结清。因用户原因连续 6 个月不能如期抄到计费电能表读数时，供电企业应通知该用户终止供电。

第九十八条规定了用户在供电企业规定的期限内未交清电费时，应承担电费滞纳的违约责任。电费违约金从逾期之日起计算至交纳日止。每日电费违约金按下列规定计算：居民用户每日按欠费总额的 1‰ 计算。其他用户当年欠费部分，每日按欠费总额的 2‰ 计算；跨年度欠费部分，每日按欠费总额的 3‰ 计算；电费违约金收取总额按日累加计收，总额不足 1 元者按 1 元收取。

2. 电费收取中的证据

（1）证据种类。根据《中华人民共和国民事诉讼法》（简称《民事诉讼法》）第六十三条规定，证据有下列七种："（一）书证、（二）物证、（三）视听资料、（四）证人证言、（五）当事人的陈述、（六）鉴定结论、（七）勘验笔录"。电费收取中涉及的证据种类主要是书证，例如各类电费结算协议、抄表卡、日报单、电费划拨协议、电费通知单（小户）、同城特约委托收款凭证（四联）、电费发票、催缴电费通知书、停限电审批单、停限电通知书等。此外还涉及少量的物证和证人证言、当事人陈述、鉴定结论等。

例如当用电人对用电计量装置的准确性产生异议而不按时交纳电费时，用电人可以按照规定向政府指定的电表计量部门申请鉴定，由该部门出具鉴定结论，以确定表计是否存在计量不准确的问题。

在某些采用诉讼方式追缴欠费的案件中，当供用电双方当事人对电费数额以及实际用电人存在异议时，还需要供电企业提供有关证人证言、书证等证据材料，来证明供电企业追缴电费对象的正确性。

（2）证据的收集。一般来说，主要涉及以下几个环节的证据收集：

1）抄表阶段的证据材料包括：抄表卡、抄表日报单、用电异常报告单等。

2）核算阶段的证据材料包括：应收发行日报单、电费计算清单等。

3）收费阶段的证据材料包括：电费通知单（小户）、同城特约委托收款凭证（四联）、大电力电费收费收据、催缴电费通知书等。

（3）证据的使用。

1）非诉讼方式：非诉讼方式一般包括：现场校验、现场封表、降负荷措施等。

经审议决定采取停限电措施等非诉讼方式追缴电费的，由电费抄表收费人员在具备应有的证据材料和停限电审批单、停限电通知书及回执、停限电工作票后方可具体实施。

停限电通知书应直接送交受送达人。受送达人是公民的，本人不在，交他的同住成年家属签收；受送达人是法人或者其他组织的，应当由法人的法定代表人、其他组织的主要负责人或者该法人、组织负责收件的人签收。

对采取非诉讼方式仍不能缴清电费的用户，经本单位领导审批后可采取诉讼方式进行追缴。

在采取停电催费时特别要注意停电的程序。

2）诉讼方式：诉讼方式一般包括三种方式，第一种为普通民事起诉，第二种为督促程序，第三种为抵销权方式。

应当注意的是，对采取诉讼方式追缴欠费的，除应具备证据管理办法要求的证据材料外，还应具备电费违约金计算依据的有关材料。

对超过两年的欠费用户，应在符合民事诉讼法规定的诉讼时效中断或者中止的情形再启动诉讼程序。

3. 电费收取的主要法律手段

（1）停电催费。

1）实施停电催费行为的法律、法规依据。

《中华人民共和国合同法》（简称《合同法》）第一百八十二条规定，逾期不交付电费，经催告后用电人在合理期限内仍不交付电费和违约金的，供电人可以按照国家规定的程序中止供电。

《电力供应与使用条例》第三十九条规定，对于逾期未交付电费的，自逾期之日起计算，超过 30 天，经催交仍未交付电费的，供电企业可以按照国家规定的程序停止供电。

《供电营业规则》第六十六条规定，拖欠电费经通知催交仍不交者，经批准可中止供电；

第六十七条规定了中止供电的办理程序。

2）停电催费的程序。

用户拖欠电费后，经通知催交仍不交的，可由催费人员填写"欠费用户停（限）电审批单"，注明停限电的原因、时间及欠费用户的停限电范围，经领导审批同意后，填写"欠费用户停（限）电通知书"。"欠费用户停（限）电通知书"应加盖供电分公司印章，在停限电前3～7天内，送达用户。

对重要用户及大用户要在停限电前30分钟再用电话通知一次，并做好电话录音，方可在通知规定时间实施停限电。

3）送达方式。

送达方式是指供电企业因用户欠费需要催费或需要采取中止供电的措施前，将有关通知告知用电人的一种方式。

在实际工作中，经常采用的方式有以下几种：

第一种是直接送达，这是最常用的，也是最有效的方法。电力企业工作人员将需要通知的有关事项以书面形式通知用电人包括成年家属，被通知人在通知回执上签字盖章。

它的特点：一是直接、快。二是作为证据效力比较高。

第二种是留置方式。它主要是对被通知人拒绝接受或签收的情况适用的一种方式，在使用留置方式中，应当注意的是，邀请的证人既可以是被通知人的单位人员也可以是居委会人员，由他们在回执单上签字或盖章。

第三种是邮寄方式。一般是对通知有困难的用户，通过邮局以挂号信的方式，将通知邮寄给被通知人，被通知人在回执上签字或盖章。对于采用邮寄的方式建议采用公证的方式，以保证通知内容的真实性、有效性。

第四种是公告方式，当采用上述方法均无法传达时，将要通知的内容予以公告，公告经过一定期限即产生送达后果的一种送达方式。公告送达实际上是一种推定送达，即公告后受送达人有可能知道公告内容，也有可能不知道公告内容，但法律规定均视为送达。供电企业最常见的是停电预告。

第五种是公证送达，是指由公证处对送达全程进行公证，以达到证明送达的效果。此种方式需要支付公证费用。

（2）申请支付令。

1）支付令的基本概念。支付令是民事诉讼督促程序的标志。所谓督促程序，是指法院根据债权人的给付金钱和有价证券的申请，以支付令的形式催促债务人限期履行义务的程序。督促程序依债权人申请支付令的提出而开始。

2）申请支付令的法律依据。《民事诉讼法》第一百九十八条规定，债权人请求债务人给付金钱、有价证券符合下列条件的，可以向有管辖权的基层人民法院申请支付令：债权人与债务人没有其他债务纠纷的；支付令能够送达债务人的。

3）典型案例。

[案例简介]

某造纸厂2000年1月至4月共拖欠某供电公司电费54.3万元，供电公司多次催收，均未能如期缴纳。供电公司于 2000 年 9 月向法院申请支付令。在法院主持下用户与供电公司达成还款协议，于 2000 年 10 月底前交纳全部欠费。

[案例分析]

本案权利义务关系明确，当事人对欠费一事无争议，而且在收到支付令后 15 日内没有向法院提出书面异议，而是主动清偿债务。支付令是一种诉前程序，简单易行、费用低、时间短、见效快。目前在清理欠费中被供电企业大量应用。

4）在供用电合同履行中申请支付令的条件。

第一，必须是请求给付金钱或汇票、支票以及股票、债券、可转让的存单等有价证券的。

第二，请求给付的金钱或有价证券已到期且数额确定，并写明了请求所根据的事实、证据的。

第三，债权人与债务人没有其他债务纠纷的，即债权人没有对待给付的义务。

第四，支付令能够送达债务人的。

第五，法院在受理供电企业申请后，15 日内向债务人发出支付令。

如债务人在收到支付令后 15 日内向法院提出书面异议，法院对债务人无须审查异议是否有理由，应当直接裁定支付令失效，但应对异议进行形式上的审查。提出的异议属下列情形之一，异议无效。

（a）债务人对债务本身无异议只是提出缺乏清偿能力的，不影响支付令效力。

（b）债务人在书面异议书中写明拒付的事实和理由。

（c）债务人收到支付令后，不在法定期间内提出书面异议，而向其他人民法院起诉的。

（d）债权人有多项独立的诉讼请求，债务人仅就其中某一项请求提出异议的，其异议对其他支付请求无效。

（e）债务人为多人时，其中一债务人提出异议，如果债务人是必要共同诉讼人，其异议经其他债务人同意承认，对其他债务人发生效力：如果债务人是普通共同诉讼人，债务人一人的异议对其他债务人不发生效力。

法院认定异议无效，支付令仍然有效。

第六，欠费用户在法定期限内既不提出书面异议，又不清偿债务的，供电企业应及时向法院申请强制执行。欠费用户是法人或者其他组织的，申请执行的期限为 6 个月，其他的为一年。

（3）适当适时行使不安抗辩权。

1）不安抗辩权是指按照合同约定或者依照法律规定应当先履行债务的一方当事人，如发现对方的财产状况明显恶化，债务履行能力明显降低等情况，以致可能危及债权的实现时，可主张要求对方提供充分的担保，在对方未提供担保也未对待给付之前，有权拒绝履行。

2）行使不安抗辩权的依据。《合同法》第六十八条规定，应当先履行债务的当事人，有确切证据证明对方有下列情形之一的，可以中止履行：经营状况严重恶化；转移财产、抽逃资金，以逃避债务；丧失商业信誉；有丧失或者可能丧失履行债务能力的其他情形。当事人没有确切证据中止履行的，应当承担违约责任。

《合同法》第六十九条规定，当事人依照本法第六十八条规定中止履行的，应当及时通知对方。对方提供适当担保时，应当恢复履行。中止履行后，对方在合理期限未恢复履行能力并且未提供适当担保的，中止履行的一方可以解除合同。

3）典型案例。

[案例简介]

某厂拖欠某供电公司电费累计已达 150 多万元，经供电公司多方努力，双方达成了"每年偿还欠费 30 万元，5 年还清，供电公司保证对其正常供电"的还款协议。协议生效后半年，因一笔巨额连带保证合同纠纷，该厂作为保证人被银行起诉，涉案债权额高达 2000 万元，而该厂资产总值仅 2300 万元。该厂还有其他未清偿债务。供电公司得知这些情况后，打算马上停电，中止还款协议的履行。

[案例分析]

该厂涉案债权额高达 2000 万元，而该厂资产总值总共不过 2300 万元，同时该厂还有其他未清偿债务。由于该厂可能丧失交纳电费的能力，属于履行债务能力下降，供电公司在证据充分的情况下可以暂时中止电，以保护电费债权。

4）供用电合同履行中行使不安抗辩权的条件及注意事项：

第一，不安抗辩权适用于双务合同。（供用电合同就是双务有偿合同）也就是说，双方当事人在同一合同中互负债务（供电人有义务供电，用电人有义务交费），存在先后履行债务的问题（一般是"先用电，后交费"）。不安抗辩权是先履行一方行使的权利，着重于保护履行义务在前一方的利益。

第二，后履行债务的一方当事人的债务没有到履行期限。也就是说不能履行债务仅仅是一种可能性而不是一种现实。

第三，后履行债务的一方当事人履行能力明显降低，有不能履行债务的危险。

第四，后履行义务的一方未提供适当担保。如果后履行义务的一方当事人提供了适当的担保，则先履行义务的一方当事人不能行使不安抗辩权。

第五，及时通知对方的义务。不安抗辩权人在行使权利之前，应将中止履行的事实、理由以及恢复履行的条件及时告知对方。

第六，对方提供适当担保，应当恢复履行合同。适当担保，是指在主合同不能履行的情况下，担保人能够承担债务人履行债务的责任。

第七，不安抗辩权人有举证的义务。不安抗辩权人应提出对方履行能力明显降低，有不能履行债务危险的确切证据。如果举证不能，将承担由此而造成的损失。

（4）充分运用代位权，确保电费收缴。

1）代位权概念。因债务人怠于行使权利，而影响了债权人债权的实现；债权人为了保全自己的债权，以自己的名义向次债务人（债务人的债务人）行使债务人现有债权，这就是代位权。

2）法律依据。《合同法》第七十三条规定，因债务人怠于行使其到期债权，对债权人造成伤害的，债权人可以向人民法院请求以自己的名义代位行使债务人的债权，但该债权专属于债务人自身的除外。

代位权的行使范围以债权人的债权为限。债权人行使代位权的必要费用，由债务人承担。

3）典型案例。

[案例简介]

某钢厂欠某市供电公司电费 300 万元，久拖未还；某物资公司拖欠该钢厂货款 500 万元，已逾期一年，钢厂催讨未果。现供电公司得知物资公司刚刚收回一笔 400 万元的货款，而钢厂催讨仍旧没有结果，就打算转而向物资公司讨债。

[案例分析]

本案中债权债务关系清楚，不存在其他问题，根据司法解释只要债务人不以诉讼方式或者仲裁方式向次债务人主张其债权而影响其偿还债权人的债权，都视为"怠于行使其债权"。供电公司可以根据代位权的规定，以自己的名义起诉物资公司行使钢厂货款债权，要回后再向钢厂行使电费债权。

4）供电企业行使代位权的条件：

第一，供电人对用户的电费债权合法，而且已经构成逾期未交。

第二，欠费用户有对外债权且到期。

第三，债务人对次债务人享有的债权，不是专属于债务人自身的。例如自然人的财产继承权、人身损害赔偿请求权等专属性债权。欠费用户对次债务人的债权不能在此列。

第四，债务人不以诉讼方式或者仲裁方式向次债务人主张其债权而影响其偿还债权人的债权。

第五，债务人怠于行使自己债权的行为，已经对债权的给付造成损害。

5）供电企业行使代位权应注意的事项：

第一，必须向人民法院提出请求，而不能直接向第三人行使。

第二，代位权的行使范围以用户所欠电费及该用户对次债务人的债权为限。

第三，代位权诉讼只能由被告（债务人）住所地法院管辖。

第四，代位权诉讼中，供电企业胜诉的，诉讼费用由次债务人负担，从实现的债权中优先支付。

（5）充分发挥抵销权的作用。

1）抵销权概念。抵销权是指当事人互负债务，达到法定条件或约定条件后，可以将自己的债务与对方的债务抵销的权利。抵销权分为法定抵销权和约定抵销权。

法定抵销权，是指当事人互负到期债务，该债务的标的物的种类、品质相同的任何一方均享有的可以将自己的债务与对方的债务抵销的权利。

约定抵销权，是指当事人互负债务，但两者的标的物的种类、性质不同，经双方协商一致而取得将自己的债务与对方债务相抵销的权利。

两者的区别：法定抵销权要求债务均已到期，而约定抵销权则不加限制；债的标的物的种类、性质是否相同。法定抵销权要求而约定抵销权则没有此限；法定抵销权是给予法律规定而享有，无须经过双方协商，而约定抵销权是基于双方的协商一致而享有。

2）法律依据。《合同法》第九十九条规定，当事人互负到期债务，该债务的标的物种类、品质相同的，任何一方可以将自己的债务与对方的债务抵销，但依照法律规定或者按照合同性质不得抵销的除外。当事人主张抵销的，应当通知对方。通知自到达对方时生效。抵销不得附条件或者附期限。第一百条规定，当事人互负债务，标的物种类、品质不相同的，经双方协商一致，也可以抵销。

3）典型案例。

［案例简介］

甲家具厂拖欠电费共 60 万元，因其严重亏损，收缴困难，而供电公司因改善办公条件从甲家具厂购买办公家具的 60 万元货款，到期也未于支付。后供电公司通知甲家具场抵销各自债务 60 万元。

［案例分析］

该案是典型的法定抵销权案例，当供电企业对用户负有到期债务的，如果用户不按时交付电费，两种债的标的物种类、品质相同的，供电企业可以不与用户协商，而直接通知用户抵销相当的债务。

4）运用抵销权应注意事项。

第一，对于法定抵销权，供电企业只需要通知欠费用户即可。自通知到达该用户时，双方债务即告抵销。约定抵销，需要双方协商一致，并实际履行后方可抵销。

第二，法定抵销不得附条件或期限。否则，不产生抵销债权的效力。

第三，对约定抵销，应注意尽量选择那些价值稳定、不易损毁的标的物。同时对约定的标的物应进行科学的评估。

第四，依照法律规定或按照合同性质不得抵销的，不得行使法定抵销权。

（6）运用撤销权，最大限度地降低风险。

1）基本概念。因债务人放弃到期债权或者无偿转让财产，或债务人以明显不合理的低价转让财产，对债权人造成损害的，并且受让人知道该情形的，债权人可以请求人民法院撤销债务人的这种行为，这就是撤销权。

2）法律依据。《合同法》第七十四条规定，因债务人放弃其到期债权或者无偿转让财产，对债权人造成损害的，债权人可以请求人民法院撤销债务人的行为。债务人以明显不合理的低价转让财产，对债权人造成损害，并且受让人知道该情形的，债权人也可以请求人民法院撤销债务人的行为。撤销权的行使范围以债权人的债权为限。债权人行使撤销权的必要费用，由债务人负担。《合同法》第七十五条规定，撤销权自债权人知道或者应当知道撤销事由之日起一年内行使。自债务人的行为发生之日起五年内没有行使撤销权的，该撤销权消灭。

3）典型案例。

［案例简介］

某服装有限公司 2000 年至 2001 年拖欠电费 20 万元，某供电公司经多次催告至今未还，2002 年初，被告将价值 60 万元的设备、价值 30 万元的一辆进口汽车分别以 10 万元和 5 万元的价格，低价转让给其朋友张某。张某知道以上事实。供电公司申请法院撤销该服装有限公司与张某买卖汽车的合同。

［案例分析］

法院支持了供电公司的请求，依法撤销了买卖合同。本案中，该服装有限公司在欠供电公司电费 20 万元的情况下，不仅不予偿还，还故意将 30 万元的汽车以 10 万元的低价转让给朋友张某，而且张某对该服装公司欠缴电费一事是知情的，在这种情况下供电公司可以根据我国《合同法》的规定请求法院撤销其买卖合同行为。

4）行使撤销权的条件。

第一，债务人（欠费户）有放弃到期债权、无偿转让财产或以不合理的低价转让财产的行为。其中，不合理的低价的标准应当是"普通人的标准"，在司法实践中，"以明显不合理的低价转让财产"的行为必须已经成立，否则不能行使撤销权。

第二，客观上，对债权人的权利已经造成损害，使债务人履行债务不能或发生困难。

第三，受让人明知会损害债权，即主观上是故意的。

5）行使撤销权时应当注意的几个问题：

第一，法院起诉（注意：起诉的主体是债权人，以债权人的名义起诉）。

第二，撤销权的行使以债权人的债权为限。

第三，撤销权自债权人知道或者应当知道撤销事由之日起一年内行使。自债务人的行为发生之日起五年内没有行使撤销权的，该撤销权消灭。

思考与练习

1. 我国制定电价的原则是什么？
2. 用户认为供电企业装设的计费电能表不准时如何处理？
3. 电费收取有哪几种主要的法律手段？
4. 电价、上网电价、销售电价分别是什么？

模块 2　现行电价制度（GDSTY04002）

模块描述

　　本模块介绍我国现行的七种电价制度。通过这七种电价制度定义、适用范围和优缺点的介绍，掌握单一制电价制度、两部制电价制度、梯级电价制度、季节性电价制度、峰谷电价制度、功率因数调整电费办法、临时用电电价制度的定义、适用范围和优缺点；掌握电价制度在不同用户中的运用。

模块内容

我国现行的电价制度是建国以来一直延用的，基本上没有较大的变动，现将我国现行的电价制度介绍如下。

一、单一制电价制度

1. 单一制电价制度的含义

单一制电价制度是以在用户安装的电能表计每月表示出实际用电量为计费依据的一种电

价制度。实行单一制电价的用户，每月应付的电费与其设备和用电时间均不发生关系，仅以实际用电量计算电费，用电多少均是一个单价。

2. 单一制电价制度的适用范围

我国销售电价类别中除变压器容量在 315kVA 及以上的大工业客户外，其他所有用电均执行单一制电价制度。其中容量在 100kVA（或 kW）及以上的用户还应执行功率因数调整电费办法和丰枯、峰谷电价制度。

3. 单一制电价制度的优缺点

单一制电价制度可促使用户节约电能，并且抄表、计费简单，但这种电价对用户用电起不到鼓励或制约的作用。

二、两部制电价制度

1. 两部制电价制度的含义

两部制电价包括基本电价和电度电价两部分。基本电费按客户的最大需量或客户接装设备的最大容量计算，电度电费按客户每月记录的用电量计算的电价制度。

2. 两部制电价制度的适用范围

我国一般对大工业生产用电，即受电变压器总容量为 315kVA 及以上的工业生产用电实施两部制电价制度。

3. 两部制电价制度的优点

两部制电价制度的优越性主要有：

（1）可发挥价格经济杠杆作用，促使客户提高设备的利用率、减少不必要的设备容量，降低电能损耗、压低尖峰负荷、提高负荷率。

（2）可使客户合理负担费用，保证电力企业财政收入。对执行两部制电价的用户，无论新装户、增容、减容、暂停、暂换、改类或终止用电（销户）时，均应根据用电用户实际用电天数（日用电不足 24 小时的，按一天计算）计算基本电费，每日按月基本电费的 1/30 计算。若暂停用电不足 15 天者，则不予扣减基本电费。

三、梯级电价制度

1. 梯级电价制度的含义

梯级电价制度是将用户每月用电量划分成两个或多个级别，各级别之间的电价不同。梯级电价制度分为递增型梯级电价制度和递减型梯级电价制度。递增型梯级电价制度的后级比前级的电价高；递减型梯级电价制度的后级比前级的电价低。

2. 梯级电价制度的优缺点

梯级电价制度的初步起到了价格经济杠杆作用，但没有考虑用户的用电时间，因此，对用户用电起不到鼓励和制约作用。

四、季节性电价制度

1. 季节性电价制度的含义

季节性电价制度为了充分利用水电资源、鼓励丰水期多用电的一项措施。即将一年十二个月分成丰水期、平水期、枯水期三个或平水期、枯水期两个时期，丰水期电价可在平水期电价的基础上向下浮动 30%～50%；枯水期电价可在平水期电价的基础上向上浮动

30%～50%。

2. 季节性电价制度的适用范围

季节性电价制度执行范围主要是：用电容量在 100kVA 及以上的非普工业用电、商业用电和大工业用电用户。

3. 季节性电价制度的优点

季节性电价制度既起到了价格经济杠杆作用，又考虑了用户的用电时间，因此，对用户用电起到了鼓励和制约作用，是世界各国普遍采用的一种电价制度。

五、峰谷电价制度

1. 峰谷电价制度的含义

峰谷电价制度是指按电网日负荷的峰、谷、平三个时段规定不同的电价，峰谷时段电价上下浮动水平根据各省的实际有所差别，一般按照 50%～60%上下浮动。

2. 峰谷电价制度的适用范围

以某省为例，供电区域内执行峰谷分时电价范围主要是：100kVA 及以上的工业用电、电热锅炉（含蓄冰制冷）用电的电度电价、单一居民照明用电。

各供电区域内执行峰谷分时电价范围，按照各供电区域内相关政策执行。

3. 峰谷电价制度的优点

峰谷电价制度同季节性电价制度一样，既起到了价格经济杠杆作用，又考虑了客户的用电时间。因此，对客户用电起到了鼓励和制约作用，是世界各国普遍采用的一种电价制度。

六、功率因数调整电费办法

1. 考核功率因数的目的

电力企业为了改善电压质量，减少损耗，需根据电网中无功电源的经济配置及运行上的要求，确定集中补偿无功电力的措施。并要求广大的电力用户分散补偿无功电力，这样可以做到：按电压等级逐级补偿，同时，补偿的无功电力，可随负荷的变化进行调整，并实现自动投切，达到就近供给，就地平衡，使电网输送的无功电力为最少，又使用户在生产用电时电能质量较好，并能节省能源，用户亦能相应地减少电费支出。考核功率因数的目的在于检验用户无功功率补偿的情况，通过功率因数的考核，实现改善电压质量，减少损耗，减少电费支出，使供用电双方和社会都能取得最佳的经济效益。

2. 功率因数考核标准及执行范围

我国现行的《功率因数调费电费办法》，其考核对象并不是"一刀切"的，而是依据各类用户不同的用电性质及功率因数可能达到的程度，分别规定其功率因数标准值及不同的考核办法。现分述如下：

（1）按月考核加权平均功率因数，分为以下三个不同级别。级别的划分一般按用户用电性质、供电方式、电价类别及用电设备容量等因素进行划分。

1）功率因数考核值为 0.90 的，适用于 160kVA 以上的高压供电的工业客户（包括乡镇工业客户）、装有带负荷调整电压装置的高压供电电力客户和 3200kVA 及以上的高压供电电力排灌站。

2）功率因数考核值为 0.85 的，适用于 100kVA（kW）及以上的其他工业客户（包括乡镇工业客户）、非工业客户和 100kVA（kW）及以上的电力排灌站。

3）功率因数标准值为 0.80 的，适用于 100kVA（kW）及以上的农业客户和趸售客户，但大工业客户未划由电业直接管理的趸售客户，功率因数标准应为 0.85。

（2）根据电网具体情况，需要对部分用户用电的功率因数作出特定的规定或考核办法，其办法有以下几种：

1）对大用户实行考核高峰功率因数，即考核用户在电网全月的高峰负荷时段里的平均功率因数，则更接近电网无功功率变化的实际，更有利于进一步保证电压质量。同时，也可避免一些用户为片面追求较高的月平均功率因数，而在电网低谷负荷时间向电网倒送无功电力所引起的弊病。

用户在当地供电企业规定的电网高峰负荷时的功率因数，应达到下列规定：

a. 100kVA 及以上高压供电的用户功率因数为 0.90 以上。

b. 其他电力用户和大、中型电力排灌站，趸购转售电企业，功率因数为 0.85 以上。

c. 农业用电，功率因数为 0.80。

2）对部分用户试行考核高峰、低谷两个时段的功率因数，这是根据电网对无功电力的需要或用户用电特殊制定的。对用户采取分时段考核功率因数时，应分别计算和考核用户全月在电网高峰和低谷两个时段的功率因数。

3）对部分不需增设补偿设备，用电功率因数就能达到规定标准的，或者是离电源点较近、电压质量较好、勿须进一步提高用电功率因数的用户，可以按照电网或局部无功电力的实际情况，降低考核功率因数的标准值，或者是不实行功率因数调整电费的办法。

3. 功率因数调整电费管理办法

功率因数调整电费管理办法是指客户的实际功率因数高于或低于规定标准功率因数时，在按照规定的电价计算出客户当月电费后，再按照"功率因数调整电费表"所规定的百分数计算减收或增收的调整电费。以江苏为例，除临时用电、工业企业的保安电源、执行居民生活电价的路灯和城市亮化用电、居民客户及与住宅建筑配套的消防设施、电梯、水泵、公灯外，凡受电容量在 100kVA（kW）及以上的高、低压客户均执行《功率因数调整电费办法》。

4. 功率因数的计算

（1）凡实行功率因数调整电费的用户，应装设带有防倒装置的无功电能表，按用户每月实用有功电量和无功电量，计算月加权平均功率因数。

（2）凡装有无功补偿设备且有可能向电网倒送无功电量的用户，应随其负荷和电压变动及时投入或切除部分无功补偿设备，供电企业应在计费计量点加装带有防倒装置的反向无功电能表，按倒送的无功电量与实用无功电量两者的绝对值之和，计算月平均功率因数。

（3）根据电网需要，对大用户实行高峰功率因数考核，加装记录高峰时段内有功无功电量的电能表，据以计算月平均高峰功率因数；对部分用户还可试行高峰、低谷两个时段分别计算功率因数。

5. 电费的调整

（1）当考核计算的功率因数高于或低于规定的标准时，应按照规定的电价计算出用户的当月电费后，再按照功率因数调整电费表规定的百分数计算减收或增收的调整电费。如果用户的功率因数在功率因数调整电费表所列两数之间，则以四舍五入后的数值查表计算。

（2）对于个别情况可以降低考核标准或不予考核。对于不需要增设无功补偿设备，而功率因数仍能达到规定标准的用户，或离电源较近，电能质量较好，无需进一步提高功率因数的用户，都可以适当降低功率因数标准值，也可以经省（自治区、直辖市）批准，报电网管理局备案后，不执行功率因数调整电费办法。

对于已批准同意降低功率因数标准的用户，如果实际功率因数高于降低后的标准时，不予减收电费。但低于降低后的标准时，则按增收电费的百分数办理增收电费。

七、临时用电电价制度

我国对拍电影、电视剧，基建工地、农田水利、市政建设、抢险救灾、举办大型展览等临时用电实行临时用电电价制度，电费收取可装表计量电量，也可按其用电设备容量或用电时间收取。对未装用电计量装置的客户，供电企业应根据其用电容量，按双方约定的每日使用时数和使用期限预收全部电费。用电终止时，如实际使用时间不足约定期限二分之一的，可退还预收电费的二分之一；超过约定期限二分之一的，预收电费不退。到约定期限时，终止供电。

八、电价制度的应用

电价制度应用于所有电力客户中，有的客户执行的是一种电价制度，有的客户执行的是多种电价制度。

1. 居民客户和小动力客户［容量在 100kVA（kW）以下］

居民客户的用电设备简单，用电性质是单一的，用电量也比较小。在我国居民客户执行的电价制度只是单一制电价制度。

2. 100kVA（kW）及以上的动力客户（除大工业客户以外）

这类客户的用电容量较大，因此，在执行单一制电价制度的同时还要执行功率因数调整电费的办法、丰枯峰谷电价制度。

3. 大工业用户（受电变压器在 315kVA 及以上的工业用户）

大工业用户用电设备复杂，用电量大，执行的电价制度有两部制电价制度、功率因数调整电费的办法、丰枯峰谷电价制度。

思考与练习

1. 什么叫单一制电价制度，它有何优缺点？
2. 什么叫两部制电价制度，它有何优缺点？
3. 什么叫功率因数调整电费办法，其功率因数标准值有哪几个，如何实施该办法？

模块 3　销售电价的分类及实施范围（GDSTY04003）

模块描述

本模块以某省为例介绍销售电价的分类电价和实施范围。通过对销售电价的介绍，了解各分类电价的实施范围，掌握销售电价的分类方法。

> 模块内容

一、某省现行销售电价分类

某省现行销售电价按照用电类别划分，分为城乡居民生活用电电价、一般工商业及其他用电电价、大工业用电电价、农业生产用电电价四大类。

二、各类电价实施范围

1. 城乡居民生活电价

城乡居民生活电价执行范围：直接用于城镇或农村居民生活的用电。凡是居民用户用于照明、取暖、烹饪、家用电器等方面，如照明用电、空调用电、热水器及一些应用于提高居民家庭生活质量等电器的用电，均按城镇居民生活电价计收电费。纯居民住宅楼内电梯、水泵、中央空调、楼道照明等直接服务于居民生活的用电也执行居民生活电价。

2. 一般工商业及其他用电电价

2008 年 7 月，为推进工商业用电同价，经国家批准，该省原非居民照明用电电价与非普工业用电电价合并，统一改称为一般工商业及其他用电电价。根据国家电网公司统计工作要求，非普工业、非居民照明及商业照明用电并轨后的统计口径保持不变，执行范围不变，为保证国家电价政策的落实，考虑到营销信息系统中电价区分的需要，将相关电价暂时变更为普通工业（一般工商业及其他用电）、非工业（一般工商业及其他用电）和非居民照明（一般工商业及其他用电）。

（1）普通工业（一般工商业及其他用电）。

普通工业电价应用范围：凡以电为原动力，或以电冶炼、烘焙、熔焊、电解、电化的一切工业生产，受电容量不足 320kVA 或低压受电，以及在上述容量、受电电压以内的下列各项用电。

1）机关、部队、学校及学术研究、试验等单位的附属工厂有产品生产并纳入国家计划，或对外承受生产及修理业务的用电。

2）铁道（包括地下铁道）、航运、电车、电讯、下水道、建筑部门及部队等单位所属修理工厂的用电。

3）自来水厂、工业试验、照相制版工业水银灯用电。

（2）非工业（一般工商业及其他用电）。

非工业（一般工商业及其他用电）电价应用范围：凡以电为原动力，或以电冶炼、烘焙、熔焊、电解、电化的试验和非工业生产，其总容量在 3kW 及以上者。例如：

1）机关、部队、商店、学校、医院及学术研究、试验等单位的电动机、电热、电解、电化、冷藏等用电。

2）铁道、地下铁道（包括照明）、管道输油、航运、电车、电信、广播、仓库、码头、飞机场及其他处所的加油站、打气站、充电站、下水道等电力用电。

3）电影制片厂摄影棚水银灯用电和专门对外营业的电影院，剧院、电影放映队、宣传队的影剧场照明、通风、放映机、幻灯机等用电。

4）基建工地施工用电。

5）地下防空设施的通风、照明、抽水用电。

6）有线广播站电力用电（不分设备容量大小）。

（3）非居民照明（一般工商业及其他用电）。

"非居民照明"电价类别：为积极运用价格杠杆，促进现代服务业发展，该省物价局从2006年1月1日起，取消商业照明类用电价格，改按其他照明类用电价格执行，将原商业照明电价和其他照明电价统一改称为非居民照明电价。"非居民照明"电价类别，即原"商业照明"电价类别和"其他照明"电价类别的合并，其执行范围是原"商业照明"电价类别以及"其他照明"电价类别的执行范围，即除居民照明以外的所有照明用电。

商业服务业的冷藏、冷冻、中央空调用电等动力用电价格仍按普通工业用电价格执行。对列入省规划和重点扶持的大型中高级批发交易市场、物流基地、大型配送中心的照明用电，按普通工业用电价格执行。具体名单由各市价格、供电部门核准并报省确认后执行。

3. 大工业用电电价

凡以电为原动力，或以电冶炼、烘焙、熔焊、电解、电化的一切工业用户，受电容量在315kVA及以上者以及符合上述容量规定的下列用电，均执行大工业电价。

（1）机关、部队、学校及学术研究、试验等单位的附属工厂（凡以学生参加劳动实习为主的校办工厂除外），有产品生产并纳入国家计划，或对外承受生产及修理业务的用电。

对外承受生产及修理业务的用电是指主要以对外承受生产及修理用电并收取费用，用电量较大，变压器容量在320kVA及以上的可以实行两部制电价。

（2）铁道（包括地下铁道）、航运、电车、电信、下水道、建筑部门及部队等单位所属修理工厂的用电。

（3）自来水厂用电。

（4）工业试验用电。工业试验用电定义包括自产产品的试验和对外单位产品试验，如强度试验等。

（5）照相制版工业水银灯用电。

4. 农业生产用电电价

该省物价局在《关于明确农业生产用电价格执行范围的通知》中明确为：果场、蚕场、水产养殖、花圃（电加热）、蔬菜种植、茶叶种植以及灯光诱虫、农田排涝、灌溉、电犁、打井、打场、脱粒、积肥、育秧、防汛临时用电、现代化或专业化禽、畜养殖业等。

思考与练习

1. 该省现行销售电价有哪几类？

2. 农业生产用电电价的实施范围是什么？

3. 大工业电价的实施范围是什么？

模块 4　单一制电价用户电费计算方法（GDSTY04004）

模块描述

本模块包含单一制电价的适用范围、特点、电费计算方法、注意事项等内容。通过概念描述、术语说明、公式解析、计算举例，掌握单一制电价客户电费的正确计算方法。

模块内容

一、单一制电价

1. 现行电价制度

我国对电力商品价格采取政府定价的形式，由价格主管部门负责管理，电力主管部门予以协助。电价的制定遵循以下原则：① 合理补偿成本；② 合理确定利润，依法纳税；③ 坚持公平合理，促进电力建设；④ 促进客户合理用电。在电力销售上，主要采用单一制电价和两部制电价两种计费方法。

2. 单一制电价

单一制电价是以在客户处安装的电能计量表计，每月实际记录的用电量多少为计费依据，直接来计算电费的电价制度。其特点是：在计费时不考虑客户的用电设备容量和用电时间，只根据实际耗用电量，按单一价格来结算电费的一种计价方法。单一制电价单纯按照用电量的多少计费，只与客户实用电量相关，可促使客户节约用电。执行这种电价抄表、计费都相当方便。其缺点是不能合理体现电力成本，对客户造成不公平的负担。

3. 单一制电价的适用范围

单一制电价适用于城乡居民生活、非居民照明、非工业用电（含商业电价第三产业电价）、普通工业、农业生产等。

二、单一制电价的特点

单一制电价是以客户安装的电能表每月计算出的实际用电量为计费依据的。每月应付的电费与其设备容量和用电时间均不发生关系，仅以实际用电量计算电费，用多用少均为一个单价。

三、单一制电价电费的计算方法

1. 电费构成

单一制电价是一种比较简单的快速计算电费的方式，其价格构成除度电成本外，应当包括经过折算后的容量成本和企业的合理利润。这种方式计算客户电费与两部制电价比较起来，不能科学分摊供电企业的容量成本。

2. 单一制电价电费的计算

（1）居民客户电费的计算方法。居民客户用电主要是指城乡居民生活用电。居民客户电费我国仍划归为单一制电价范围。居民客户电费计算公式为

$$电费金额＝抄见电量×电能单价 \tag{4-4-1}$$

（2）其他单一制电价客户电费计算方法。其他单一制电价主要包括：非居民照明；非工业电价（含商业电价第三产业电价）；普通工业电价；农业生产电价；贫困县农业排灌电价等。其他单一制电价客户容量达到 100kVA 及以上的，还要实行功率因数调整电费办法。功率因数调整电费计算公式为

$$电费金额＝抄见电量×电价＋抄见电量×电价×（±）功率因数增、减\%＋其他代收 \tag{4-4-2}$$

（其中功率因数增、减率）可按下式先计算出功率因数值

$$\cos\varphi = \frac{有功电量}{\sqrt{(有功电量)^2 + (无功电量)^2}}$$

然后对照功率因数标准值调整电费表查出增、减电费%结算。

（3）实行峰谷电价客户电费计算方法。计算方式为

$$电费金额＝高峰抄见电量×高峰电价＋低谷抄见电量×低谷电价＋平段抄见电量×$$
$$平段电价＋（高峰抄见电量×高峰电价＋低谷抄见电量×低谷电价＋平段抄见电量×$$
$$平段电价）×（±）功率因数增、减\%＋其他代收 \tag{4-4-3}$$

四、计算实例

1. 居民客户的电费计算实例

【例 4-4-1】 有一居民客户本月电能表抄见电量为 85kWh，假定电价为 0.50 元/kWh，该客户本月应交多少电费？

解： 应交电费为 85×0.5＝42.5（元）

答： 该客户本月应交电费为 42.5 元。

2. 其他单一制电价客户电费计算实例

【例 4-4-2】 某氧气厂为工业用电，10kV 供电，变压器容量为 200kVA，2002 年 5 月有功电量为 70 390kWh，其中峰电量为 22 753kWh，谷电量为 23 255kWh，平电量为 24 382kWh，无功电量为 28 668kWh，计算该户的功率因数、功率因数调整电费、5 月总电费。（非普工业电价 0.616 7 元/kWh，电价系数高峰为 150%，低谷为 50%，均不含价外基金及附加费，其中电力建设资金 0.02 元，三峡工程建设基金 0.007 元，城市附加费 0.01 元，再生能源费 0.001 元，地方库建 0.0005 元，农网还贷 0.008 3 元）

解：

峰段电度电费为 0.616 7×150%×22 753＝21 047.66（元）

谷段电度电费为 0.616 7×50%×23 255＝7170.68（元）

平段电度电费为 0.616 7×24 382＝15 036.38（元）

电度电费合计为 21 047.66＋7170.68＋15 036.38＝43 254.72（元）

加价合计为 70 390×（0.02＋0.007＋0.01＋0.001＋0.000 5＋0.008 3）＝3294.25（元）

功率因数为 $\cos\varphi = \dfrac{1}{\sqrt{1+(Q/P)^2}} = \dfrac{1}{\sqrt{1+(28\,668/70\,390)^2}} = 0.93$

根据力率调整因数对照表，应减收 0.45%电费。

功率因数调整电费为 43 254.72×（−0.45%）=−194.65（元）

该户电费总计为 43 254.72+3294.25−194.65=46 354.32（元）

答：该户功率因数为 0.93，功率因数调整电费−194.65 元，5 月总电费 46 354.32 元。

思考与练习

1. 有一居民客户本月电能表抄见电量为 185kWh，假定电价为 0.52 元/kWh，该客户本月应交多少电费？

2. 简述单一制电价的适用范围。

3. 某普通工业客户采用 10kV 供电，供电变压器为 250kVA，计量方式用低压计量。根据《供用电合同》，该户每月加收线损电量 3%和变损电量。已知该客户 3 月抄见有功电量为 42 000kWh，无功电量为 8000kvarh，有功变损为 1037kWh，无功变损为 7200kvarh。试求该客户 3 月的功率因数调整电费为多少？（假设电价为 0.642 7 元/kWh）

模块 5　功率因数调整电费管理办法（GDSTY04005）

模块描述

本模块包括功率因数调整电费的效益、增减电费幅度计算、功率因数调整电费的适用范围、功率因数调整电费管理办法等内容。通过概念描述、术语说明、公式解析、列表示意、计算举例，掌握功率因数调整电费的办法。

模块内容

一、功率因数改善的社会效益

（1）通过改善功率因数，可减少发供电企业的设备投资，并降低设备本身电能的损耗。

（2）功率因数的改善，可减少供电系统中的电压损失，使负载电压更稳定，改善电能的质量。

（3）功率因数的改善，可增加发供电设备的能力。如果系统的功率因数低，那么在既有设备容量不变的情况下，装设电容器后，即使设备原容量不变，也可增加设备的有功出力。

（4）减少了客户的电费支出。功率因素的改善，可以降低客户用电设备自身的损耗，也可以改善客户的电能质量，依据《功率因数调整电费办法》，客户可得到电费的优惠政策，降低电费支出。

二、功率因数调整电费管理办法

我国现行的功率因数考核，是参照 1983 年出台的《功率因数调整电费办法》进行的。它根据客户不同的用电性质及功率因数可能达到的程度，分别规定其功率因数标准值及不同的考核办法。

（1）按月考核加权平均功率因数，分为以下三个不同级别。级别划分一般按客户用电性质、供电方式、电价类别及用电设备容量等因素来完成。

1）功率因数标准 0.90，适用于 160kVA 以上的高压供电工业用户（包括社队工业用户），装有带负荷调整电压装置的高压供电电力用户和 3200kVA 及以上的高压供电电力排灌站。

2）功率因数标准 0.85，适用于 100kVA（kW）及以上的其他工业用户（包括社队工业用户），100kVA（kW）及以上的非工业用户，100kVA（kW）及以上的商业和 100kVA（kW）及以上的电力排灌站。

3）功率因数标准 0.80，适用于 100kVA（kW）及以上的农业用户和趸售用户，但大工业用户未划由供电企业直接管理的趸售用户，功率因数标准应为 0.85。

（2）对于个别情况可以降低考核标准或不予考核。对于不需要增设无功补偿设备，而功率因数仍能达到规定标准的客户，或离电源较近，电能质量较好，无需进一步提高功率因数的客户，都可以适当降低功率因数标准值，也可以经省（自治区、直辖市）级电力经营企业批准，报上一级电力经营企业备案后，不执行功率因数调整电费办法。

对于已批准同意降低功率因数标准的客户，如果实际功率因数高于降低后的标准时，不予减收电费。但低于降低后的标准时，则按增收电费的百分数办理增收电费。

凡实行功率因数调整电费的客户，应装有带防倒装置的无功电能表，按客户每月实用有功电量和无功电量，计算月考核加权平均功率因数；凡装有无功补偿设备且有可能向电网倒送无功电量的客户，应随其负荷和电压变动及时投、切部分无功补偿设备，电力部门应在计量点加装带有防倒装置的反向无功电能表，按倒送的无功电量与实用无功电量两者绝对值之和计算月平均功率因数。

三、功率因数的计算

（1）凡实行功率因数调整电费的客户，应装设带有防倒装置的无功电能表，按客户每月实用有功电量和无功电量，计算月平均功率因数。

（2）凡装有无功补偿设备且有可能向电网倒送无功电量的客户，应随其负荷和电压变动及时投入或切除部分无功补偿设备，电业部门并应在计费计量点加装带有防倒装置的反向无功电能表，按倒送的无功电量与实用无功电量两者的绝对值之和，计算月平均功率因数。

（3）根据电网需要，对大客户实行高峰功率因数考核，加装记录高峰时段内有功、无功电量的电能表。

四、电费的调整

根据计算的功率因数，高于或低于规定标准时，在按照规定的电价计算出其当月电费后，再按照"功率因数调整电费表"（见表 4-5-1～表 4-5-3）所规定的百分数增减电费。如客户的功率因数在"功率因数调整电费表"所列两数之间，则四舍五入计算。

表 4-5-1　　　　　　　　　以 0.90 标准值的功率因数调整电费表

减收电费	实际功率因数	0.90	0.91	0.92	0.93	0.94	0.95~1.00											
	月电费减少(%)	0.0	0.15	0.30	0.45	0.60	0.75											
增收电费	实际功率因数	0.89	0.88	0.87	0.86	0.85	0.84	0.83	0.82	0.81	0.80	0.79	0.78	0.77	0.76	0.75	0.74	0.73
	月电费减少(%)	0.5	1.0	1.5	2.0	2.5	3.0	3.5	4.0	4.5	5.0	5.5	6.0	6.5	7.0	7.5	8.0	8.5
减收电费	实际功率因数																	
	月电费减少(%)																	
增收电费	实际功率因数	0.72	0.71	0.70	0.69	0.68	0.67	0.66	0.65	功率因数自 0.64 及以下，每降低 0.01，电费增加 2%								
	月电费减少(%)	9.0	9.5	10.0	11.0	12.0	13.0	14.0	15.0									

表 4-5-2　　　　　　　　　以 0.85 标准值的功率因数调整电费表

减收电费	实际功率因数	0.85	0.86	0.87	0.88	0.89	0.90	0.91	0.92	0.93	0.94~1.00							
	月电费减少(%)	0.0	0.1	0.2	0.3	0.4	0.5	0.65	0.80	0.95	1.1							
增收电费	实际功率因数	0.84	0.83	0.82	0.81	0.80	0.79	0.78	0.77	0.76	0.75	0.74	0.73	0.72	0.71	0.70	0.69	0.68
	月电费减少(%)	0.5	1.0	1.5	2.0	2.5	3.0	3.5	4.0	4.5	5.0	5.5	6.0	6.5	7.0	7.5	8.0	8.5
减收电费	实际功率因数																	
	月电费减少(%)																	
增收电费	实际功率因数	0.67	0.66	0.65	0.64	0.63	0.62	0.61	0.60	功率因数自 0.59 及以下，每降低 0.01，电费增加 2%								
	月电费减少(%)	9.0	9.5	10.0	11.0	12.0	13.0	14.0	15.0									

表 4-5-3　　　　　　　以 0.80 标准值的功率因数调整电费表

减收电费	实际功率因数	0.80	0.81	0.82	0.83	0.84	0.85	0.86	0.87	0.88	0.89	0.90	0.91	0.92～1.00				
	月电费减少(%)	0.0	0.1	0.2	0.3	0.4	0.5	0.6	0.7	0.8	0.9	1.0	1.15	1.30				
增收电费	实际功率因数	0.79	0.78	0.77	0.76	0.75	0.74	0.73	0.72	0.71	0.70	0.69	0.68	0.67	0.66	0.65	0.64	0.63
	月电费减少(%)	0.5	1.0	1.5	2.0	2.5	3.0	3.5	4.0	4.5	5.0	5.5	6.0	6.5	7.0	7.5	8.0	8.5

减收电费	实际功率因数								
	月电费减少(%)								
增收电费	实际功率因数	0.62	0.61	0.60	0.59	0.58	0.57	0.56	0.55	功率因数自 0.54 及以下，每降低 0.01，电费增加 2%
	月电费减少(%)	9.0	9.5	10.0	11.0	12.0	13.0	14.0	15.0	

五、功率因数调整电费计算示例

【例 4-5-1】某工厂 10kV 高压供电，设备容量 3200kVA，本月有功电量 278 000kWh，无功电量 280 000kvarh，基本电价 20 元/（kVA·月），电度电价 0.50 元/kWh。不考虑各项基金及附加费用，计算该厂月加权平均功率因数和本月力调电费。

解： 该厂电费 20×3200+0.50×278 000=64 000+139 000=203 000（元）

该厂月加权平均功率因数 $=\dfrac{278\,000}{\sqrt{278\,000^2+280\,000^2}}=0.70$

按照《功率因数调整电费办法》规定，该厂本月力调电费应加收 10%，即

功率因数调整电费=203 000×10%=20 300（元）。

答： 该厂月加权平均功率因数为 0.70，本月力调电费为 20 300 元。

【例 4-5-2】某普通工业客户采用 10kV 供电，受电变压器为 250kVA，计量方式用低压计量。根据《供用电合同》，该户每月加收线损电量 3% 和变损电量。已知该客户 3 月抄见有功电量为 40 000kWh，无功电量为 10 000kvarh，有功变损为 1037kWh，无功变损为 7200kvarh。试求该客户 3 月的功率因数调整电费为多少？（假设电价为 0.50 元/kWh）

解： 总有功电量=抄见电量+变损电量+线损电量

$\qquad\qquad$ =(40 000+1037)×(1+3%)=42 268（kWh）

总无功电量=(10 000+7200)×(1+3%)=17 716（kvarh）

功率因数 $\cos\varphi=\dfrac{1}{\sqrt{1+(W_Q/W_P)^2}}=0.92$

电费调整率为−0.3%，则功率因数调整电费=42 268×0.50×（−0.3%）=−63.40（元）

答：功率因数调整电费为−63.40 元。

【**例 4−5−3**】某高压工业客户，用电容量为 1000kVA，某月有功电量为 40 000kWh，无功电量为 30 000kvarh，电费（不含附加费）总金额为 12 600 元。后经营业普查发现抄表员少抄该客户无功电量 9670kvarh，应补该客户电费多少元？

解：该客户执行功率因数标准为 0.9。

该客户抄见功率因数=0.80，查表得电费调整率为 5%。

实际功率因数 $\cos\varphi$=0.71，查表得电费调整率为 9.5%。所以

该客户实际电费=12 600/（1+5%）×（1+9.5%）=13 140（元）

应追补电费=13 140−12 600=540（元）

答：应追补该客户电费 540 元。

思考与练习

1. 功率因数的改善会带来哪些社会效益？

2. 如何计算月平均功率因数？

3. 某客户 10kV 高压供电，设备容量 3200kVA，本月有功电量 278 000kWh，无功电量 280 000kWh，基本电价为 20 元/kVA，电度电价 0.50 元/kWh。不考虑各项基金及附加费用，计算该厂本月功率因数调整电费。

模块 6　基本电费的计算方法（GDSTY04006）

模块描述

本模块包括最大需量、基本电费的相关规定、客户基本电费计算标准、大工业客户自行选择基本电费的计费方式等内容。通过概念描述、术语说明、公式解析、计算举例，掌握客户基本电费的计算方法。

模块内容

基本电费的计算依据《供电营业规则》可以有两种方法：一是依据客户的最大需量，二是客户的使用电力的容量（含直配电动机，每 1kW 视同 1kVA）。

一、基本电费的相关规定

基本电价是代表电力企业中的容量成本，即固定资产的投资费用。基本电费的计算可按变压器容量计算，也可按最大需量计算；对哪类客户选择哪种计算办法可由电网管理局的电力主管部门根据情况决定。

收取基本电费的计算方法有两种：

（1）按客户自备受电变压器计算。凡是以自备专用变压器受电的客户，基本电费可按变压器容量计算。不通过专用变压器接用的高压电动机，按其容量另加千瓦数计算基本电费，1kW 相当于 1kVA。

（2）按最大需量计算。由电业部门安装最大负荷需求量表记录最大需求量的客户，其基本电费按最大需量计算，并应实行下述规定：

1）最大需量以客户申请，电业部门核准数为准，超过核准数部分时，加倍收费；小于核准数时，按实抄千瓦数计算。

2）最大需量应包括不通过变压器接用的高压电动机容量。倘若实际发生的负荷量低于设备总容量的 40%时，则按总容量的 40%核定最大需求量。

3）最大需量应以指示 15min 内平均最大需求量表为标准。

二、客户基本电费计算标准

（1）按最大需量或按变压器容量。

按照变压器容量收取基本电费的原则为：基本电费以月计算，但新装、增容、变更与终止用电，当月的基本电费可按实用天数（日用电不足 24h 的，按一天计算），每日按全月基本电费 1/30 计算。事故停电、检修停电、计划限电不扣减基本电费。

（2）对转供容量的计算。

转供户扣除转供容量不足两部制电价标准的，仍按两部制电价计收。被转供户的容量达到两部制电价时，实行两部制电价。

（3）对备用设备容量可参照下列原则与客户以协议方式规定。

《供电营业规则》以变压器容量计算基本电费的客户，其备用的变压器（含高压电动机），属冷备用状态并经供电企业加封的，不收基本电费。属热备用状态的或未经加封的，不论使用与否都计收基本电费。客户专门为调整用电功率因数的设备，如电容器、调相机等不计收基本电费。

三、大工业客户自行选择基本电费的计费方式

大工业客户自行选择基本电费的计费方式后，"在一年之内应保持不变"，现明确"一年"为时间周期。最大需量的核定仍然按现行有效的电价说明规定执行。

（一）基本电费的计算

（1）基本电费可按客户的受电总容量发行，也可按客户的最大需量发行。只能选择其中一种依据发行。至于是依据受电总容量，还是依据最大需量发行，根据有关规定和双方签订合同执行。

（2）最大需量的量值按抄表员上装值计算。受电总容量按供用双方约定的运行容量计算。

（3）基本电费的计算公式。

1）按受电容量计收时。

$$基本电费=基本电价×约定总容量 \qquad (4-6-1)$$

式中　基本电价——有权价格部门核定的单位容量费用，元/（kVA·月）。

2）按最大需量计收时。

$$基本电费=基本电价×最大需量 \qquad (4-6-2)$$

式中 基本电价——有权价格部门核定的单位最大需量费用，元/（kW·月）。

（4）按设备容量计收基本电费的客户，如设备运行天数不足一个月时，按实际使用天数，每天按全月基本电费的 1/30 计收。

（二）多路供电的基本电费计算

电力客户负荷较大的一个受电点作为一个计量单位，多个受电点的最大需量不能累计计算，而应分别计算。

（1）一个受电点有两路及以上进线，正常时间同时使用。

按变压器容量计算：各路按受电变压器容量相加计算基本电费。

按最大需量计算：各路进线应分别计算最大需量，如因电力部门有计划的检修或其他原因，造成客户倒用线路增加的最大需量，其增大部分计算时可以合理扣除。

（2）一个受电点有两路电源或两个回路供电，经电力部门认可，正常时互为备用。

按变压器容量计算：应选择容量大的变压器的容量来计算。

按最大需量计算：应选择其最大需量千瓦数较大的一台计收基本电费。

（3）一个受电点有两路电源或两个回路供电。其中一路为正常（主要供电）电源，另一路为保安备用电源，则保安备用电源实行单一制电价，对用电容量达到 100kVA 的，应同时实行《功率因数调整电费办法》。正常电源基本电费按变压器容量或最大需量计算。

四、计算实例

【例 4-6-1】某工业用户变压器容量为 500kVA，装有有功电能表和双向无功电能表各 1 块。已知某月该户有功电能表抄见电量为 40 000kWh，无功电能抄见电量为 30 000kvarh，求该户当月应缴多少电费？[假设工业用户电价为 0.25 元/kWh，基本电费电价为 10 元/（kVA·月）]

解：该户当月电度电费=40 000×0.25=10 000（元）

基本电费=500×10=5000（元）

当月功率因数为 $\cos\varphi = \dfrac{1}{\sqrt{1+(Q/P)^2}} = \dfrac{1}{\sqrt{1+(3000/4000)^2}} = 0.8$

该户当月功率因数为 0.8，功率因数标准应为 0.9，查表得功率因数调整率为 5%，得

功率因数调整电费=(10 000+5000)×5%=750（元）

电费合计=10 000+5000+750=15 750（元）

答：该户当月应缴电费为 15 750 元。

【例 4-6-2】某工厂原有一台 315kVA 变压器和一台 250kVA 变压器，按容量计收基本电费。2008 年 4 月，因检修经供电企业检查同意，于 21 日暂停 315kVA 变压器 1 台，4 月 26 日检修完毕恢复送电。供电企业对该厂的抄表日期是每月月末，基本电价为 20 元/（kVA·月）。计算该厂 4 月份应交纳的基本电费是多少？

解：根据《供电营业规则》因该厂暂停天数不足 15 天，因此应全额征收基本电费。

$$基本电费=315×20+250×20=11\ 300（元）$$

答：该厂 4 月份应交纳的基本电费为 11 300 元。

思考与练习

1. 简述最大需量的定义。

2. 按照变压器容量收取基本电费的原则是什么？

3. 基本电费的计算依据是什么？

模块 7　客户用电信息变更的电费计算（GDSTY04007）

模块描述

本模块包括新装、增容、变更用电客户的电费计算。通过学习，掌握客户用电信息变更的电费计算。

模块内容

一、相关规定

（1）基本电费以月计算，但新装、增容、变更和终止用电当月的基本电费，可按实用天数（日用电不足 24h 的，按一天计算），每日按全月基本电费 1/30 计算。事故停电、检修停电、计划限电不扣减基本电费。

（2）若用户有不经变压器而直接接用的高压电动机时，计算基本电费则应加上高压电动机的容量，千瓦视同千伏安。

（3）受电变压器总容量在 315kVA 及以上的工业客户应执行大工业电价。装设一大一小两台变压器的工业客户，两台变压器互为备用（不同时使用），且单台变压器容量均小于 315kVA 时，执行普通工业电价。大工业客户的基本电费计费方式变更时，当月的基本电费仍按原结算方式计收。对按最大需量计费的客户，以全天峰段、平段、谷段的最大需量作为基本电费的结算依据。

（4）对有两路及以上进线的工业用电，应根据每路电源的受电容量的大小以及电源性质，核定所执行的电价。每路电源受电容量（不含所用变）在 315kVA 及以上，且电源性质属于主供电源或备用电源时，执行大工业电价；不足 315kVA 时，执行普通工业电价。保安电源不论容量大小，均执行普通工业电价。

（5）对按变压器容量计收基本电费时，按正常运行方式下每路电源受电总容量计算基本电费；对按最大需量计收基本电费时，按每路电源分别计算最大需量。单电源客户的受电总容量是指该电源供电的主变容量（一般不包含所用变，当所用变不装表且在总表内时，可对所用变执行大工业电价）。双电源客户：当两路电源同时受电时，每路电源的受电容量为打开高压母联后该路的主变容量，并分别计收基本电费；一路主供一路备用时，每路电源的受电容量为该路能够供电的最大主变容量之和，在核定的方式下，按其中容量或最大需量较大的一路计收基本电费。

（6）客户确因生产不景气、转产等原因，在一个日历年内可以同时办理暂停和减容。减容期满后以及新装、增容不足两年的客户，办理暂停、减容时不再收取减少或暂停容量 50% 的基本电费。对办理暂停、非永久性减容的客户基本电费按实收取，不论剩余容量大小，电度电价、功率因数标准不变，执行峰谷分时电价不变；无论采取何种基本电费结算方式，对实际最大需量超出减容、暂停后约定容量的，遵照《供电营业规则》第一百条第 2 款规定，按私自增容进行违约用电处理。

（7）暂停用电必须是整台或整组变压器，每次不得少于 15 天。对按最大需量计收基本电费客户，必须是整日历月的暂停。暂停、减容起止月份的基本电费按实际使用天数、每天按全月基本电费的 1/30 计收。发生暂停、减容等变更用电，计算基本电费和变压器损耗时，加封当日不计收基本电费和变压器损耗，启用当日计收基本电费和变压器损耗。取消原规定暂停用电每年不得超过两次、累计不得超过 6 个月的规定，取消最大需量计费方式必须是全部容量暂停的规定。

二、计算实例

【例 4–7–1】 某一工业用户装有 1000kVA 和 630kVA 变压器各一台，2011 年 7 月 14 日～9 月 23 日暂停 1000kVA 变压器一台，该户如何计收基本电费？

解：（1）7 月份基本电费计算。

一台 1000kVA 变压器 7 月 14 日暂停，按照起算停不算的原则，7 月份 1630kVA 用了 13 天，630kVA 用了 31–13=18 天

$$计费容量=1630×(13/30)+630×(18/30)=706+378=1084（kVA）$$

该户 7 月份的基本电费

$$基本电费=1084×28=30\ 352（元）$$

（2）8 月份 1000kVA 变压器全月停用，故只算 630kVA 变压器的基本电费。

$$基本电费=630×23=17\ 640（元）$$

（3）9 月份 630kVA 变压器未停，9 月份 1000kVA 变压器自 23 日起启用，应算 9 天的基本电费。

$$计费容量=630×(22/30)+1630×(8/30)=462+435=897（kVA）$$
$$基本电费=897×28=25\ 116（元）$$

三、变更用电损耗的计算实例

【例 4–7–2】 某化工厂采用 10kV 供电，变压器容量为 500kVA，变压器的有功铁损 0.59kW，无功铁损 0.904kvar，K 值 3.55，2012 年 8 月 19 日投运，动力配多功能表一块，电流互感器的变比为 600/5，配照明分表一块，照明不分摊变压器的损耗，8 月份的抄表示数如下：

求 8 月份该化工厂的电费？

参数	本月	上月
有功总功率	27.29	0
峰	10.14	0
平	11.21	0
谷	5.94	0
正无功功率	20.34	0
反无功功率	4.04	0
照明	17	9

解：（1）电量计算。

动力抄见电量=(27.29−0)×120=3275（kWh）

变压器的有功铁损=0.59×720×13/30=184（kWh）

变压器的有功铜损=3275×0.01=33（kWh）

动力总电量=3275+184+33=3492（kWh）

照明抄见电量=17−9=8（kWh）

动力计费电量=3492−8=3484（kWh）

峰抄见电量=(10.14−0)×120=1217（kWh）

平抄见电量=(11.21−0)×120=1345（kWh）

谷抄见电量=(5.94−0)×120=713（kWh）

峰、平、谷抄见总电量=1217+1345+713=3275（kWh）

峰计费电量=3484×1217/3275=1295（kWh）

谷计费电量=3484×713/3275=759（kWh）

平计费电量=3484−1295−759=1430（kWh）

正向无功抄见电量=20.34×120=2441（kvarh）

反向无功抄见电量=4.04×120=458（kvarh）

无功铁损=0.904×720×13/30=282（kvarh）

无功铜损=33×3.55=117（kvarh）

无功总电量=2441+|282+117−485|=2527（kvarh）

（2）功率因数计算。

$$\cos\varphi = \frac{1}{\sqrt{1+\left(\dfrac{无功电量}{有功电量}\right)^2}} = 0.79$$

该户功率因数执行标准为 0.9，现功率因数为 0.79，查表得电费增减率为+5.5%。

（3）电费计算。

1）基本电费。

500×13/30=216（kVA）（舍尾取整）

216×30=6480（元）

2）电度电费。

峰电费=1295×1.112=1440.04（元）

平电费=1430×0.677=953.81（元）

谷电费=759×0.322=244.40（元）

照明电费=8×0.867=6.94（元）

功率因数调整电费

峰力调电费=1295×(1.112–0.037 71)×5.5%=76.52（元）

平力调电费=1430×(0.667–0.037 71)×5.5%=49.49（元）

谷力调电费=759×(0.322–0.037 71)×5.5%=0.36（元）

基本电费力调电费=6480×5.5%=356.4（元）

总电费=6480+1440.04+953.81+244.40+6.94+76.52+49.49+11.87+0.36+356.4=9619.83（元）

答：8 月份该化工厂的电费 9619.83 元。

思考与练习

1. 新装或增容当月的基本电费如何收取？

2. 变更或终止用电当月的基本电费如何收取？

3. 某一工业用户装有 800kVA 和 630kVA 变压器各一台，2012 年 5 月 21 日～7 月 2 日暂停 630kVA 变压器一台，该户如何计收基本电费？

第5章

配 电 设 备

模块1 低压电气设备及其选择（GDSTY05001）

模块描述

本模块包含低压电器的分类、用途、结构特点、工作原理、型号含义、性能要求以及低压电器的使用等内容。通过概念描述、术语说明、结构剖析、原理分析、图解示意，熟悉各种低压电器的用途和性能特点。

模块内容

低压电器通常指工作在交流1000V及以下电路中的起控制、保护、调节、转换和通断作用的电器。低压电器广泛用于输配电系统和电力拖动系统中，在工农业生产、交通运输和国防工业中起着十分重要的作用。

一、低压电器分类

（一）按用途和控制对象不同分类

按用途和控制对象不同，可将低压电器分为配电电器和控制电器。

1. 用于低压配电系统的配电电器

用于低压配电系统的配电电器包括隔离开关、组合开关、空气断路器和熔断器等，主要用于低压配电系统及动力设备的接通与分断。

2. 用于电力拖动及自动控制系统的控制电器

用于电力拖动及自动控制系统的控制电器包括接触器、启动器和各种控制继电器等。对控制电器的主要技术要求是操作频率高、寿命长，有相应的转换能力。

（二）按动作方式不同分类

1. 自动切换电器

自动切换电器是依靠电器本身参数的变化或外来信号的作用，自动完成电路的接通或分断等操作，如接触器、继电器等。

2. 非自动切换电器

非自动切换电器依靠外力（如人力）直接操作来完成电路的接通、分断、启动、反转和停止等操作，如隔离开关、转换开关和按钮等。

二、低压电器型号表示方法

我国对各种低压电器产品型号编制方法如图5-1-1所示。

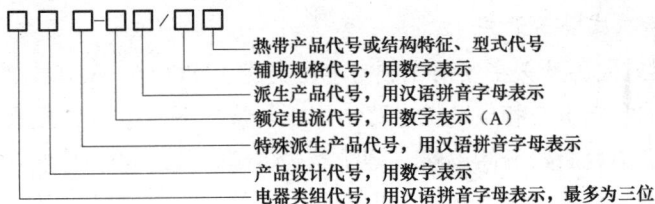

热带产品代号或结构特征、型式代号
辅助规格代号，用数字表示
派生产品代号，用汉语拼音字母表示
额定电流代号，用数字表示（A）
特殊派生产品代号，用汉语拼音字母表示
产品设计代号，用数字表示
电器类组代号，用汉语拼音字母表示，最多为三位

图 5-1-1　低压电器产品型号编制方法

三、常用低压电器

（一）低压隔离开关

低压隔离开关的主要用途是隔离电源，在电气设备维护检修需要切断电源时，使之与带电部分隔离，并保持足够的安全距离，保证检修人员的人身安全。

低压隔离开关可分为不带熔断器式和带熔断器式两大类。不带熔断器式隔离开关属于无载通断电器，只能接通或开断"可忽略的"电流，起隔离电源作用；带熔断器式隔离开关具有短路保护作用。

常见的低压隔离开关有：HD、HS 系列隔离开关，HR 系列熔断器式隔离开关，HG 系列熔断器式隔离器，HX 系列旋转式隔离开关熔断器组、抽屉式隔离开关，HH 系列封闭式开关熔断器组等。

1. HD、HS 系列隔离开关

HD、HS 系列单投隔离开关适用于交流 50Hz 额定电压 380V、直流值 440V、额定电流 1500A 成套配电装置中，作为不频繁的手动接通和分断交、直流电路或作隔离开关用。其中：HD11、HS11 系列中央手柄式的单投和双投隔离开关如图 5-1-2 所示，正面手柄操作，主要作为隔离开关使用；HD12、HS12 系列侧面操作手柄式隔离开关，主要用于动力箱中；HD13、HS13 系列中央正面杠杆操动机构隔离开关主要用于正面操

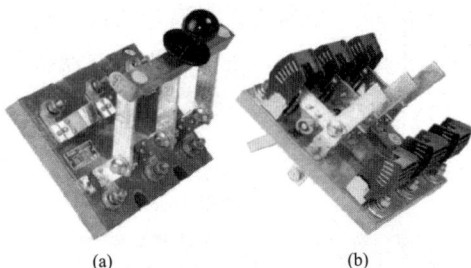

图 5-1-2　HD11、HS11 系列中央手柄式的单投和双投隔离开关

（a）单投式隔离开关；（b）双投式隔离开关

作、后面维修的开关柜中，操动机构装在正前方；HD14 系列侧方正面操作机械式隔离开关主要用于正面两侧操作、前面维修的开关柜中，操动机构可以在柜的两侧安装；装有灭弧室的隔离开关可以切断小负荷电流，其他系列隔离开关只作隔离开关使用。低压隔离开关的型号及含义如图 5-1-3 所示。

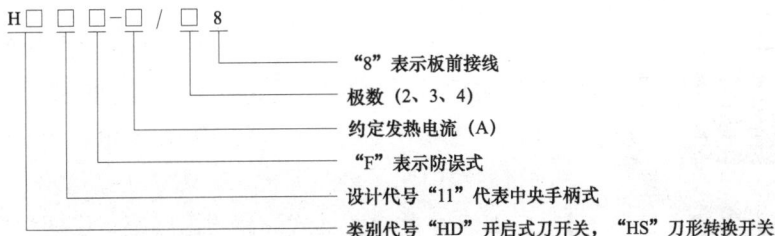

H□□□-□/□8

"8"表示板前接线
极数（2、3、4）
约定发热电流（A）
"F"表示防误式
设计代号"11"代表中央手柄式
类别代号"HD"开启式刀开关，"HS"刀形转换开关

图 5-1-3　低压隔离开关的型号及含义

2. HR 系列熔断器式隔离开关

HR 系列熔断器式隔离开关主要用于额定电压交流 380V(45～62Hz)，约定发热电流 630A 的具有高短路电流的配电电路和电动机电路中，正常情况下，电路的接通、分断由隔离开关完成；故障情况下，由熔断器分断电路。熔断器式隔离开关适用于<u>工业企业配电网中不频繁操作的场所</u>，作为电源开关、隔离开关、应急开关，并作为电路保护用，但一般不直接开闭单台电动机。如图 5-1-4 所示为 HR3 熔断器式隔离开关，如图 5-1-5 所示为 HR5 熔断器式隔离开关。

图 5-1-4 HR3 熔断器式隔离开关 　　图 5-1-5 HR5 熔断器式隔离开关

HR 系列熔断器式隔离开关常以侧面手柄式操作机构来传动，熔断器装于隔离开关的动触片中间，其结构紧凑。作为电气设备及线路的过负荷及短路保护用。

（1）HR 系列熔断器式隔离开关的型号及含义如图 5-1-6 所示。

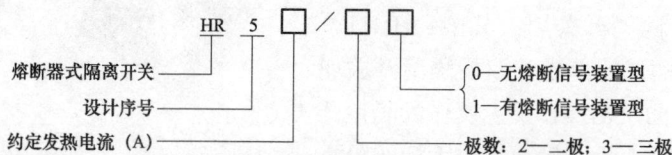

图 5-1-6 HR 系列熔断器式隔离开关的型号及含义

（2）结构特点。HR 系列熔断器式隔离开关有 HR3、HR5、HR6、HR17 系列等。HR3 系列熔断器式隔离开关是由 RT0 有填料熔断器和隔离开关组成的组合电器，具有 RT0 有填料熔断器和隔离开关的基本性能。当线路正常工作时，接通和切断电源由隔离开关来完成；当线路发生过载或短路故障时，熔断器式隔离开关的熔体烧断，及时切断故障电路。正常运行时，保证熔断器不动作。当熔体因线路故障而熔断后，只需要按下锁板即可更换熔断器。

3. HG 系列熔断器式隔离器

图 5-1-7 HG 系列熔断器式隔离器

熔断器式隔离器用熔断体或带有熔断体的载熔件作为动触头的一种隔离器。HGI 系列熔断器式隔离器用于交流 50Hz、额定电压 380V，具有高短路电流的配电回路和在电动机回路中用于电路保护，如图 5-1-7 所示。

HG 系列熔断器式隔离器由底座、手柄和熔断体支架组成，并选用高分断能力的圆筒帽型熔断体。操作手柄能使熔断体支架在底座内上下滑动，从而分合电路。隔离器的辅助

触头先于主触头断开，后于主电路而接通，这样只要把辅助触头串联在线路接触器的控制回路中，就能保证隔离器元件接通和断开电路。如果不与接触器配合使用，就必须在无载状态下操作隔离器。

当隔离器使用带撞击器的熔断体时，任一极熔断体熔断后，撞击器弹出，通过横杆触动装在底板上的微动开关，使微动开关发出信号，切断接触器的控制回路，这样就能防止电动机单相运行。

4. HK 系列旋转式隔离开关熔断器组

隔离开关熔断器组是隔离开关的一极或多极与熔断器串联构成的组合电器。广泛用于照明、电热设备及小容量电动机的控制线路中，手动不频繁地接通和分断电路的场所，与熔断体配合起短路保护的作用。常用的有 HK2、HK8 系列旋转式隔离开关熔断器组，又称开启式负荷开关或胶盖瓷底开关。HK2 系列开启式负荷开关由隔离开关和熔体组合而成，瓷底座上装有进线座、静触头、熔体、出线座及带瓷质子柄的刀片式动触头，上面装有胶盖以防操作时触及带电体或分断时熔断器产生的电弧飞出伤人，结构如图 5-1-8 所示。

HK 系列开启式负荷开关由于结构简单、价格便宜，目前广泛作为隔离电器使用。但由于这种开关体积大、动触头和静触头易发热出现熔蚀现象，新型的 HY122 隔离开关正逐步取代 HK 系列开启式负荷开关。HK 系列旋转式隔离开关熔断器组的型号及含义如图 5-1-9 所示。

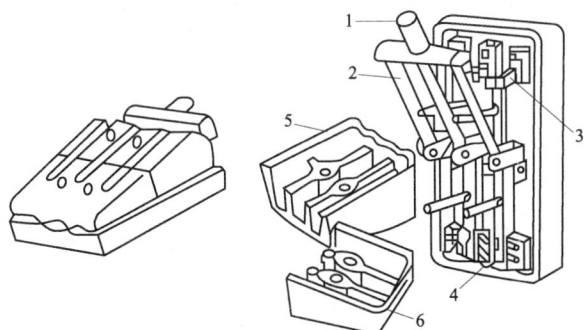

图 5-1-8 HK2 型开启式负荷开关结构示意图
1—手柄；2—刀闸；3—静触座；4—安装熔丝的接头；
5—上胶盖；6—下胶盖

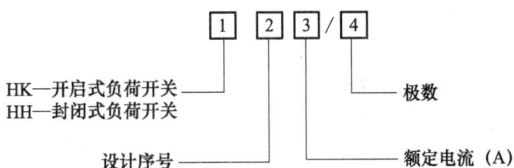

图 5-1-9 HK 系列旋转式隔离开关熔断器组的型号及含义

（二）低压组合开关

组合开关又称转换开关，一般用于交流 380V、直流 220V 以下的电气线路中，供手动不频繁地接通与分断电路，以小容量感应电动机的正、反转和星—三角降压启动的控制。它具有体积小、触头数量多、接线方式灵活、操作方便等特点。

1. 结构特点

HZ 系列组合开关有 HZ1、HZ2、HZ3、HZ4、HZ5 以及 HZ10 等系列产品，开关的动、静触头都安放在数层胶木绝缘座内，胶木绝缘座可以一个接一个地组装起来，多达六层。动触头由两片铜片与具有良好灭弧性能的绝缘纸板销合而成，其结构有 90° 与 180° 两种。动触头连同与它组合在一起的隔弧板套在绝缘方轴上，两个静触头则分置在胶木座边沿的两个凹槽内。动触点分断时，静触头一端插在隔弧板内；当接通时，静触头一端则夹在动触头的两

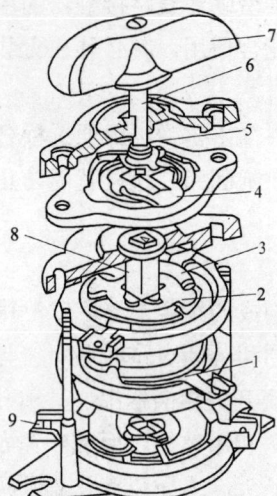

图 5-1-10 HZ10 系列组合开关结构图
1—静触片；2—动触片；3—绝缘垫板；
4—凸轮；5—弹簧；6—转轴；7—手柄；
8—绝缘杆；9—接线柱

片铜片当中，另一端伸出绝缘座外边以便接线。当绝缘方轴转过 90°时，触点便接通或分断一次。而触点分断时产生的电弧，则在隔板中熄灭。由于组合开关操作机构采用扭簧储能机构，使开关快速动作，且不受操作速度的影响。组合开关按不同形式配置动触头与静触头，以及绝缘座堆叠层数不同，可组合成几十种接线方式，常用的 HZ10 系列组合开关的结构如图 5-1-10 所示。

2. 型号含义

HZ 系列低压组合开关的型号含义如图 5-1-11 所示。

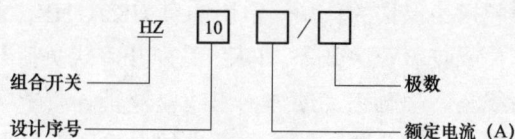

图 5-1-11 HZ 系列低压组合开关的型号含义

（三）低压熔断器

熔断器是一种最简单的保护电器，它串联于电路中，当电路发生短路或过负荷时，熔体熔断自动切断故障电路，使其他电气设备免遭损坏。低压熔断器具有结构简单，价格便宜，使用、维护方便，体积小，重量轻等优点，因而得到广泛应用。

1. 低压熔断器的型号、种类及结构

（1）低压熔断器的型号和含义如图 5-1-12 所示。

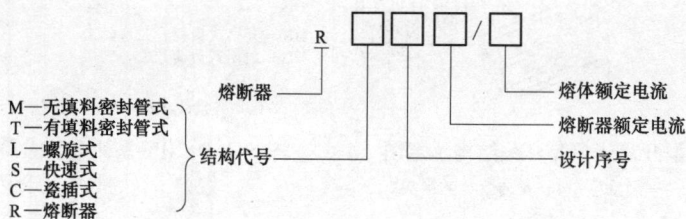

图 5-1-12 低压熔断器的型号和含义

（2）低压熔断器的使用类别及分类。低压熔断器按结构形式不同，有触刀式、螺栓连接、圆筒帽、螺旋式、圆管式、瓷插式等形式。按用途不同可分为一般工业用熔断器、半导体保护用熔断器和自复式熔断器等。

（3）常用低压熔断器。熔断器一般由金属熔体、连接熔体的触头装置和外壳组成。常用低压熔断器外形如图 5-1-13 所示。低压熔断器的产品系列、种类很多，常用的产品系列有 RL 系列螺旋管式熔断器，RT 系列有填料密封管式熔断器，RM 系列无填料封闭管式熔断器、NT（RT）系列高分断能力熔断器，RLS、RST、RS 系列半导体保护用快速熔断器，HG 系列熔断器式隔离器等。

78

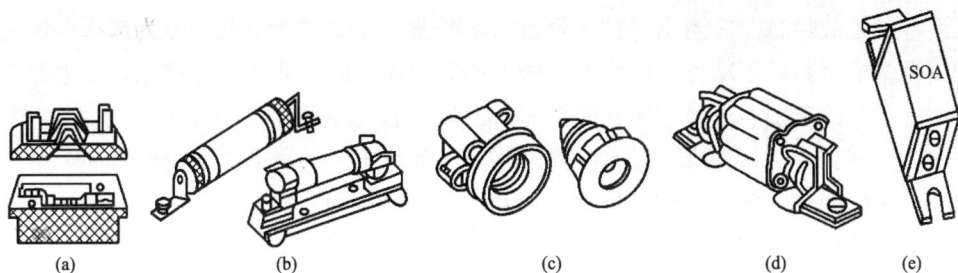

图 5-1-13　常用低压熔断器
(a) 瓷插式熔断器；(b) RM10 无填料封闭管式熔断器；(c) RL16 螺旋式熔断器；
(d) RTO 有填料封闭管式熔断器；(e) RS3 快速熔断器

（4）熔体材料及特性。熔体是熔断器的核心部件，一般由铅、铅锡合金、锌、铝、钢等金属材料制成。由于熔断器是利用熔体熔化切断电路，因此要求熔体的材料熔点低、导电性能好、不易氧化和易于加工。

2. 熔断器工作原理

当电路正常运行时，流过熔断器的电流小于熔体的额定电流，熔体正常发热温度不会使熔体熔断，熔断器长期可靠运行；当电路过负荷或短路时，流过熔断器的电流大于熔体的额定电流，熔体熔化切断电流。

3. 熔断器的技术参数及工作特性

（1）熔断器技术参数。熔断器的主要技术参数有额定电压、额定电流和极限分断能力。

1）额定电压，指熔断器长期能够承受的正常工作电压。熔断器的额定电压应等于熔断器安装处电网的额定电压。如果熔断器的工作电压低于其额定电压，熔体熔断时可能会产生危险的过电压。

2）熔断器的额定电流，指在一般环境温度（不超过 40℃）下，熔断器外壳和载流部分长期允许通过的最大工作电流。

3）熔体的额定电流，指熔体允许长期通过而不熔化的最大电流。一种规格的熔断器可以装设不同额定电流的熔体，但熔体的额定电流应不大于熔断器的额定电流。

4）极限分断电流，指熔断器能可靠分断的最大短路电流。

（2）工作特性。

1）电流—时间特性。熔断器熔体的熔化时间与通过熔体电流之间的关系曲线（如图 5-1-14 所示），称为熔体的电流—时间特性，又称为安秒特性。熔断器的安秒特性由制造厂家给出，通过熔体的电流和熔断时间呈反时限特性，即电流越大，熔断时间就越短。图中为额定电流不同的熔体 1 和熔体 2 的安秒特性曲线，熔体 2 的额定电流小于熔体 1 的额定电流，熔体 2 的截面积小于熔体 1 的截面积，同一电流通过不同额定电流的熔体时，额定电流小的熔体先熔断，例如同一短路电流 I_d 流过两熔体时，$t_2 < t_1$，熔体 2 先熔断。

2）熔体的额定电流与最小熔化电流。熔体的额定电流指熔体长期工作而不熔化的电流，由熔断器的安秒特性曲线可以看出，随着流过熔体电流逐渐将少，熔化时间不断增加。当电流减少到一定值时，熔体不再熔断，熔化时间趋于无穷大，该电流值称为最小熔化电流，用 I_{zx} 表示。

3）熔断器短路保护的选择性。选择性是指当电网中有几级熔断器串联使用时，如果某一线路或设备发生故障时，应当由保护该设备的熔断器动作，切断电路，即为选择性熔断；如果保护该设备的熔断器不动作，而由上一级熔断器动作，即为非选择性熔断。发生非选择性熔断时扩大了停电范围会造成不应有的损失。如图 5-1-15 所示电路中，在 K 点发生短路时，FU1 应该先熔断，FU 不应该动作。在一般情况下，如果上一级熔断器的熔断时间为下一级熔断器熔断时间的 3 倍，就可能保证选择性熔断。当熔体为同一材料时，上一级熔体的额定电流为下一级熔体额定电流的 2～4 倍。

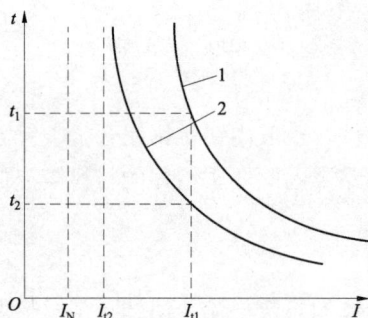

图 5-1-14　熔断器的安秒特性
1—熔体 1；2—熔体 2

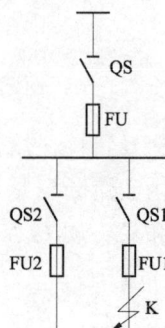

图 5-1-15　熔断器的配合接线

（四）低压断路器

低压断路器又称自动空气开关、自动开关，是低压配电网和电力拖动系统中常用的一种配电电器。低压断路器的作用是在正常情况下，不频繁地接通或开断电路；在故障情况下，切除故障电流，保护线路和电气设备。低压断路器具有操作安全、安装使用方便、分断能力较高等优点，因此，在各种低压电路中得到广泛应用。

1. 低压断路器分类及型号

低压断路器是利用空气作为灭弧介质的开关电器，分为框架式（万能式）断路器和塑壳式断路器两大类，目前我国万能式断路器主要有 DW15、DW16、DW17（ME）、DW45 等系列；塑壳式断路器主要有 DZ20、CM1、TM30 等系列。下面以 DZ20 型断路器为例，其型号及技术参数如图 5-1-16 所示。

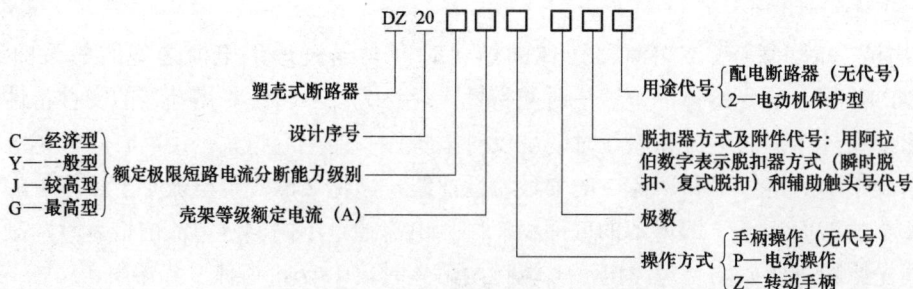

图 5-1-16　DZ20 型断路器的型号和含义

低压断路器的主要特性及技术参数有额定电压、额定频率、极数、壳架等级额定电流、额定运行分断能力、极限分断能力、额定短时耐受电流、过流保护脱扣器时间—电流曲线、安装形式、机械寿命及电寿命等。

2. 低压断路器基本结构及工作原理

常用低压断路器由脱扣器、触头系统、灭弧装置、传动机构和外壳等部分组成。

脱扣器是低压断路器中用来接受信号的元件，用它来释放保持机构而使开关电器打开或闭合。当低压断路器所控制的线路出现故障或非正常运行情况时，由操作人员或继电保护装置发出信号时，脱扣器会根据信号通过传递元件使触头动作跳闸，切断电路。触头系统包括主触头和辅助触头。主触头用来分、合主电路，辅助触头用于控制电路，用来反映断路器的位置或构成电路的联锁。主触头有单断口指式触头、双断口桥式触头和插入式触头等几种形式。低压断路器的灭弧装置一般为栅片式灭弧罩，灭弧室的绝缘壁一般用钢板纸压制或用陶土烧制。

低压断路器脱扣器的种类有：热脱扣器、电磁脱扣器、失压脱扣器和分励脱扣器等。热脱扣器起过载保护作用，热脱扣器按动作原理不同，分为热动式和液压式；电磁脱扣器又称短路脱扣器或瞬时过流脱扣器，起短路保护作用；失压脱扣器与被保护电路并联，起欠压或失压保护作用；分励脱扣器的电磁线圈被保护电路并联，用于远距离控制断路器跳闸。

低压断路器的工作原理如图 5-1-17 所示。断路器正常工作时，主触头串联于三相电路中，合上操作手柄，外力使锁扣克服反作用力弹簧的拉力，将固定在锁扣上的动、静触头闭合，并由锁扣扣住牵引杆，使断路器维持在合闸位置。当线路发生短路故障时，电磁脱扣器产生足够的电磁力将衔铁吸合，通过杠杆推动搭钩与锁扣分开，锁扣在反作用力弹簧的作用下，带动断路器的主触头分闸，从而切断电路；当线路过载时，过载电流流过热元件使双金属片受热向上弯曲，通过杠杆推动搭钩与锁扣分开，锁扣在反作用力弹簧的作用下，带动断路器的主触头分闸，从而切断电路。

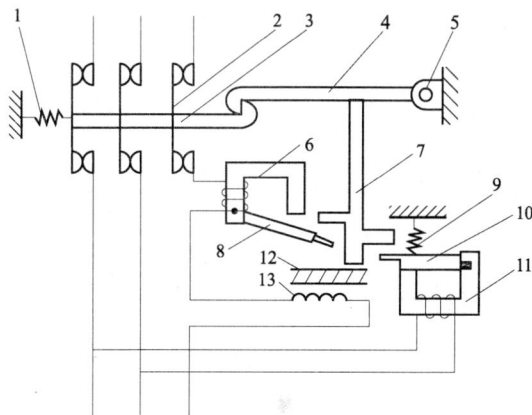

图 5-1-17　低压断路器工作原理示意图

1、9—弹簧；2—触头；3—锁键；4—搭钩；5—轴；6—电磁脱扣器；7—杠杆；8、10—衔铁；
11—欠电压脱扣器；12—双金属片；13—电阻丝

3. 常见低压断路器

（1）塑壳式断路器。塑壳式断路器的主要特征是所有部件都安装在一个塑料外壳中，没有裸露的带电部分，提高了使用的安全性。塑壳式断路器多为非选择型，一般用于配电馈线控制和保护、小型配电变压器的低压侧出线总开关、动力配电终端控制和保护，以及住宅配电终端控制和保护，也可用于各种生产机械的电源开关。小容量（50A以下）的塑壳式断路器采用非储能式闭合，手动操作；大容量断路器的操动机构采用储能式闭合，可以手动操作，亦可由电动机操作。电动机操作可实现远方遥控操作。塑壳式断路器外形示意如图 5-1-18 所示。

（2）框架式断路器。框架式断路器是在一个框架结构的底座上装设所有组件。由于框架式断路器可以有多种脱扣器的组合方式，而且操作方式较多，故又称为万能式断路器。CW系列万能式断路器外形示意如图 5-1-19 所示。框架式断路器容量较大，其额定电流为630～5000A，一般用于变压器 0.4kV 侧出线总开关、母线联络断路器或大容量馈线断路器和大型电动机控制断路器。

图 5-1-18　塑壳式断路器外形示意图　　　　图 5-1-19　CW 系列万能式断路器示意图

（3）智能断路器。智能断路器由触头系统、灭弧系统、操动机构、互感器、智能控制器、辅助开关、二次接插件、欠压和分励脱扣器、传感器、显示屏、通信接口、电源模块等部件组成。智能脱扣器原理框图如图 5-1-20 所示。智能脱扣器的保护特性有：过载长延时保护、短路短延时保护、反时限、定时限、短路瞬时保护、接地故障定时限保护。

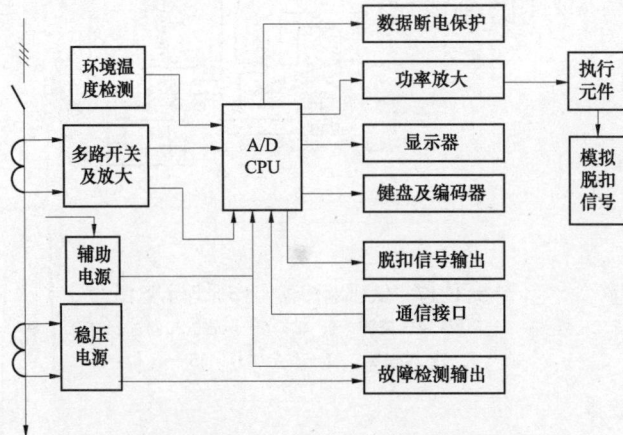

图 5-1-20　智能脱扣器原理框图

智能断路器的核心部分是智能脱扣器。它由实时检测、微处理器及其外围接口和执行元件三个部分组成。

1）实时检测。智能断路器要实现控制和保护作用，电压、电流等参数的变化必须反映到微处理器上。

2）微处理器系统。这是智能脱扣器的核心部分，由微处理与外围接口电路组成，对信号进行实时处理、存储、判别，对不正常运行进行监控等。

3）执行部分。智能脱扣器的执行元件是磁通变换器，其磁路全封闭或半封闭，正常工作时靠永磁体保证铁芯处于闭合状态，脱扣器发出脱扣指令时，线圈通过的电流产生反磁场抵消了永磁体的磁场，动铁芯靠反作用力弹簧动作推动脱扣件脱扣。智能断路器外形示意如图 5-1-21 所示。

（4）微型断路器。微型断路器是一种结构紧凑、安装便捷的小容量塑壳断路器，主要用来保护导线、电缆和作为控制照明的低压开关，所以亦称导线保护开关。一般均带有传统的热脱扣、电磁脱扣，具有过载和短路保护功能。其基本形式为宽度在 20mm 以下的片状单极产品，将两个或两个以上的单极组装在一起，可构成联动的二、三、四极断路器。微型断路器广泛应用于高层建筑、机床工业和商业系统，随着家用电器的发展，现已深入到民用领域。国际电工委员会（IEC）已将此类产品划入家用断路器。

目前我国生产的微型断路器有 K 系列和引进技术生产的 S 系列、C45 和 C45N 系列、PX 系列等。C 型系列断路器如图 5-1-22 所示。

图 5-1-21　智能断路器外形示意图　　　图 5-1-22　C 型系列断路器

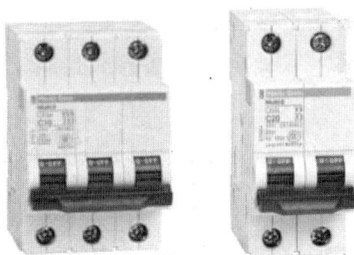

4. 剩余电流动作保护装置

剩余电流动作保护装置是指电路中带电导体对地故障所产生的剩余电流超过规定值时，能够自动切断电源或报警的保护装置，包括各类剩余电流动作保护功能的断路器、移动式剩余电流动作保护装置和剩余电流动作电气火灾监控系统、剩余电流继电器及其组合电器等。在低压电网中安装剩余电流动作保护装置是防止人身触电、电气火灾及电气设备损坏的一种有效的防护措施。国际电工委员会通过制定相应的规程，在低压电网中大力推广使用剩余电流保护装置。

（1）工作原理。剩余电流动作保护装置的工作原理如图 5-1-23 所示。在电路中没有发

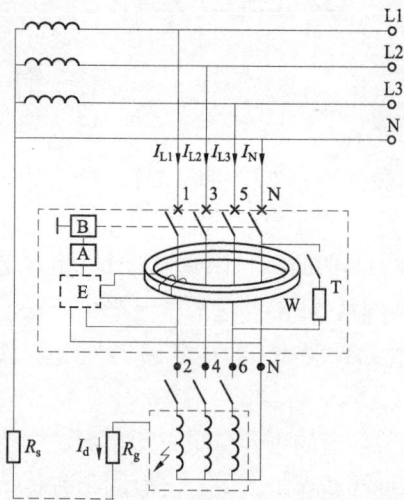

图 5-1-23 剩余电流保护装置的工作原理图
A—判别元件；B—执行元件；E—电子信号放大器；
R_s—工作接地的接地电阻；R_g—电源接地的接地电阻
T—试验装置；W—检测元件

生人身触电、设备漏电、接地故障时，通过剩余电流动作保护装置电流互感器一次绕组电流的相量和等于零。即

$$\dot{I}_{L1} + \dot{I}_{L2} + \dot{I}_{L3} + \dot{I}_N = 0$$

则电流 $\dot{I}_{L1}$、$\dot{I}_{L2}$、$\dot{I}_{L3}$ 和 $\dot{I}_N$ 在电流互感器中产生磁通的相量和等于零。即

$$\dot{\Phi}_{L1} + \dot{\Phi}_{L2} + \dot{\Phi}_{L3} + \dot{\Phi}_N = 0$$

这样在电流互感器的二次绕组中不会产生感应电动势，剩余电流动作保护装置不动作。

当电路中发生人身触电、设备漏电、接地故障时，接地电流 I_N 通过故障设备、设备的接地电阻 R_A、大地及直接接地的电源、中性点构成回路，通过互感器一次绕组电流的相量和不等于零，即

$$\dot{I}_{L1} + \dot{I}_{L2} + \dot{I}_{L3} + \dot{I}_N \neq 0$$

剩余电流互感器中二次绕组产生磁通的相量和不等于零，即

$$\dot{\Phi}_{L1} + \dot{\Phi}_{L2} + \dot{\Phi}_{L3} + \dot{\Phi}_N \neq 0$$

在电流互感器的二次绕组中产生感应电动势，此电动势直接或通过电子信号放大器加在脱扣线圈上形成电流。二次绕组中产生感应电动势的大小随着故障电流的增加而增加，当接地故障电流增加到一定值时，脱扣线圈中的电流驱使脱扣机构动作，使主开关断开电路，或使报警装置发出报警信号。

（2）剩余电流动作保护装置的结构。剩余电流动作保护装置的主要元器件的结构包括：检测元件 W（剩余电流互感器）、判别元件 A（剩余电流脱扣器）、执行元件 B（机械开关电器或报警装置）、试验装置 T 和电子信号放大器 E（电子式）等部分。

（3）剩余电流动作保护装置的作用。低压配电系统中装设剩余电流动作保护装置是防止直接接触电击事故和间接接触电击事故的有效措施之一，也是防止电气线路或电气设备接地故障引起电气火灾和电气设备损坏事故的技术措施。但安装剩余电流动作保护装置后，仍应以预防为主，并应同时采取其他各项防止电击事故和电气设备损坏事故的技术措施。

（4）剩余电流保护器的应用。低压供用电系统中为了缩小发生人身电击事故和接地故障切断电源时引起的停电范围，剩余电流动作保护装置应采用分级保护。分级保护一般分为一、二、三级，第一、第二级保护是间接接触电击保护，第三级保护是防止人身电击的直接接触电击保护，也称末端保护。

5. 交流接触器

接触器是一种自动电磁式开关，用于远距离频繁地接通或开断交、直流主电路及大容量控制电路。接触器的主要控制对象是电动机，能完成启动、停止、正转、反转等多种控制功能；也可用于控制其他负载，如电热设备、电焊机以及电容器组等。接触器按主触头通过电

流的种类，分为交流接触器和直流接触器。

（1）交流接触器型号及含义如图 5-1-24 所示。

图 5-1-24 交流接触器型号及含义

常用交流接触器的型号有 CJ20 等系列，它的主要特点是动作快、操作方便、便于远距离控制，广泛用于电动机、电热设备及机床等设备的控制。其缺点是噪声偏大，寿命短，只能通断负荷电流，不具备保护功能，使用时要与熔断器、热继电器等保护电器配合使用。

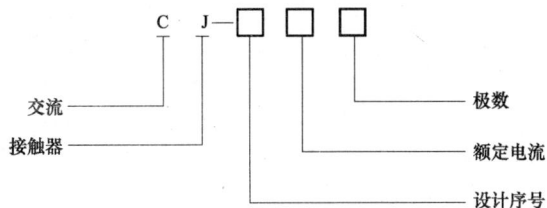

（2）交流接触器结构及工作原理。

1）交流接触器基本结构。交流接触器主要由电磁系统、触头系统、灭弧装置及辅助部件等组成。电磁系统由电磁线圈、铁芯、衔铁等部分组成，其作用是利用电磁线圈的得电或失电，使衔铁和铁芯吸合或释放，实现接通或关断电路的目的。交流接触器的触头可分为主触头和辅助触头。主触头用于接通或开断电流较大的主电路。一般由三对接触面较大的动合触头组成。辅助触头用于接通或开断电流较小的控制电路，一般由两对动合和动断触头组成。

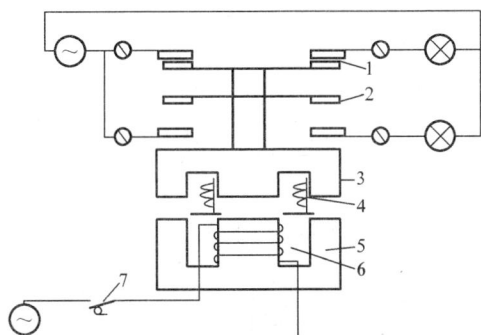

图 5-1-25 交流接触器的工作原理
1—静触头；2—动触头；3—衔铁；4—反作用力弹簧；
5—铁芯；6—线圈；7—按钮

2）交流接触器工作原理。交流接触器的工作原理如图 5-1-25 所示，当按下按钮 7，接触器的线圈 6 得电后，线圈中流过的电流产生磁场，使铁芯产生足够的吸力，克服弹簧的反作用力，将衔铁吸合，通过传动机构带动主触头和辅助动合触头闭合，辅助动断触头断开。当松开按钮，线圈失电，衔铁在反作用力弹簧 4 的作用下返回，带动各触头恢复到原来状态。

常用的 CJ20 等系列交流接触器在 85%～105%额定电压时，能保证可靠吸合；电压降低时，电磁吸力不足，衔铁不能可靠吸合。运行中的交流接触器，当工作电压明显下降时，由于电磁力不足以克服弹簧的反作用力，衔铁返回，使主触头断开。

（五）主令电器

主令电器是用于接通或开断控制电路，以发出指令或动作程序控制的开关电器。常用的主令电器有按钮、行程开关、万能转换开关和主令控制器等。主令电器是小电流开关，一般没有灭弧装置。

1．按钮

按钮是一种手动控制器。由于按钮的触头只能短时通过 5A 及以下的小电流，因此按钮不宜直接控制主电路的通断。按钮通过触头的通断在控制电路中发出指令或信号，改变电气控制系统的工作状态。

（1）型号及含义如图 5-1-26 所示。

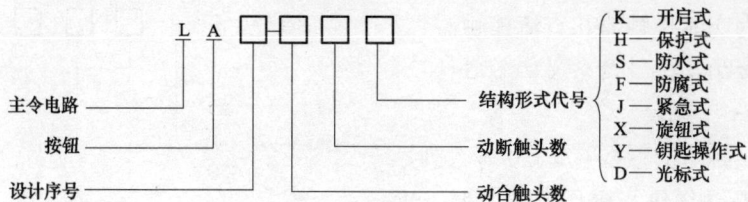
图 5-1-26 按钮型号及含义

（2）种类及结构。按钮一般由按钮帽，复位弹簧，桥式动、静触头，支柱连杆及外壳组成。常用按钮的外形如图 5-1-27 所示。按钮根据触头正常情况下（不受外力作用）分合状态分为启动按钮、停止按钮和复合按钮。

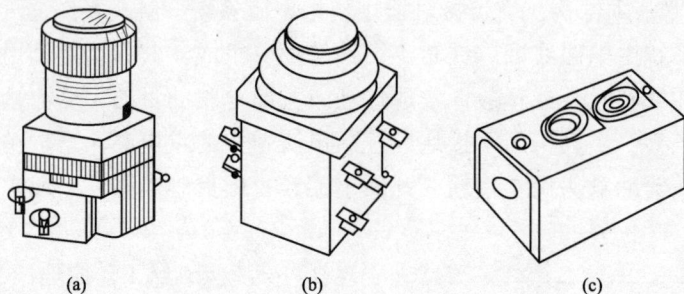
图 5-1-27 常用按钮的外形图
（a）LA19-11 外形图；（b）LA18-22 外形图；（c）LA10-2H 外形图

1）启动按钮。正常情况下，触头是断开的；按下按钮时，动合触头闭合，松开时，按钮自动复位。

2）停止按钮。正常情况下，触头是闭合的；按下按钮时，动断触头断开，松开时，按钮自动复位。

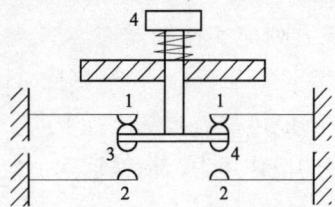
图 5-1-28 复合按钮的动作原理

3）复合按钮。由动合触头和动断触头组合为一体，按下按钮时，动合触头闭合，动断触头断开；松开按钮时，动合触头断开，动断触头闭合。复合按钮的动作原理如图 5-1-28 所示。

图中 1—1 和 2—2 是静触点，3—3 是动触点，图中各触点位置是自然状态。静触点 1—1 由动触点 3—3 接通而闭合，此时 2—2 断开。按下按钮时，动触点 3—3 下移，首先使静触点 1—1（称动断触点）断开，然后接通静触头 2—2（称动合触点），使之闭合；松手后在弹簧 4 作用下，动触头 3—3 返回，各触头的通断状态又回到图 5-1-28 所示位置。

生产中用不同的颜色和符号标志来区分按钮的功能及作用。各种按钮的颜色规定如下：启动按钮为绿色；停止或急停按钮为红色；启动和停止交替动作的按钮为黑色、白色或灰色；点动按钮为黑色；复位按钮为蓝色（若还具有停止作用时为红色）；黄色按钮用于对系统进行干预（如循环中途停止等）。

2. 行程开关

行程开关又叫限位开关，其作用与按钮相同。不同的是按钮是靠手动操作，而行程开关是靠生产机械的某些运动部件与它的传动部位发生碰撞，使其触头通断从而限制生产机械的行程、位置或改变其运行状态。行程开关的种类很多，但其结构基本一样，不同的仅是动作的转动装置。行程开关有按钮式、旋转式等，常用的行程开关有 LX19、JLXK1 等系列。

（1）型号及含义如图 5-1-29 所示。

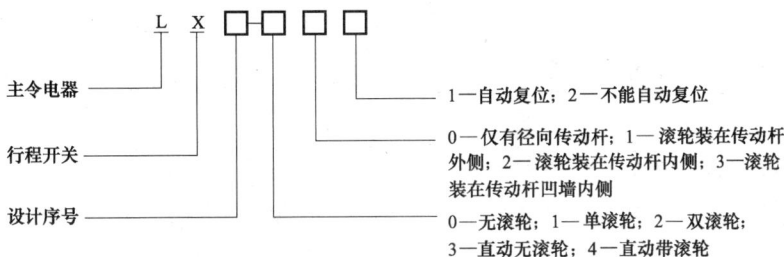

图 5-1-29　行程开关型号及含义

（2）结构及工作原理。各系列行程开关的基本结构大体相同，都是由触头系统、操动机构和外壳组成。JLXK1 系列行程开关的外形如图 5-1-30 所示。

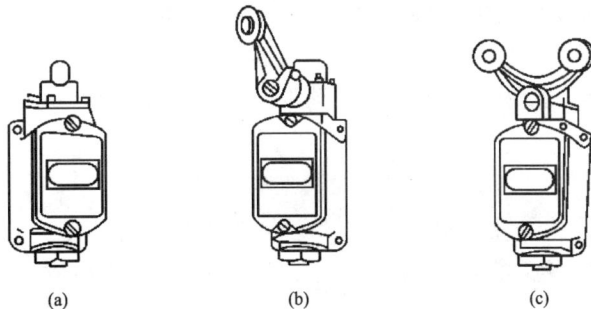

图 5-1-30　JLXK1 系列行程开关的外形图
（a）JLXK1-311 型按钮式；（b）JLXK1-111 型单轮旋转式；（c）JLXK1-211 型双轮旋转式

以单轮自动恢复式行程开关为例，当运动机械的挡铁压到行程开关的滚轮上时，传动杠杆连同转轴一起转动，使凸轮推动撞块，当撞块被压到一定位置时，推动开关快速动作，使其动断触头断开，动合触头闭合；当滚轮上的挡铁移开后，复位弹簧就使行程开关各部分恢复原始位置。这种单轮自动恢复式行程开关是依靠本身的恢复弹簧来复原，在生产机械的自动控制中应用较广泛。

（六）控制继电器

1. 热继电器

热继电器是一种电气保护元件。它是利用电流的热效应来推动动作机构使触头闭合或断开的保护电器，主要用于电动机的过载保护、断相保护、电流不平衡保护以及其他电气设备发热状态时的控制。热继电器是根据控制对象的温度变化来控制电流流过的继电器，即利用电流的热效应而动作的电器,它主要用于电动机的过载保护。热继电器由热元件、触头、动作机构、复位按钮和定值装置组成。常用的热继电器有 JR20T、JR36、3UA 等系列。

(1)热继电器型号及含义如图 5-1-31 所示。

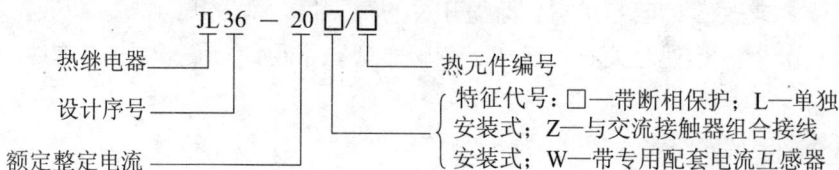

JL 36 — 20 □/□

热继电器 ——————— ┐   ┌—————— 热元件编号
设计序号 ——————— ┤   特征代号:□—带断相保护;L—单独
额定整定电流 ——————   安装式;Z—与交流接触器组合接线
                         安装式;W—带专用配套电流互感器

图 5-1-31 热继电器型号及含义

(2)热继电器结构及工作原理。热继电器由热元件、触头系统、动作机构、复位按钮和定值装置组成。

热继电器的工作原理如图 5-1-32 所示,图中发热元件 1 是一段电阻不大的电阻丝,它缠绕在双金属片 2 上。双金属片由两片膨胀系数不同的金属片叠加在一起制成。如果发热元件中通过的电流不超过电动机的额定电流,其发热量较小,双金属片变形不大;当电动机过载,流过发热元件的电流超过额定值时,发热量较大,为双金属片加温,使双金属片变形上翘。若电动机持续过载,经过一段时间之后,双金属片自由端超出扣板 3,扣板会在弹簧 4 的拉力作用下发生角位移,带动辅助动断触头 5 断开。在使用时,热继电器的辅助动断触头串接在控制电路中,当它断开时,使接触器线圈断电,电动机停止运行。经过一段时间之后,双金属片逐渐冷却,恢复原状。这时,按下复位按钮,使双金属片自由端重新抵住扣板,辅助动断触头又重新闭合,接通控制电路,电动机又可重新启动。热继电器有热惯性,不能用于断路保护。

2. 电磁式电流继电器、电压继电器及中间继电器

低压控制系统中采用的控制继电器大部分为电磁式继电器。主要因为它结构简单、价格低廉,能满足一般情况下的技术要求。如图 5-1-33 所示为电磁式电流继电器的结构示意图。

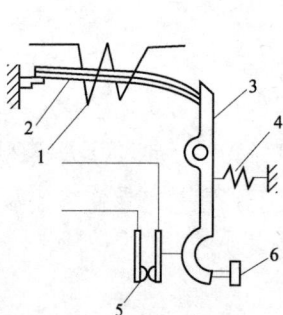

图 5-1-32 热继电器的工作原理
1—发热元件;2—双金属片;3—扣板;
4—弹簧;5—辅助动断触头;6—复位按钮

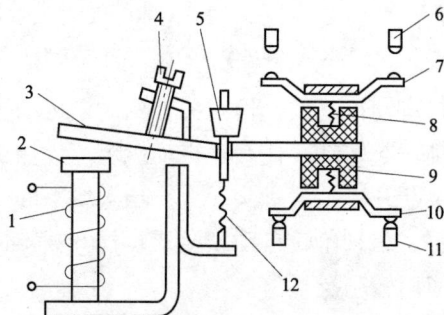

图 5-1-33 电磁式电流继电器的结构示意图
1—电流线圈;2—铁芯;3—衔铁;4—制动螺钉;5—反作用调节螺母;
6、11—静触点;7、10—动触点;8—触点弹簧;
9—绝缘支架;12—反作用力弹簧

当通过电流线圈 1 的电流超过某一额定值,电磁吸力大于反作用力弹簧 12 的力时,衔铁

3 吸合并带动绝缘支架 9 动作，使动断触点 10-11 断开，动合触点 6-7 闭合。反作用调节螺母 5 用来调节反作用力的大小，即用来调节继电器的动作参数。

过电流继电器或过电压继电器在额定参数下工作时，电磁式继电器的衔铁处于释放位置。当电路出现过电流或过电压时，衔铁才吸合动作；而当电路的电流或电压降低到继电器的复归值时，衔铁才返回释放状态。

对于欠电流继电器或欠电压继电器在额定参数下工作时，其电磁式继电器的衔铁处于吸合状态。当电路出现欠电流或欠电压时，衔铁动作释放；而当电路的电流或电压上升后，衔铁才返回吸合状态。

电流继电器与电压继电器在结构上的区别主要在线圈上，电流继电器的线圈与负载串联，用以反映负载电流，故线圈匝数少，导线粗；电压继电器的线圈与负载并联，用以反映电压的变化，故线圈匝数多，导线细。

中间继电器的触点量较多，在控制回路中起增加触点数量和中间放大作用。由于中间继电器的动作参数无需调节，所以中间继电器没有调节弹簧装置。

3. 时间继电器

当继电器的感受部分接受外界信号后，经过一段时间才使执行部分动作，这类继电器称为时间继电器。按其动作原理可分为电磁式、空气阻尼式、电动式与电子式；按延时方式可分为通电延时型与断电延时型两种。常用的有空气阻尼式、电子式和电动式。

（1）空气阻尼式时间继电器。空气阻尼式时间继电器又称为气囊式时间继电器，它是利用空气阻尼的原理配合微动开关来产生延时效果的。主要由电磁机构、触点系统和延时机构组成。常用的产品有 JS7 和 JS23 两个系列。

JS7 系列空气阻尼式时间继电器结构简单、价格低，但延时范围小且延时精度及稳定性较差。系列产品有：JS7-1A、JS7-2A、JS7-3A、JS7-4A 四种，JS7-3A 型空气阻尼式时间继电器，外形如图 5-1-34 所示。

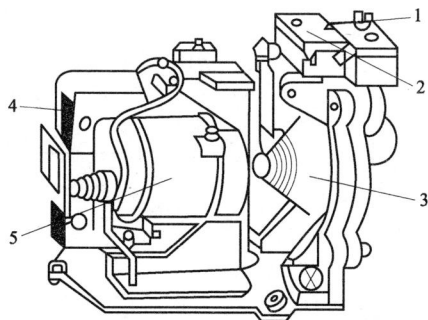

图 5-1-34 JS7-3A 型空气阻尼式时间继电器的构造
1—进气囊调整螺钉；2—延时触点；3—气囊；4—衔铁芯；5—线圈

JS23 系列时间继电器为近代产品。它由一个具有四个瞬动触点的中间继电器为主体，加上一个延时机构组成。延时机构包括波纹状气囊、排气阀门、具有细长环形槽的延时片、调时旋钮及动作弹簧等，如图 5-1-35 所示。

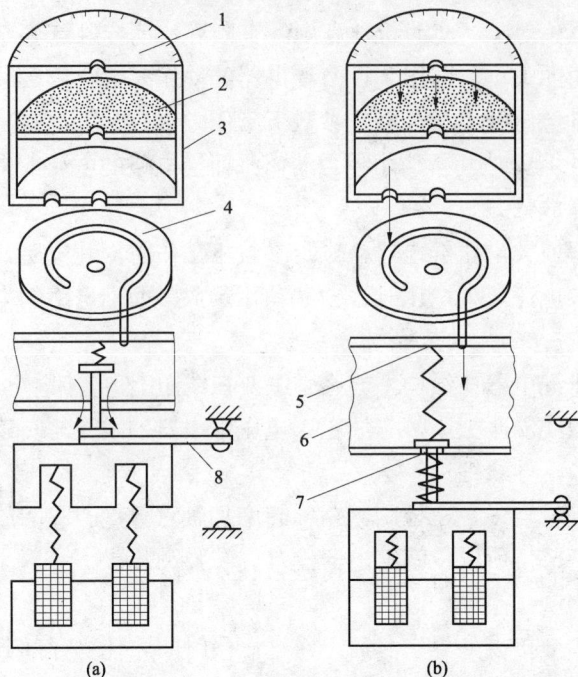

图 5-1-35　JS23 系列通电延时型时间继电器外形

（a）断电时气囊排气示意图；（b）通电时气囊进气延时示意图

1—钮牌；2—滤气片；3—调时旋钮；4—延时片；5—动作弹簧；6—波纹状气囊；7—阀门弹簧；8—阀杆

（2）电子式时间继电器。电子式时间继电器有晶体管阻容式和数字式等不同种类，前者的基本原理是利用阻容电路的充放电来产生延时效果，常用的有 JS14 和 JS20 系列。JS14 系列时间继电器的外形如图 5-1-36 所示。JS14 系列时间继电器的接线如图 5-1-37 所示。

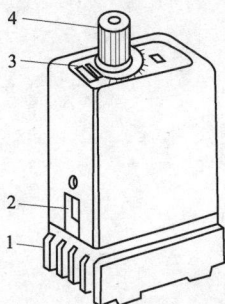

图 5-1-36　JS14 系列时间继电器外形图

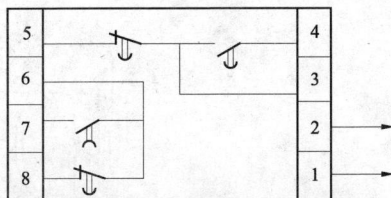

图 5-1-37　JS14 系列时间继电器接线图

1—插座；2—锁扣；3—面板；4—延时调节旋钮

JS20 系列电子式时间继电器产品品种齐全、延时时间长、线路较简单、延时调节方便、温度补偿性能好、电容利用率高、延时误差小、触点容量大。但也存在抗干扰性差、修理不便、价格高等缺点。

（3）电动式时间继电器。电动式时间继电器利用小型同步电动机带动电磁离合器、减速齿轮及杠杆机构来产生延时。它的突出特点是：延时范围大、精度较高，但体积大、结构复杂、寿命较低。较常用的有 JS11 系列电动式时间继电器，其外形和接线分别如图 5-1-38 和

图 5-1-39 所示。

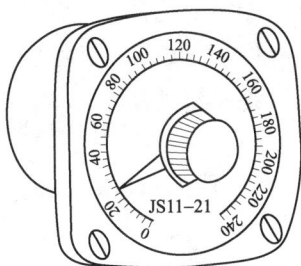

图 5-1-38　JS11 系列电动式时间继电器外形图

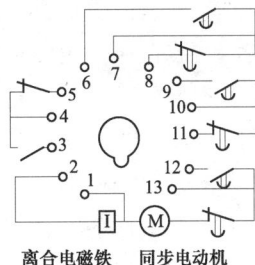

离合电磁铁　同步电动机

图 5-1-39　JS11 系列电动式时间继电器接线图

思考与练习

1. 低压电器是如何定义的？
2. 低压电器按用途和控制对象是如何分类的？
3. 低压熔断器使用注意事项有哪些？
4. 低压断路器有何作用？
5. 剩余电流动作保护器的保护原理是什么？
6. 热继电器的作用是什么？

模块 2　低压成套配电装置知识（GDSTY05002）

模块描述

　　本模块包含低压成套配电装置的分类、常用低压成套配电装置型号含义和结构特点、低压成套配电装置的运行维护等内容。通过概念描述、结构介绍、特点对比、图解示意，掌握低压成套配电装置的性能及日常运行维护方法。

模块内容

　　将一个配电单元的开关电器、保护电器、测量电器和必要的辅助设备等电器元件安装在标准的柜体中，就构成了单台配电柜。将配电柜按照一定的要求和接线方式组合，并在柜顶用母线将各单台柜体的电气部分连接，则构成了成套配电装置。配电装置按电压等级高低分为高压成套配电装置和低压成套配电装置，按电气设备安装地点不同分为室内配电装置和室外配电装置，按组装方式不同分为装配式配电装置和成套式配电装置。

一、低压配电装置分类

　　低压配电装置按结构特征和用途的不同，分为固定式低压配电柜（又称屏），抽屉式低压开关柜以及动力、照明配电控制箱等。

　　固定式低压配电柜按外部设计不同可分为开启式和封闭式。开启式低压配电柜正面有防护作用面板遮栏，背面和侧面仍能触及带电部分，防护等级低，目前已不再提倡使用。封闭式低压配电柜，除安装面外，其他所有侧面都被封闭起来。配电柜的开关、保护和监测控制等电气元件，均安装在一个用钢或绝缘材料制成的封闭外壳内，可靠墙或离墙安装。柜内每条回路之间可以不加隔离措施，也可以采用接地的金属板或绝缘板进行隔离。通常门与主开关操作有机械联锁，以防止误入带电间隔操作。

抽屉式开关柜采用钢板制成封闭外壳，进出线回路的电器元件都安装在可抽出的抽屉中，构成能完成某一类供电任务的功能单元。功能单元与母线或电缆之间，用接地的金属板或塑料制成的功能板隔开，形成母线、功能单元和电缆三个区域。每个功能单元之间也有隔离措施。抽屉式开关柜有较高的可靠性、安全性和互换性，是比较先进的开关柜，目前生产的开关柜，多数是抽屉式开关柜。

动力、照明配电控制箱多为封闭式垂直安装，因使用场合不同，外壳防护等级也不同。它们主要作为工矿企业生产现场的配电装置。

低压配电系统通常包括受电柜（即进线柜）、馈电柜（控制各功能单元）和无功功率补偿柜等。受电柜是配电系统的总开关，从变压器低压侧进线，控制整个系统。馈电柜直接对用户的受电设备，控制各用电单元。电容补偿柜根据电网负荷消耗的感性无功量的多少自动地控制并联补偿电容器组的投入，使电网的无功消耗保持到最低状态，从而提高电网电压质量，减少输电系统和变压器的损耗。

二、常用低压成套配电装置

常用的低压成套配电装置有 PGL、GGD 型低压配电柜和 GCK（GCL）、GCS、MNS 抽屉式开关柜等。

1. GGD 型低压配电柜

GGD 型低压配电柜适用于发电厂、变电站、工业企业等电力用户作为交流 50Hz、额定工作电压 380V、额定电流 3150A 的配电系统中作为动力、照明及配电设备的电能转换、分配与控制之用，具有分断能力高、动热稳定性好、结构新颖合理、电气方案灵活、系列性适用性强、防护等级高等特点。

（1）型号及含义如图 5-2-1 所示。

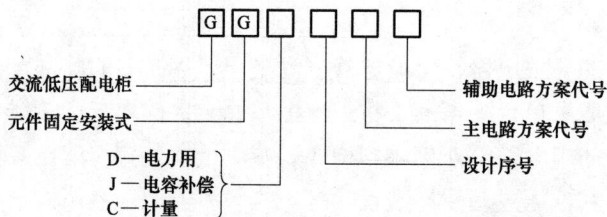

图 5-2-1 GGD 型低压配电柜型号及含义

GGD 型低压配电柜按其分断能力不同可分为 1、2、3 型，1 型的最大开断能力为 15kA，2 型为 30kA，3 型为 50kA。

（2）结构特点。GGD 型配电柜的柜体框架采用冷弯型钢焊接而成，框架上分别有 $E=20mm$ 和 $E=100mm$ 模数化排列的安装孔，可适应各种元器件装配。柜门的设计考虑到标准化和通用化，柜门采用整体单门和不对称双门结构，清晰美观，柜体上部留有一个供安装各类仪表、指示灯、控制开关等元件用的小门，便于检查和维修。柜体的下部、后上部与柜体顶部，均留有通风孔，并加网板密封，使柜体在运行中自然形成一个通风道，达到散热的目的。

GGD 型配电柜使用的 ZMJ 型组合式母线卡由高阻燃 PPO 材料热塑成型，采用积木式组合，具有机械强度高、绝缘性能好、安装简单、使用方便等优点。GGD 型配电柜根据电路分断能力要求可选用 DW15（DWX15）～DW45 等系列断路器，选用 HD13BX（或 HS13BX）型旋转操作式隔离开关以及 CJ20 系列接触器等电器元件。GGD 型配电柜的主、辅电路采用标准化方案，主电路方案和辅助电路方案之间有固定的对应关系，一个主电路方案应有若干个辅助电路方案。GGD 型配电柜主电路方案示例见表 5-2-1。

表 5-2-1　　　　　　　　　　　　GGD 型配电柜主电路一次接线方案

一次接线方案编号	09	35	52	58
一次接线方案图				
用途	受电　联络	馈电	照明	馈电（电动机）

如图 5-2-2 所示为 GGD 型配电柜外形尺寸及安装示意图。GGD 型配电柜的外形尺寸为长×宽×高=（400，600，800，1000）mm×600mm×2000mm。每面柜既可作为一个独立单元使用，也可与其他柜组合各种不同的配电方案，因此使用比较方便。

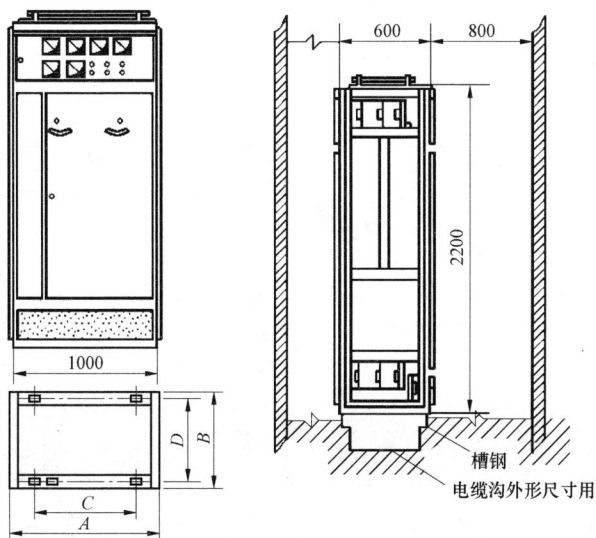

图 5-2-2　GGD 型配电柜外形尺寸及安装示意图（单位：mm）

2. GCL 低压抽出式开关柜

（1）型号及含义如图 5-2-3 所示。

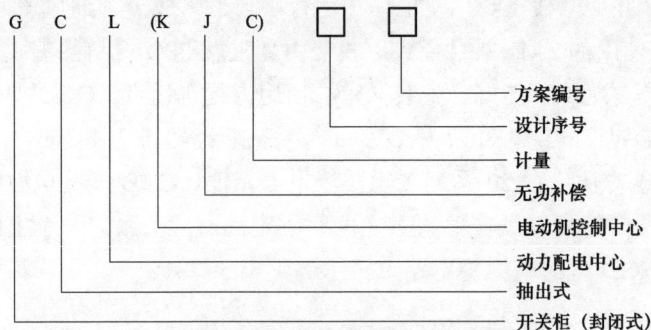

图 5-2-3　GCL 低压抽出式开关柜型号及含义

（2）结构特点。GCL 系列低压抽出式开关柜用于交流 50（60）Hz，额定工作电压 660V 及以下，额定电流 400～4000A 的电力系统中作为电能分配和电动机控制使用。

开关柜属间隔型封闭结构，一般由薄钢板弯制、焊接组装。也可采用由异型钢材，采用角板固定、螺栓连接的无焊接结构。选用时，可根据需要加装底部盖板。内外部结构件分别采取镀锌、磷化、喷涂等处理手段。

GCL 系列抽出式开关柜柜体分为母线区、功能单元区和电缆区，一般按上、中、下顺序排列。母线室、互感器室内的功能单元均为抽屉式，每个抽屉均有工作位置、试验位置、断开位置，为检修、试验提供方便。每个隔室用隔板分开，以防止事故扩大，保证人身安全。GCL 系列低压抽出式开关柜根据功能需要可选用 DZX 10（或 DZ10）系列断路器、CJ20 系列接触器、JR 系列热继电器、QM 系列熔断器等电器元件。其主电路有多种接线方案，以满足进线受电、联络、馈电、电容补偿及照明控制等功能需要。GCL 配电柜主电路接线方案示例见表 5-2-2，其外形尺寸及安装示意如图 5-2-4 所示。

表 5-2-2　　　　　　　　　　　GCL 配电柜主电路一次接线方案

一次接线方案编号	09	30	73	77
一次接线方案图				
用途	受电　联络	电缆出线	功率因数补偿	照明

3. GCK 系列电动控制中心

GCK 系列电动控制中心由各功能单元组合而成为多功能控制中心，这些单元垂直重叠安装在封闭式的金属柜体内。柜体共分水平母线区、垂直母线区、电缆区和设备安装区 4 个互相隔离的区域，功能单元分别安装在各自的小室内。当任何一个功能单元发生事故时，均不影响其他单元，可以防止事故扩大。所有功能单元均能按规定的性能分断短路电流，且可通过接口与可编程序控制器或微处理机连接，作为自动控制的执行单元。

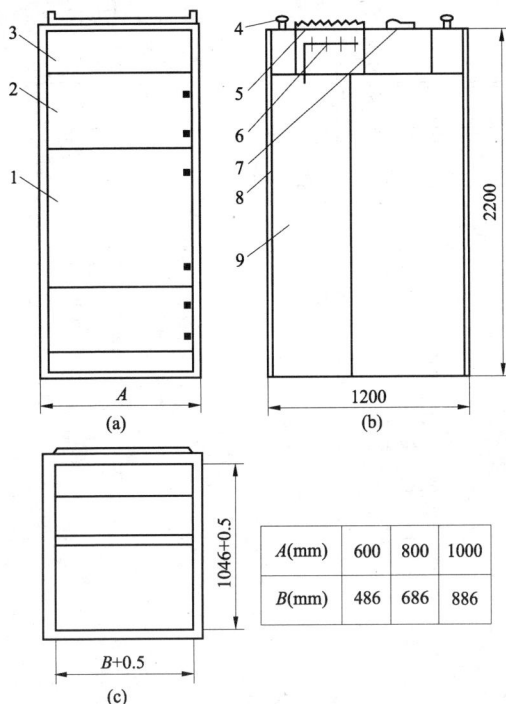

图 5-2-4　GCL 型配电柜外形尺寸及安装示意图

（a）正视；（b）侧视；（c）柜底

1—隔室门；2—仪表门；3—控制室封板；4—吊环；5—防尘盖后门；6—主母线室；
7—压力释放装置；8—后门；9—侧板

A(mm)	600	800	1000
B(mm)	486	686	886

GCK 系列电动控制中心的接线示例见表 5-2-3，其外形尺寸及安装示意如图 5-2-5 所示。

表 5-2-3　　　　　　　　GCK 系列电动控制中心的主电路一次接线方案

一次接线方案编号	BZf21S00	BLb63S00	GRk51S20	BQb14S00	HQj3IS20
一次接线方案图					
用途	可逆	照明	馈电	不可逆	星三角

三、低压成套配电装置运行维护

1. 日常巡视维护

建立运行日志，实时记录电压、电流、负荷、温度等参数变化情况，巡视检查设备应认真仔细，不放过疑点。日常巡视维护内容如下：

（1）设备外观有无异常现象，各种仪表、信号装置的指示是否正常等。

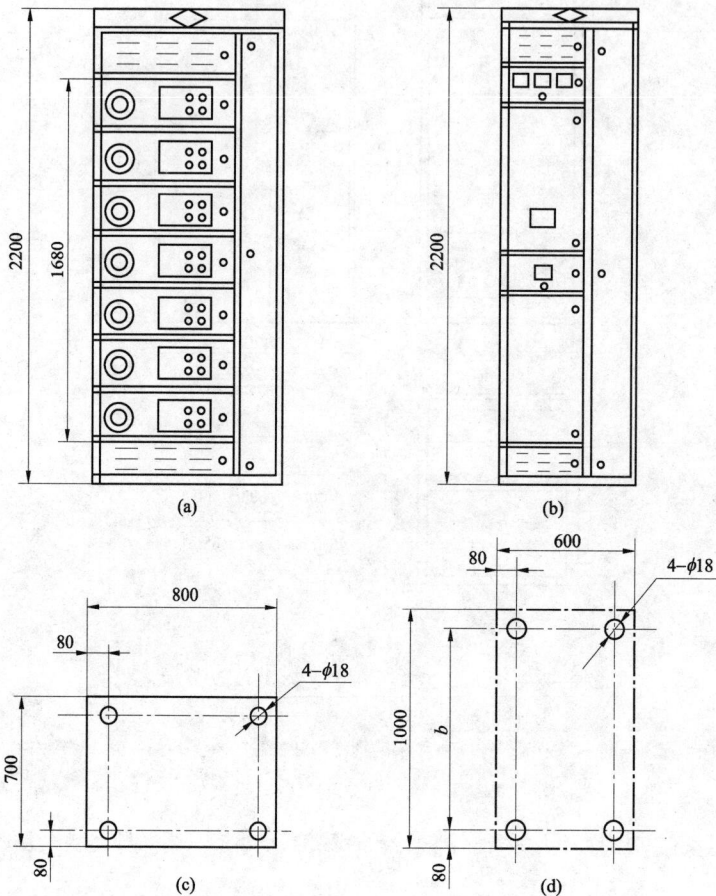

图 5-2-5 GCK 型配电柜外形尺寸及安装示意图（单位：mm）
（a）主视图；（b）侧视图；（c）底部视图；（d）顶部视图

（2）导线、开关、接触器、继电器线圈、接线端子有无过热及打火现象；电气设备的运行噪声有无明显增加和有无异常音响。

（3）设备接触部位有无发热或烧损现象，有无异常振动、响声，有无异常气味等。

（4）对负荷骤变的设备要加强巡视、观察，以防意外。

（5）当环境温度变化时（特别是高温时），要加强对设备的巡视，以防设备出现异常情况。

2. 定期维护

配电室应每周进行一次维护，主要内容为清洁室内卫生并对电气设备进行全面检查。每季度应对配电室进行停电检修一次，主要内容如下：

（1）检查开关、接触器触点的烧蚀情况，必要时修复或更换。

（2）导体连接处是否松动，紧固接线端子、检查导线接头，如过热氧化严重应修复。

（3）检查导线，特别是导线出入管口处的绝缘是否完好。

（4）摇测装置线路的绝缘电阻及接地装置的接地电阻。

（5）接触部位是否有磨损，对磨损严重的应及时维修或更换。

（6）配电装置的除尘，盘柜表面的清洁及对室内环境进行彻底清扫。

（7）填写有关记录。

思考与练习

1. 低压配电装置分为哪几类？

2. 常用的低压成套配电装置有哪些？

3. 低压成套配电装置日常巡视维护主要有哪些内容？

模块 3　配电变压器（GDSTY05003）

模块描述

　　本模块包含配电变压器工作原理、基本结构、主要技术指标、接线组别等内容。通过概念描述、术语说明、结构介绍、原理分析、特点对比、图解示意，掌握配电变压器基础知识。

模块内容

一、配电变压器工作原理

　　配电变压器，指配电系统中根据电磁感应定律变换交流电压和电流而传输交流电能的一种静止电器。有些地区将 35kV 以下（大多数是 10kV 及以下）电压等级的电力变压器称为"配电变压器"，简称"配变"。本章中配电变压器均为 10kV 电压等级。配电变压器可安装在电杆上、平台上、配电所内、箱式变压器内。

　　配电变压器是根据电磁感应原理工作的电气设备。变压器工作原理如图 5-3-1 所示，在一个闭合的铁芯上，绕有两个匝数分别为 N_1 和 N_2，相互绝缘的绕组，其中接入电源的绕组（N_1）称为一次绕组，输出电能的绕组（N_2）称为二次绕组。当交流电源电压 U_1 加到一次绕组后，就有交流电流 I_1 通过绕组 N_1，铁芯中产生与电源频率相同的交变磁通 Φ，由于一、二次绕组均绕在同一铁芯上，因此交变磁通 Φ 同时交链一、二次绕组。根据电磁感应定律，在两个绕组两端分别产

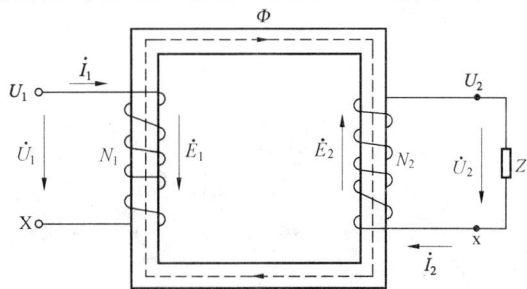

图 5-3-1　变压器工作原理

生频率相同的感应电动势 E_1 和 E_2。如果此时二次绕组与负荷 Z 接通，便有电流 I_2 流入负载，并在负载端产生电压 U_2，从而输出电能。

一次绕组与二次绕组匝数之比叫变压器的变比，用 K 表示，即 $K=N_1/N_2$。忽略漏阻抗压降和励磁电流时，一、二次电流、电压与变比的关系为 $K=N_1/N_2=U_1/U_2=I_2/I_1$。

二、配电变压器基本结构

构成配电变压器的基本部件是铁芯和绕组。套管和分接开关也是配电变压器的主要元件。另外，不同的绝缘介质、不同的冷却介质有相应的不同结构。

1. 铁芯

铁芯是变压器的基本部件之一，既是变压器的主磁路，又是变压器器身的机械骨架。

（1）铁芯结构型式分为芯式和壳式两种：绕组被铁芯包围的结构型式称为壳式铁芯，铁芯被绕组包围结构型式称为芯式铁芯。

（2）铁芯的材质对变压器的噪声和损耗、励磁电流有很大影响。为减少铁芯产生的变压器噪声和损耗及励磁电流，目前主要采用厚度 0.23～0.35mm 冷轧取向硅钢片，近年又开始采用厚度仅为 0.02～0.06mm 薄带状非晶合金材料。

（3）铁芯的装配一般有叠积和卷绕两种工艺。传统铁芯采用叠积工艺制成，近年出现了卷绕铁芯制作工艺，用卷铁芯制成的变压器具有空载损耗小（可降低 20%～30%）、噪声低、节省硅钢片（约减少 30%）等优点。铁芯通常采用一点接地，以消除因不接地而在铁芯或其他金属构件上产生的悬浮电位，避免造成铁芯对地放电。

2. 绕组

绕组是变压器的基本部件之一，是构成变压器电路的部件。

（1）变压器绕组分为层式和饼式两种形式，层式绕组有圆筒式和箔式两种。饼式绕组有连续式、纠结式、内屏蔽式、螺旋式、交错式等。配电变压器主要采用圆筒式、箔式、连续式、螺旋式绕组。

（2）变压器绕组一般由导电率较高的铜导线和铜箔绕制而成。导线有圆导线、扁导线，铜箔一般厚为 0.1～2.5mm。

（3）芯式变压器采用同芯式绕组，一般低压绕组靠近铁芯，高压绕组套在外面。高、低压绕组之间，低压绕组与铁芯柱之间留有一定的绝缘间隙和油道（散热通道），并用绝缘纸筒隔开。

3. 套管

套管是变压器的主要部件之一，用于将变压器内部绕组的高、低压引线与电力系统或用电设备进行电气连接，并保证引线对地绝缘。

配电变压器低压套管主要采用复合瓷绝缘式，高压套管主要采用单体瓷绝缘式。复合绝缘套管如图 5-3-2（a）所示，套管上部接线头有杆式和板式两种，下部接线头有一件软接线片、两件软接线片和板式三种；单体瓷绝缘式套管分为导电杆式和穿缆式两种，穿缆式套管如图 5-3-2（b）所示。

套管在油箱上排列的顺序，一般从高压侧看，由左向右，三相变压器为：高压 U1—V1--W1、低压 N—U2—V2—W2；单相变压器为：高压 U1，低压 U2。

4. 调压装置

调压装置是变压器主要元件之一，是控制变压器输出电压在指定范围内变动的调节组件，又称分接开关。工作原理是通过改变一次与二次绕组的匝数比来改变变压器的电压变比，从而达到调压的目的。调压装置分为无励磁调压装置和有载调压装置两种。

（1）无励磁调压装置。无励磁调压装置也叫无励磁分接开关，俗称无载分接开关，是在变压器不带电条件下切换绕组中线圈抽头以实现调压的装置。

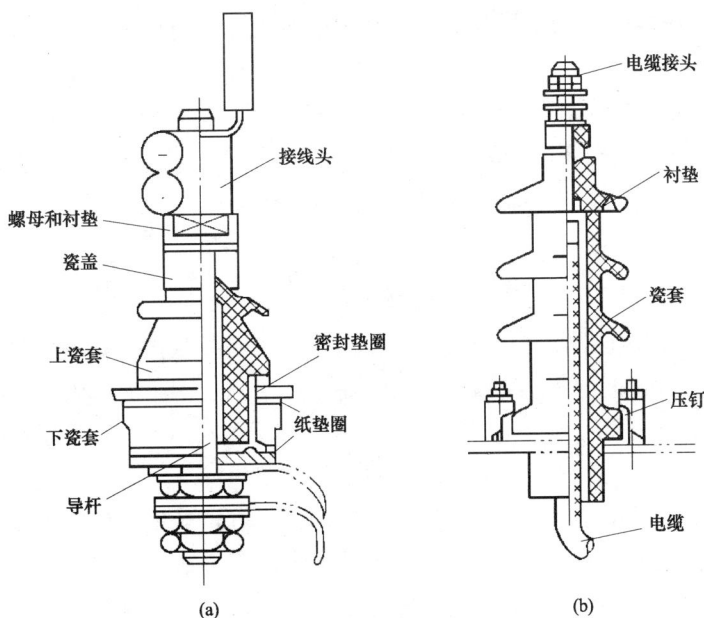

图 5-3-2　变压器绝缘套管

（a）复合绝缘套管；（b）穿缆式套管

（2）有载调压装置。有载调压装置也叫有载分接开关，是在变压器不中断运行的带电状态下进行调压的装置。工作原理是通过由电抗器或电阻构成的过渡电路限流，把负荷电流由一个分接头切换到另一个分接头上去，从而实现有载调压。目前主要采用电阻型有载分接开关。有载分接开关电路由过渡电路、选择电路和调压电路三部分组成。

三、配电变压器铭牌及其技术参数

配电变压器在规定的使用环境和运行条件下，主要技术数据标注在变压器铭牌中，并将铭牌固定在明显可见的位置上。其主要技术数据包括相数、额定频率、额定容量、额定电压、额定电流、阻抗电压、负载损耗、空载电流、空载损耗和联结组别等。

（1）相数：变压器分为单相、三相两种。

（2）额定频率：指变压器设计时所规定的运行频率，用 f_N 表示，单位赫兹（Hz）。我国规定额定频率为 50Hz。

（3）额定容量：指变压器额定（额定电压、额定电流、额定使用条件）工作状态下的输出功率，用视在功率表示。符号为 S_N 表示，单位为千伏安（kVA）或伏安（VA）。

单相变压器　　　　　　　　　　　　　$S_N = U_N I_N$

三相变压器　　　　　　　　　　$S_N=\sqrt{3}\,U_N\times I_N$

（4）额定电压：指单相或三相变压器出线端子之间，指定施加的（或空载时感应出的）电压值，用 U_N 表示，单位为千伏（kV）或伏（V）。指定施加的电压为一次额定电压，用 U_{N1} 表示，空载时感应出的电压为二次额定电压，用 U_{N2} 表示。

单相变压器　　　　　　　　　　$U_N=S_N/I_N$

三相变压器　　　　　　　　　　$U_N=S_N/\sqrt{3}\,I_N$

（5）变比指变压器高压侧绕组与低压侧绕组匝数之比，可用高压侧与低压侧额定电压之比表示，即 U_{N1}/U_{N2}。

（6）额定电流指在额定容量和允许温升条件下，流过变压器一、二次绕组出线端子的电流，用 I_N 表示，单位千安（kA）或安培（A）。流过变压器一次绕组出线端子的电流，用 I_{N1} 表示；流过变压器二次绕组出线端子的电流，用 I_{N2} 表示。

单相变压器　　　　　　　　　　$I_N=S_N/U_N$

三相变压器　　　　　　　　　　$I_N=S_N/\sqrt{3}\,U_N$

（7）负载损耗也叫短路损耗、铜损，是指当带分接的绕组接在其主分接位置上并接入额定频率的电压，另一侧绕组的出线端子短路，流过绕组出线端子的电流为额定电流时，变压器所消耗的有功功率，用 P_K 表示。单位为瓦（W）或千瓦（kW）。负载损耗的大小取决于绕组的材质等，运行中的负载损耗大小随负荷的变化而变化。

（8）空载电流指变压器空载运行时的电流，即当以额定频率的额定电压施加于一侧绕组的端子上，另一侧绕组开路时，流过进线端子的电流，用 I_0 表示。通常用空载电流占额定电流的百分数表示，即 $I_0\%=(I_0/I_N)\times100\%$。变压器容量越大，其值越小。

（9）空载损耗也叫铁损，指当以额定频率的额定电压施加于一侧绕组的端子上，另一侧绕组出线开路时，变压器所吸取的有功功率，用 P_0 表示，单位为瓦（W）或千瓦（kW）。空载损耗主要为铁芯中磁滞损耗和涡流损耗，其值大小与铁芯材质、制作工艺密切相关，一般认为一台变压器的空载损耗不会随负荷大小的变化而变化。

（10）联结组别，具体内容在下述文字中介绍。

（11）冷却方式，指绕组及油箱内外的冷却介质和循环方式。

（12）温升，指所考虑部位的温度与外部冷却介质温度之差。对于空气冷却变压器是指所考虑部位的温度与冷却空气温度之差。

四、配电变压器联结组别

（1）单相变压器高、低压绕组中同时产生感应电动势，在任何瞬间，两绕组中同时具有相同电动势极性的端子，称为同极性端（或同名端）。也就是当一次绕组的某一端的瞬时电位为正时，二次绕组也同时有一个电位为正的对应端子，这两个对应端子就称为同极性端。同理，一次、二次绕组余下另两个端子也称为同极性端。通常两绕组采取同极性标志端，接线组标号为 Iin，如图 5-3-3 所示。由于需求及变压器

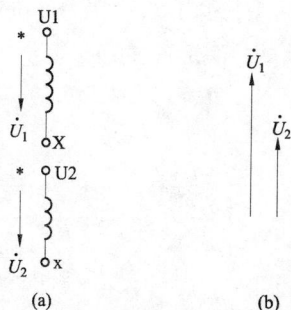

图 5-3-3　单相变压器 Iin 接线组
（a）Ii 绕组电路图；（b）相电压相量图

容量不同，铁芯采用壳式或芯式，绕组采用一组线圈或两组线圈，采用两组线圈时多采取并联连接。

（2）三相变压器绕组连接方式主要有星形、三角形两种，联结组别也称联结组标号，通常联结组标号用时钟表示法表示。把变压器高压侧的线电压相量作为时钟的长针（分针），并固定在 0 点钟的位置上，把低压侧相对应的线电压相量作为时钟的短针（时针），短针指在几点钟的位置上，就以此钟点数作为连接组标号。常用三相配电变压器的连接组标号有 Yyn0，Dyn11 两种。

1）星形接线，是将三相绕组的末端（或首端）连接在一起形成中性点，另外 3 个线端为引出端线，低压侧有中性线引出时用 n 表示，Yyn0 联结组别如图 5-3-4 所示。

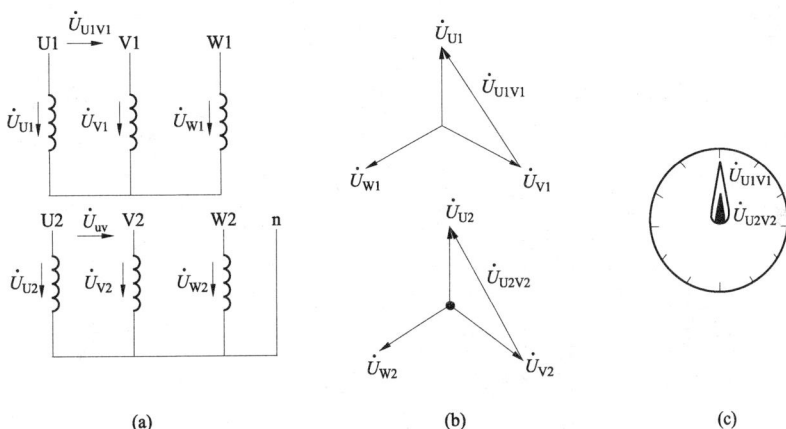

图 5-3-4 Yyn0 联结组别

（a）绕组接线图；（b）电压相量图；（c）时钟表示法

2）三角形接线，用△表示，是将一相绕组首端与另一相绕组的末端连接在一起，在连接处引出端线。通常在绕组接线图中，由一个绕组的首端向另一个绕组的末端巡行时，采用连接线的走向自左向右，即左行△接线，Dyn11 联结组别如图 5-3-5 所示。

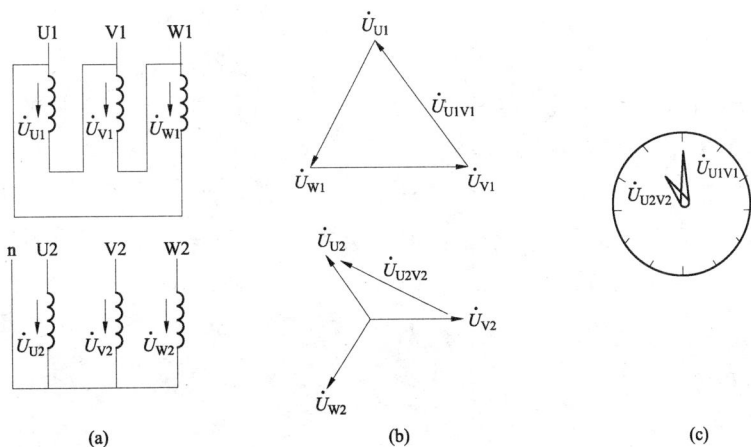

图 5-3-5 Dyn11 联结组别

（a）绕组接线图；（b）电压相量图；（c）时钟表示法

思考与练习

1. 简述变压器的简单工作原理。
2. 变压器的基本组成是什么？
3. 变压器分接开关的作用是什么？
4. 什么是额定变压比？
5. 简述调压装置的工作原理及作用。

模块 4　高压熔断器（GDSTY05004）

模块描述

本模块包含 10kV 跌落式熔断器的用途、结构、动作原理、电流特性、技术参数和使用要求等内容。通过概念描述、术语说明、结构介绍、原理分析、特点对比、图解示意，掌握熔断器基础知识。

模块内容

一、熔断器的用途

10kV 跌落式熔断器一般安装在柱上配电变压器高压侧，用以保护 10kV 架空配电线路不受配电变压器故障影响。也有农村、山区的长线路在变电站继电保护达不到的线路末段或线路分支处安装跌落式熔断器进行保护的。安装在农村、山区长线路上的跌落式熔断器可采用负荷熔断器（带消弧栅型），如 RW10–10F 型熔断器，如图 5-4-1 所示，上端装有灭弧室和弧触头，具备带电操作分合闸的能力，能达到分合 10kV 线路 100A，开断短路电流 11.55kA。

二、熔断器的结构

跌落式熔断器一般由绝缘子、上下接触导电系统和熔管等构成。安装熔丝、熔管时，用熔丝将熔管上的弹簧支架绷紧，将熔管推上，熔管在上静触头的压力下处于合闸位置。跌落式熔断器应有良好的机械稳定性，一般的跌落式熔断器应能承受 200 次连续合分操作，负荷熔断器应能承受 300 次连续合分操作。

目前常用的跌落式熔断器型号有 RW10–10F 型（可选择带或不带消弧栅型）和 RW11–10型（如图 5-4-2 所示）。两种型号各有其特点，前者构造主要利用圈簧的弹力压紧触头，而后者主要利用片簧的弹力压紧触头。两种型号跌落式熔断器的熔管及上下接触导电系统结构尺寸略有不同，为保证事故处理时熔管、熔丝的互换性，减少事故处理备件数量，一个维护区域宜固定使用一种型号跌落式。

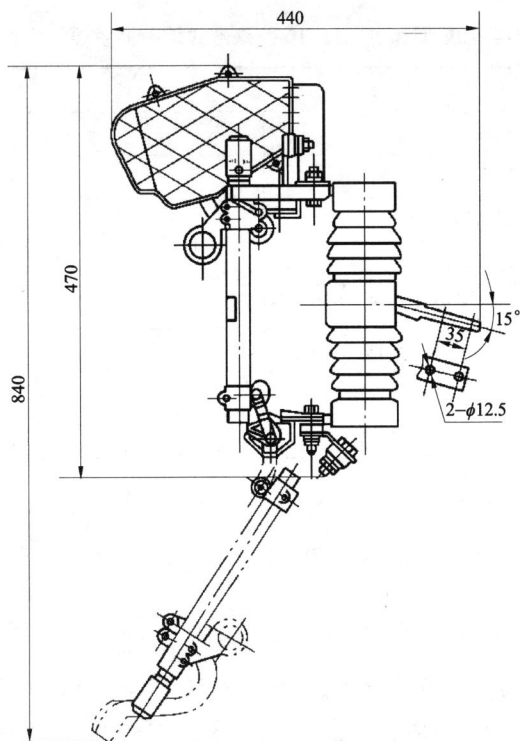

图 5-4-1 10kV 跌落式熔断器（单位：mm）

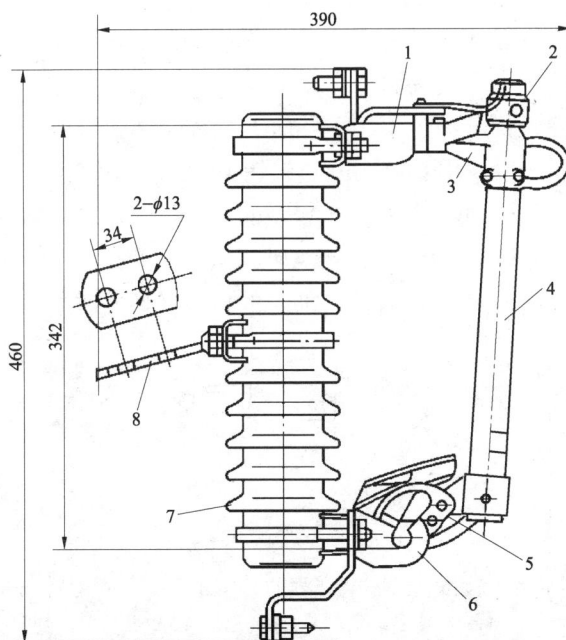

图 5-4-2 10kV 跌落式熔断器（RW10-10F 型）（RW11-10 型）（单位：mm）

1—上静触头；2—释压帽；3—上动触头；4—熔管；5—上动触头；6—下支座；7—绝缘子；8—安装板

RW10-10F 型和 RW11-10 型跌落式熔断器主要技术参数见表 5-4-1。

表 5–4–1　　　　RW10–10F 型和 RW11–10 型跌落式熔断器主要技术参数

项　目		数　值
额定电压（kV）		12
额定电流（A）		100、200
额定短路开断电流（kA）		6.3、12.5（带灭弧栅型）
雷电冲击耐压（相对地）（kV）		75
雷电冲击耐压（断口）（kV）		85
工频耐压（1min，kV）	相对地干试	42
	断口干试	48
	相对地湿试	34
泄漏比距（cm/kV）		普通型：2.5 防污型：3.3

为方便带电作业更换跌落式熔断器，RW10–10F 型跌落式熔断器在设计上引线接线端子采用固定螺母、螺栓可旋转带紧压线板的结构。

三、熔断器的动作原理

当过电流使熔丝熔断时，断口在熔管内产生电弧，熔管内衬的消弧管产气材料在电弧作用下产生高压力喷射气体，吹灭电弧。随后，弹簧支架迅速将熔丝从熔管内弹出，同时熔管在上、下弹性触头的推力和熔管自身重量的作用下迅速跌落，形成明显的隔离空间。

在熔管的上端还有一个释放压力帽，放置有一低熔点熔片。当开断大电流时，上端帽的薄熔片熔化形成双端排气；当开断小电流时，上端帽的薄熔片不动作，形成单端排气。

四、熔丝规格与时间——电流特性

与 10kV 跌落式熔断器配套使用的熔丝有 T 型和 K 型两种规格，熔丝的外形尺寸如图 5–4–3 所示。熔体材料一般采用 CuZnSn（铜锌锡）合金。T 型熔丝的熔化速率较高，$SR=10\sim13$，而 K 型熔丝的熔化速率较低，$SR=6\sim8$（SR 的定义为熔体在 0.1s 时的电流 $I_{0.1s}$ 与在 300s 时的电流 I_{300s} 的比值，即 $SR=I_{0.1s}/I_{300s}$）。熔丝应能承受的静拉力不小于 50N，当熔丝采用低熔点合金时，在热态受力情况下，应有防止伸长的措施（如并联细钢丝）。

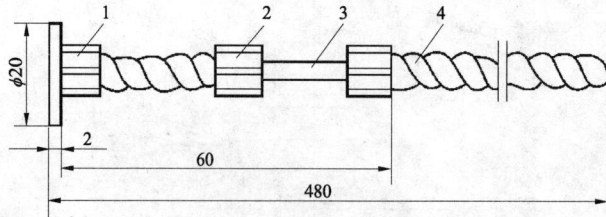

图 5–4–3　喷射式跌落式熔断器的熔丝外形尺寸（单位：mm）
1—纽扣帽；2—铜夹子；3—熔体；4—铜辫子线

五、熔断器的使用要求

（1）熔管一般采用内置消弧管（铜纸管）的环氧玻璃布管制成。熔断器应配置专用的纽扣式熔丝，熔管上端应封闭，以防止进雨水而使熔管内衬的钢纸管受潮失效。有的跌落式熔断器（如 RW11-10 型跌落式熔断器）为保证可靠熄灭过载电流电弧，在熔丝上还套有小直径的辅助熄弧钢纸管，以保证对过负荷小电流（如开断 15A）也能可靠灭弧。

（2）当跌落式熔断器的隔离断口与熔管上下导电触头尺寸不配套时，反复操作推合熔管有可能对腰部瓷绝缘体造成损伤裂纹或断裂。跌落式熔断器安装支架可采用外箍式或胶装式，采用胶装式应选配好胶装混凝土等材料。

（3）当熔管或熔丝配置不合适或安装不牢固时，有可能发生单相掉管，对无缺相保护的电动机可能造成影响。如果掉管时负荷电流过大，还有可能造成拉弧引发相间短路故障。

思考与练习

1. 简述熔断器的用途。
2. 简述熔断器的基本结构。
3. 简述熔断器的工作原理。
4. 简述熔断器的使用要求。

模块 5　避雷器（GDSTY05005）

模块描述

本模块包含氧化锌避雷器和阀型避雷器的结构、工作原理和主要电气参数等内容。通过概念描述、术语说明、结构介绍、原理分析、特点对比、图解示意，掌握避雷器基础知识。

模块内容

避雷器是连接在电力线路和大地之间，使雷云向大地放电，从而保护电气设备的器具。当雷电过电压或操作过电压来到时，使其急速向大地放电。当电压降到发电机、变压器或线路的正常电压时，则停止放电，以防止正常电流向大地流通。

一、金属氧化物避雷器

金属氧化物避雷器（又称氧化锌避雷器）一般可分为无间隙和有串联间隙两类。由于无间隙氧化锌避雷器使用越来越广泛，并且取得了很好的运行效果，而有串联间隙的氧化锌避雷器未发挥出氧化锌避雷器的优异性能，其结构又类似于阀型避雷器，故在此主要介绍无间隙氧化锌避雷器。

1. 结构

10kV 无间隙硅橡胶外套氧化锌避雷器结构如图 5-5-1 所示。电阻片采用氧化锌为基体，掺入少量其他氧化物，在 1100～1350℃高温下熔烧结成阀饼，若干阀饼叠装成柱，两端安装金属端子，然后用绝缘带滚胶缠绕制成芯棒。该工艺有利于避免芯棒内存空气，引发局部放电，造成避雷器损坏。芯棒干燥后，对其外部进行机加工整形，涂覆偶联剂放置真空浇注机

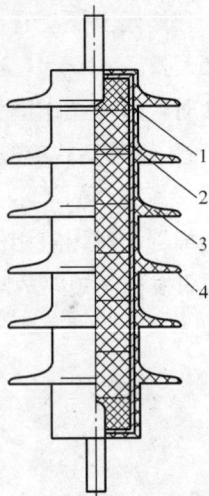

图 5-5-1 10kV 无间隙硅橡胶
外套氧化锌避雷器

1—金属电极；2—氧化锌电阻片；
3—环氧玻璃纤维包封层；4—硅橡胶外套

内，热压浇注硅橡胶外壳成型。棒芯也有采用将阀饼叠装进绝缘筒后，热压浇注硅橡胶外壳成型的。

氧化锌避雷器阀片具有优异的非线性电压—电流特性，高电压导通，而低电压不导通，不需要串联间隙，可避免传统避雷器因火花间隙放电特性变化而带来的缺点。氧化锌避雷器具有保护特性好、吸收过电压能量大、结构简单等特点。

氧化锌避雷器在冲击过电压下动作后，没有工频续流通过，故不存在灭弧问题，保护水平只由氧化锌阀片的残压决定，避免了间隙放电特性变化的影响；另一方面，由于没有串联间隙的绝缘隔离，氧化锌阀片不仅要承受雷电过电压、操作过电压，还要承受工频过电压和持续运行正常相电压（含发生线路单相接地故障时、健全相电压异常升高），在这些电压作用下，氧化锌阀片的特性将会劣化。此外，由于在小电流区域内，氧化锌阀片的电阻温度系数为负值，运行中吸收过电压能量后，所引起的温升可能会导致避雷器热稳定的破坏。氧化锌避雷器的这些特点，使得它与传统的阀型有间隙的碳化硅避雷器相比，电气性能、技术参数和试验方法有所不同，在使用中需加以注意。

2. 主要电气参数

（1）额定电压。无间隙氧化锌避雷器的额定电压为系统施加到其两端子间的最大允许工频电压有效值，它不等于系统的标称电压。如 10kV 电网中性点不接地或经消弧线圈接地的系统所采用的无间隙氧化锌避雷器的额定电压为 17kV。

（2）持续运行电压。无间隙氧化锌避雷器的持续运行电压为允许持久地施加在氧化锌避雷器端子间的工频电压有效值。

（3）冲击电流残压。包括陡波冲击电流残压、雷击冲击电流残压和操作冲击电流残压。

（4）直流 1mA 参考电压是避雷器在通过直流 1mA 时测出的避雷器上的电压。

3. 应用

在安装无间隙氧化锌避雷器时，应考虑系统中性点的接地方式，以及与被保护设备的配合。长期放置后安装或带电安装，应先进行直流 1mA 参考电压试验或进行绝缘电阻的测量，对 10kV 避雷器用 2500V 绝缘电阻表测量，绝缘电阻应不低于 1000MΩ，合格后方可安装。

二、阀型避雷器

1. 结构

阀型避雷器主要由瓷套、火花间隙和阀型电阻片组成，其外形结构如图 5-5-2 所示，阀型避雷器的优点是运行经验成熟，缺点是密封不严，易受潮失效，甚至引发爆炸。

2. 工作原理

在正常情况下，火花间隙有足够的绝缘强度，不会被正常工作电压击穿，如图 5-5-3 所示；当有雷电过电压时，火花间隙就被击穿放电。雷电压作用在阀型电阻上，电阻值会变得很小，把雷电流汇入大地。之后，作用在阀型电阻上的电压为正常的工作电压时，电阻值变得很大，限制工频电流通过，因此线路又恢复了正常对地绝缘。

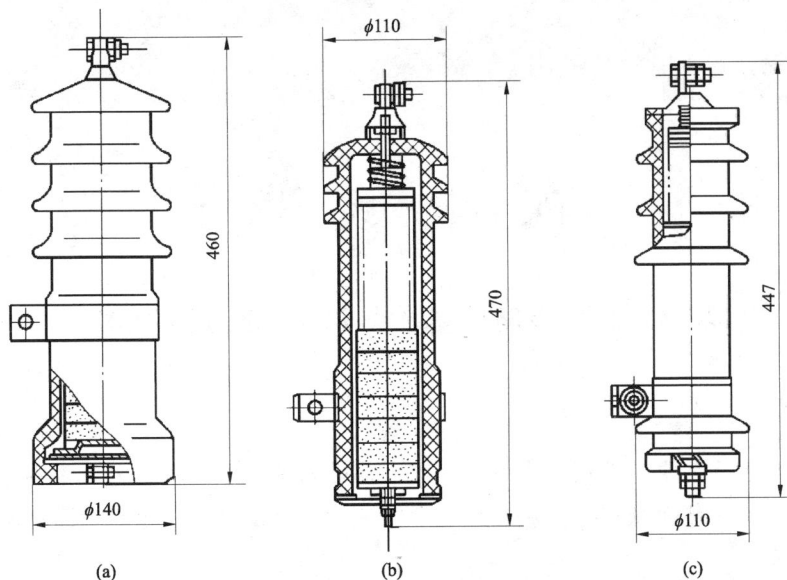

图 5-5-2　10kV 阀型避雷器外形结构图（单位：mm）
（a）FS2-10 型；（b）FS3-10 型；（c）FS4-10 型

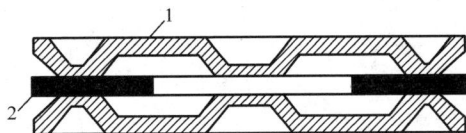

图 5-5-3　阀型避雷器的单位火花间隙
1—电极；2—云母绝缘片

3. 主要电气参数

（1）避雷器额定电压。避雷器能够可靠地工作并能完成预期动作的负荷试验的最大允许工频电压，称为避雷器的额定电压。

（2）工频放电电压。这是与火花间隙的结构、工艺水平有关的参数，具有一定的分散性，一般将工频放电电压平均值的±（7%~10%）规定为其上限。

（3）冲击放电电压和冲击电流残压。是供绝缘配合计算用的重要数据。选取标准冲击放电电压和标称放电电流残压中的一个最大者作为避雷器的保护水平。保护水平与避雷器额定电压（峰值）之比称为保护比，它是避雷器保护特性的一个指标，其值越低，保护性能越优越。

思考与练习

1. 简述避雷器的用途。
2. 简述避雷器的基本结构。
3. 简述避雷器的工作原理。
4. 什么是保护比，如何通过保护比来判断避雷器保护性能的优劣？

第6章

配 电 线 路

模块 1　配电线路的基本知识（GDSTY06001）

模块描述

　　本模块包含配电线路的基本结构、配电线路的基本组成及配电线路各部件的作用等内容。通过概念描述、结构介绍、原理分析、特点对比、图解示意，掌握配电线路基础知识。

模块内容

一、配电线路的基本结构

1. 配电线路的分类

按照电力网的性质及其在电力系统中的作用和功能区别，我国将电压等级划分为输电电压与配电电压两大类。其中输电电压主要有：

（1）高压输电电压：220、330kV。

（2）超高压输电电压：500、750kV。

（3）特高压输电电压：1000kV 及以上的交流电压或±800kV 及以上的直流电压。

根据 DL/T 5729—2016《配电网规划设计技术导则》规定，配电网电压分别为：

（1）高压配电电压：35～110kV。

（2）中压配电电压：10（20、6）kV。

（3）低压配电电压：380/220V。

根据上述电压的划分，输电线路是以传输电能为工作目的的电力线路；配电线路则是以分配电能为工作目的的电力线路。其中：

（1）高压配电线路，主要用于区域内的电能分配，其线路主要在 35、110kV 变电站之间进行电能的分配传送。

（2）中压配电线路，主要用于小区域内的电能分配，其线路主要在 35kV 变电站与 10kV 变台、箱式变压器之间进行电能的分配传送。

（3）低压配电线路，主要用于直接对用电设备的电能分配，其线路主要实现 10kV 变台、箱式变压器与低压用户用电设备的连接，从而达到电能分配的目的。

2. 架空配电线路的基本要求

（1）电网的额定电压。能使电力设备正常工作的电压叫额定电压。各种电力设备，在额定电压下运行，其技术性能和经济效果最好。电力线路的正常工作电压，应该与线路直接相连的电力设备额定电压相等。但由于线路中有电压降或电压损耗存在，所以线路末端电压比首端要低，沿线各点电压也不相等，而电力设备的生产必须是标准化的，不可能随线路压降而变。为使设备端电压与电网额定电压尽可能接近，取 $U_N=(U_1+U_2)/2$ 为电网的额定电压。其中 U_1、U_2 分别为电网首末端电压。

（2）对配电线路的要求。

1）保证供电可靠性。为用户提供可靠的电力、实行不间断供电，这是衡量现代电力系统和现代化电网的第一质量指标。为提高电力系统的供电可靠率，必须采取以下措施：

a. 采用优质、运行安全、性能稳定，在使用期不检修或少检修的电气设备。

b. 采用具有多次重合功能的重合器和线路分段器，以缩小停电面积和减少停电时间。

c. 改革现行的管理制度和管理方法，其中包括检修制度、清扫制度、登检制度和试验制度等，同时还要加强可靠性统计和可靠性管理。

2）保证良好的电能质量。所谓电能质量是指电压、频率、波形变化率的各项指标。

a. 电压变化率。电压变化率是衡量电网对负荷吞吐能力的一项指标。当系统的负荷变化时，过大的电压变化，将会导致运行在系统中的电气设备偏离其额定电压很大，使其运行特性劣化，导致损耗增加。我国规定的允许电压偏移标准为：

（a）35kV 及以上用户为±5%；

（b）10kV 及以下用户和低压电力用户为±7%；

（c）低压照明用户为+7%～−10%。

b. 频率变化。频率是电力系统运行稳定性的质量指标，过大的频率变化，将会导致系统稳定性下降，甚至会造成系统的瓦解。同时，频率降低时，会引起电动机转速降低，乃至引起其拖动的生产机械的效率下降。我国电力系统的频率标准是 50Hz，其偏差值要求对于 300 万 kW 及以上的系统不得超过±0.2Hz，300 万 kW 以下的系统不得超过±0.5Hz。

c. 波形的变化。近代电力系统中引入了大量的整流负荷，诸如电弧炉、电解炉、晶闸管控制的电动机等。这些设备形成了各种高次谐波源，向系统输送大量的高次谐波。高次谐波不但会使电源电压的正弦波发生畸变，而且还会导致计量仪表产生较大的误差，使计量不准确，发生大量丢失电量的现象。因此，相关规程中要求系统中任一高次谐波的瞬时值不得超过同相基波电压瞬时值的 5%。

除此之外，还要求配电线路的运行必须经济，在保证对负荷正常供电的前提下，线路的运行成本最低。

二、配电线路的基本组成及各元件的作用

架空配电线路主要由基础（卡盘、底盘、拉盘）、架空地线、导线、电杆、横担、拉线、绝缘子和线路金具及等元件组成。

1. 导线

（1）低压架空配电线路导线。

1）导线的主要作用及基本要求。导线是架空线路的主要元件之一，配电线路中的导线担负着向用户分配传送电能的作用。因此，要求导线应具备良好的导电性能以保证有效的传导电流，另外还要保证导线能够承受自身的重量和经受风雨、冰、雪等外力的作用，同时还应具有抵御周围空气所含化学杂质侵蚀的性能。所以用于低压架空电力线路的导线要有足够的机械强度，较高的导电率和抗腐蚀能力，并且应尽可能的质轻、价廉。

2）导线材料的基本物理特性。导线常用的材料一般是铜、铝、钢和铝合金等。这些材料的物理特性见表 6-1-1。

表 6-1-1 　　　　　　　　　　　导线材料的物理特性

材　料	20℃时的电阻率（Ω·mm²/m）	密度（g/cm³）	抗拉强度（N/mm²）	抗化学腐蚀能力及其他
铜	0.0182	8.9	390	表面易形成氧化膜，抗腐蚀能力强
铝	0.029	2.7	160	表面氧化膜可防继续氧化，但易受酸碱腐蚀
钢	0.103	7.85	1200	在空气中易锈蚀，须镀锌
铝合金	0.0339	2.7	300	抗化学腐蚀性能好，受振动时易损坏

由表 6-1-1 可见，这些材料中，铜是比较理想的导线材料，它导电性能好，机械强度高，耐腐蚀性能强。当能量损耗、电压损耗相同时，铜导线截面比其他金属导线截面都小，并且又有良好的机械强度和抗腐蚀性能。但由于铜的质量大，价格较贵，产量较少，而其他工业需求量大，所以架空电力线路的导线多采用铝线或钢芯铝绞线，一般都不采用铜线。

3）导线的型号。架空线路导线的型号是用导线材料、结构和载流截面积三部分表示的。导线的材料和结构用汉语拼音字母表示。如：T—铜，L—铝，G—钢，J—多股绞线，TJ—铜绞线，LJ—铝绞线，GJ—钢绞线，HLJ—铝合金绞线，LGJ—钢芯铝绞线。

（2）导线在电杆上的排列方式。

1）导线的排列方式。高压架空配电线路一般采用三角形排列或水平排列，大多采用三角形排列；低压架空线路一般采用水平排列；多回路导线可采用三角形排列、水平排列或垂直排列。

2）三相导线排列的次序。三相导线排列的次序为：面向负荷侧从左至右，高压配电线路为 A、B、C 相，低压配电线路为 A、N、B、C 相。当电压等级不同的电力线路进行同杆架设时，通常要求将电压较高的线路架设在上层，电压较低的架设在下层，并尽可能使三相导线的位置对称。分相敷设的低压绝缘线宜采用水平排列或垂直排列。

（3）线路档距及导线间的距离。根据 DL/T 499—2001《农村低压电力技术规程》的规定，结合农村低压配电线路的特点，线路所经区域及导线所用材料的不同，对线路档距和导线间距的要求也不同。

1）线路档距。农村低压架空配电线路档距的大小，可参照表 6-1-2 所规定的数值进行设置。农村架空绝缘线路的档距不宜大于 50m，其中 10kV 架空绝缘线路的耐张段长度不宜大于 1km。

表 6-1-2 　　　　　　　　　 农村低压架空配电线路的档距

导 线 类 型	档 距（m）				
铝绞线、钢芯铝绞线	集镇和村庄	40～50	田间	40～60
架空绝缘电线	一般	30～40	最大	不应超过 50

一般架空配电线路的档距见表 6-1-3。为确保导线的受力平衡，应力求导线弛度一致，弛度误差不得超过设计值的-5%或+10%，一般档距导线弛度相差不应超过 50mm。

表 6-1-3 　　　　　　　　　　 架空配电线路的档距

线路电压等级	线路所经地区（m）	
	城 区	郊 区
高 压（1～10kV）	40～50	60～100
低 压（1kV 以下）	40～50	40～60

2）导线间距。

a. 导线水平线间距离。低压架空配电线路导线的线间距离，在无设计规定的条件下，通常是根据运行经验按线路的档距大小来确定。在一般情况下导线间的水平距离应不小于表 6-1-4 中所列数值。

表 6-1-4 　　　　　　 低压架空配电线路不同档距时最小线间距离

档距（m）	40 及以下		50		60	70
导线类型	铝绞线	绝缘线	铝绞线	绝缘线	铝绞线	
线间距离（m）	0.4	0.3	0.4	0.35	0.5	

根据 DL/T 499—2001《农村低压电力技术规程》的规定，农村低压架空配电线路导线间的水平距离应不小于表 6-1-5 规定的要求。

表 6-1-5 　　　　　　 农村低压架空配电线路导线的最小水平距离

导线类型	导线的水平间距离			
	档距 40m 及以下	档距 40～50m	档距 50～60m	靠近电杆处
铝绞线或钢芯铝绞线	0.4	0.4	0.45	不应小于 0.5
架空绝缘电线	0.3	0.35	—	0.4

10kV 绝缘配电线路的线间距离应不小于 0.4m，采用绝缘支架紧凑型架设不应小于 0.25m。

b. 导线的垂直及导线与其他构件的净空距离。当低压线路与高压线路同杆架设时，横担间的垂直距离：直线杆不应小于 1.2m；分支和转角杆不应小于 1.0m。沿建筑物架设的低压绝缘线，支持点间的距离不宜大于 6m。

导线过引线、引下线对电杆构件、拉线、电杆间的净空距离：1～10kV 不应小于 0.2m，1kV 以下不应小于 0.05m。

每相导线过引线、引下线对邻相导体、过引线、引下线的净空距离的大小：1～10kV 不应小于 0.3m，1kV 以下不应小于 0.15m。

同杆架设的中、低压绝缘线路横担之间的最小垂直距离和导线支承点间的最小水平距离见表 6-1-6。

表 6-1-6　　　　同杆架设的绝缘线路横担之间的最小垂直距离和
导线支承点间的最小水平距离

类　别	中压与中压	中压与低压	低压与低压
水平距离（m）	0.5	—	0.3
垂直距离（m）	0.5	1.0	0.3

2. 电杆

电杆是架空配电线路中的基本设备之一，电杆在架空配电线路中用于支持横担、导线、绝缘子等元件，使导线对地面和其他交叉跨越物保持足够的安全距离的主要构件。按所用材质的不同，用于低压架空配电线路的电杆有水泥杆和金属杆两种。自完成农网改造以后，农村低压架空线路多采用的是钢筋混凝土电杆（简称水泥电杆）。钢筋混凝土电杆，有使用寿命长、维护工作量小等优点，使用较为广泛。

（1）钢筋混凝土电杆的基本结构。目前，在配电线路中广泛使用的钢筋混凝土电杆，一般是环形断面、空心圆柱式，采用离心法浇注而成。结构如图 6-1-1 所示。

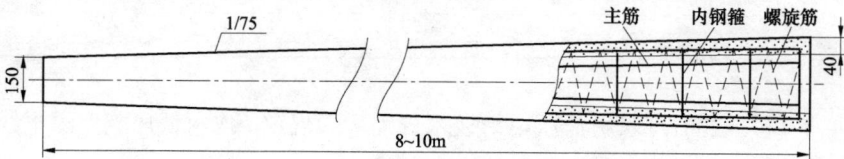

图 6-1-1　钢筋混凝土电杆结构示意图

钢筋混凝土电杆通常有等径杆和拔梢杆两种。其中，农村低压架空线路较多地采用梢径为 190mm，拔梢度为 1/75 的水泥电杆。这种电杆的壁厚 40mm，钢筋保护层的最小厚度应不小于 10mm，混凝土标号不得低于 C40（混凝土强度为 40N/mm²）。

（2）电杆的种类。电杆按其在线路中的用途可分为直线杆、耐张杆、转角杆、分支杆、终端杆和跨越杆等。

1）直线杆，又称中间杆或过线杆。用在线路的直线部分，主要承受导线重量及线路覆冰的重量和侧面风力，故杆顶结构较简单，一般不装拉线。

2）耐张杆，为限制倒杆或断线的事故范围，需把线路的直线部分划分为若干耐张段，在耐张段的两侧安装耐张杆。耐张杆除承受导线重量和侧面风力外，还要承受邻档导线拉力差所引起的沿线路方面的拉力。为平衡此拉力，通常在其前后方各装一根拉线。

3）转角杆，用在线路改变方向的地方。转角杆的结构随线路转角不同而不同：转角在

112

15°以内时，可仍用原横担承担转角合力；转角在 15°～30°时，可用两根横担，在转角合力的反方向装一根拉线；转角在 30°～45°时，除用双横担外，两侧导线应用跳线连接，在导线拉力反方向各装一根拉线；转角在 45°～90°时，用两对横担构成双层，两侧导线用跳线连接，同时在导线拉力反方向各装一根拉线。

4）分支杆，设在分支线路连接处，在分支杆上应装拉线，用来平衡分支线拉力。分支杆结构可分为丁字分支和十字分支两种：丁字分支是在横担下方增设一层双横担，以耐张方式引出分支线；十字分支是在原横担下方设两根互成 90°的横担，然后引出分支线。

5）终端杆，设在线路的起点和终点处，承受导线的单方向拉力，为平衡此拉力，需在导线的反方向装拉线。

（3）电杆荷载。电杆在运行中要承受导线、金具、风力所产生的拉力、压力、弯力、剪力的作用，这些作用力称为电杆的荷载。一般情况下电杆的荷载主要分为下列几种：

1）垂直荷载，由导线、绝缘子、金具、覆冰以及检修人员和工具及电杆的重量等垂直荷重在电杆竖直方向所引起的荷载。

2）水平荷载，主要是由导线、电杆所受风压以及转角等在电杆水平横向所引起的荷载。

3）顺线路方向的荷载。顺线路方向的荷载包括断线时所受张力，正常运行时所受到的不平衡张力，斜向风力、顺线路方向的风力等。

3. 横担

横担的作用是支持绝缘子、导线等设备，并使导线间保持一定电气安全距离，从而保证线路安全运行。配电线路常用的横担有角铁横担和瓷横担两种，目前农村低压配电线路的横担多采用热镀锌角铁横担及陶瓷横担，如图 6-1-2 所示。

（1）镀锌角铁横担。钢筋混凝土电杆一般多采用镀锌角铁制成的横担，其规格应根据线路电压等级和导线截面的具体规格通过计算确定而定，但农村低压配电线路中所用角铁横担的规格不应小于以下数值。

1）直线杆：一根 L50mm×50mm×5mm；

2）承力杆：两根 L50mm×50mm×5mm。

镀锌角铁横担如图 6-1-2（a）所示。

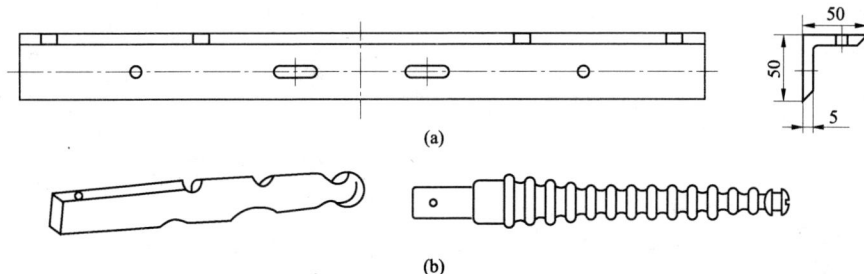

图 6-1-2　低压架空电力线路常用横担

（a）镀锌角铁横担；（b）瓷横担

（2）瓷横担。如图 6-1-2（b）所示，瓷横担具有良好的电气绝缘性能，可以同时起到横担及绝缘子的作用。瓷横担造价较低，耐雷水平较高，自然清洁效果好，事故率也低，可减少线路维护工作，在污秽地区使用，比针式绝缘子可靠。当线路发生断线时，瓷横担可以自动偏转，避免事故扩大；同时，瓷横担比较轻，便于施工、检修和带电作业。

（3）横担的支撑方式及要求。中、低压配电线路横担的支撑方式与导线的排列方式有关，常见的低压配电线路横担支撑方式如图 6-1-3 所示。

1）水平排列横担。在农村低压三相四线制及单相架空配电线路的横担通常采用水平排列方式，其中有单横担、双横担、多回路及分支线路的多层横担等，如图 6-1-3（a）所示。

单横担通常安装在电杆线路编号的大号（受电）侧；分支杆、转角杆及终端杆应装于拉线侧；30°及以下的转角担应与角平分线方向一致。另外，15°以下的转角杆采用单横担；15°~45°的转角杆采用双横担；45°以上的转角杆采用十字横担。

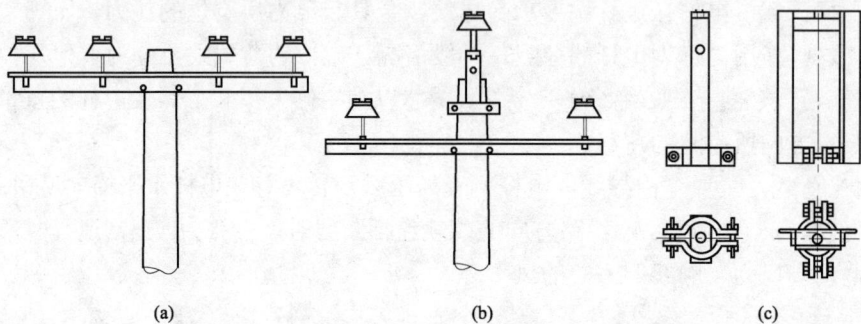

图 6-1-3 低压架空电力线路常用横担排列方式示意图
（a）水平排列横担；（b）三角形排列横担；（c）三角形排列横担顶铁

按规定，水平排列横担的安装应平整，端部上、下和左、右斜扭不得大于 20mm。低压配电线路采用水平排列时，横担与水泥杆顶部的距离为 200mm。同杆架设的双回路或多回路，横担间的垂直距离不应小于表 6-1-7 所列数值。

表 6-1-7 同杆架设线路横担间的最小垂直距离 （m）

导线排列方式	直线杆	分支或转角杆
高压线与高压线	0.80	0.45（距上横担）
		0.60（距下横担）
高压线与低压线	1.20	1.00
低压线与低压线	0.60	0.30

2）三角形排列方式。如图 6-1-3（b）所示为三角形排列的横担安装方式，主要用于三相三线制架空电力线路。采用三角形排列时，电杆头部应安装头铁。头铁的结构根据电压等级、电杆位置的要求有所不同。如图 6-1-3（c）所示为两种较为典型的横担顶铁。

4．绝缘子

绝缘子是架空电力线路的主要元件之一，通常用于保持导线与杆塔间的绝缘。用于电力线路中的绝缘子通常有陶瓷绝缘子、玻璃钢绝缘子和合成绝缘子等。中、低压配电线路中所用绝缘子主要是陶瓷绝缘子和合成绝缘子。陶瓷绝缘子简称绝缘子，俗称瓷瓶，内部结构如

图6-1-4所示。其中瓷体主要用于元件的绝缘，水泥在瓷体与钢件间起连接黏合作用，钢脚和钢帽用于与其他构件的连接。

（1）针式绝缘子又叫直瓶或立瓶，如图6-1-4（a）所示，用于直线杆。导线则用金属线绑扎在绝缘子顶部的槽中使之固定。

（2）蝶式绝缘子，又叫茶台，如图6-1-4（b）所示，它主要用在低压配电线路直线或耐张横担上固定绝缘导线。

（3）悬式绝缘子通常是由多片串联成绝缘子串，用于低压线路的耐张杆或10kV及以上线路的直线杆上，对导线起绝缘保护作用，其结构如图6-1-4（c）所示。

（4）拉线绝缘子，如图6-1-4（d）所示。安装拉线绝缘子的目的是为防止拉线在穿越或接近导线时，万一拉线发生带电造成人身触电事故而采取的绝缘措施。拉线绝缘子应安装在最低导线以下，且当拉线断开后距地面不应小于2.5m，且必须装设与线路等级相同的拉线绝缘子。

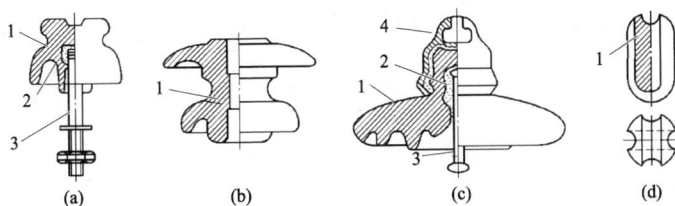

图6-1-4 陶瓷绝缘子的基本结构

（a）针式绝缘子；（b）蝶式绝缘子；（c）悬式绝缘子；（d）拉线绝缘子

1—瓷体；2—水泥；3—钢脚；4—钢帽

5. 金具

在架空配电线路中，用于电杆、横担、拉线及导线、绝缘子间的连接与固定的金属附件被称之为电力线路中的金具。配电线路中的金具通常有导线固定金具、横担固定金具、拉线金具、连接金具、接续金具。

（1）导线固定金具。导线固定金具主要包括悬垂线夹和耐张线夹两部分。

1）悬垂线夹。悬垂线夹用于将导线固定在绝缘子串上，并通过悬垂绝缘子与电杆的横担相连接。同时，悬垂线夹还具有对架空导线的保护功能，其基本结构如图6-1-5（a）所示。

2）耐张线夹。耐张线夹是将导线固定在非直线电杆的耐张绝缘子上，常用的有倒装式螺栓式耐张线夹，如图6-1-5（b）所示。

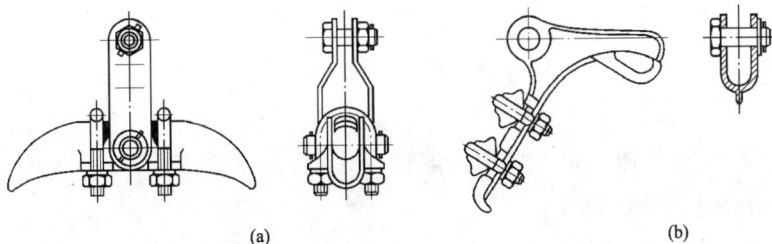

图6-1-5 悬垂线夹和耐张线夹结构图

（a）悬垂线夹；（b）螺栓式耐张线夹

（2）横担固定金具。横担固定金具主要用于电杆上导线横担的支撑固定，通常由角钢、扁钢等制作而成，经镀锌防腐处理。低压配电线路中常用的横担金具有横担抱箍、垫铁、撑铁、U形螺钉等。

（3）拉线金具。用于拉线支撑、调整、固定、连接的金属构件。

（4）连接金具。配电线路中的连接金具主要有下列几种。

1）球头挂环。球头挂环是用来连接球形绝缘子上端铁帽（碗头）的。根据使用条件的不同，分别用于圆形连接的 Q 形球头挂环如图 6-1-6（a）所示，专用于螺栓平面接触的 QP 形球头挂环，如图 6-1-6（b）所示。

2）碗头挂板。碗头挂板是用来连接球形绝缘子下端钢脚（球头）的，根据使用条件的不同，有单联碗头和双联碗头两种形式，如图 6-1-6（c）和图 6-1-6（d）所示。

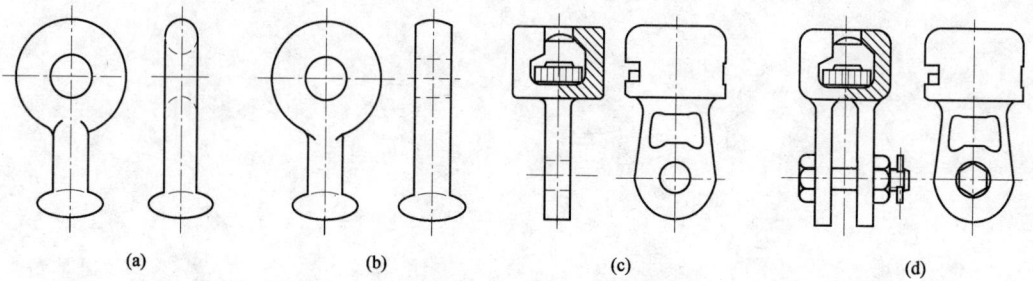

图 6-1-6 球头挂环和碗头挂板结构示意图
（a）Q 形球头挂环；（b）QP 形球头挂环；（c）单联碗头挂板；（d）双联碗头挂板

3）直角挂板。直角挂板是一种转向金具，可按使用要求去改变绝缘子串的连接方向。常用螺栓式直角挂板的形状如图 6-1-7（a）和图 6-1-7（b）所示。

4）平行挂板。平行挂板用于单板与单板、单板与双板的连接，也可用于连接槽形悬式绝缘子。平行挂板有三腿式和四腿式两种，形状如图 6-1-7（c）和图 6-1-7（d）所示。

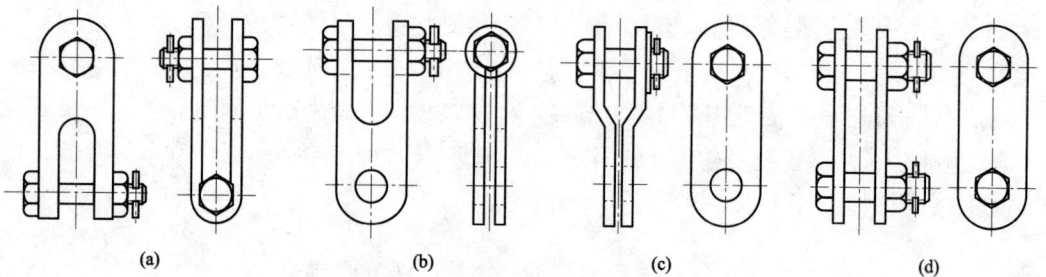

图 6-1-7 直角挂板和平行挂板的基本结构
（a）Z 形直角挂板；（b）ZS 形直角挂板；（c）PS 形平行挂板；（d）P 形平行挂板

5）直角挂环。直角挂环是专门用来连接悬式 X-4.5C 或 C-5 等型号的槽形绝缘子，其形状如图 6-1-8（a）所示。

6）U 形挂环。U 形挂环是一种最通用的金具，它可以单独使用，也可以几个一起组装起来使用，形状如图 6-1-8（b）所示。

（5）接续金具。接续金具主要用于架空线路的导线、非直线杆塔跳线的接续及导线补修等。常用的接续金具如下。

1）钳压管。中、低压配电线路中使用较多的钳压管有供中小截面的铝绞线及钢芯铝绞线用的两种。形状如图 6-1-9 所示。

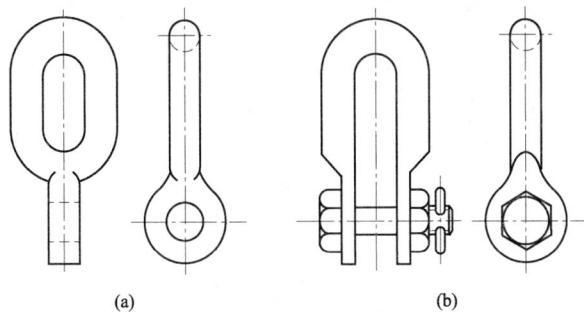

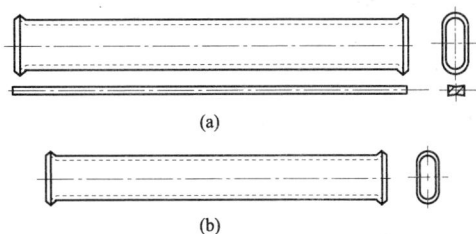

图 6-1-8　直角挂环和 U 形挂环的基本结构

（a）直角挂环；（b）U 形挂环

图 6-1-9　导线接续管的基本结构

（a）钢芯铝绞线钳压管；（b）铝绞线钳压管

2）并沟线夹。并沟线夹适用于在不承受拉力的部位接续，如在耐张杆塔的弓子线处连接导线用，如图 6-1-10 所示。

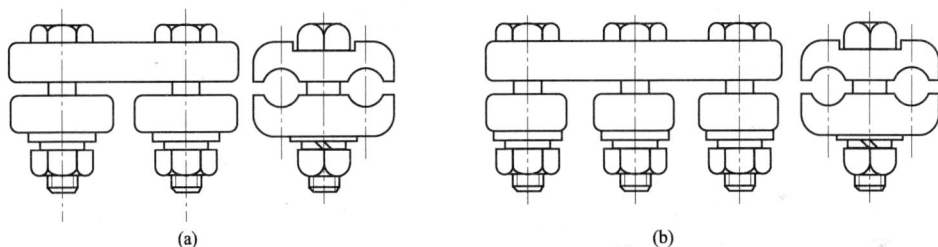

图 6-1-10　配电线路常用并沟线夹的基本结构

（a）铝绞线用并沟线夹；（b）钢芯铝绞线用并沟线夹

思考与练习

1. 配电线路的特点是什么，在电网中主要起什么作用？
2. 按电压等级的不同，配电线路通常划分为哪几个级别？
3. 配电线路通常主要由哪些元件构成，各部分分别有什么作用？
4. 配电线路常用金具通常分为哪几大类，各有什么特点？

模块 2　接地装置安装的基本知识（GDSTY06002）

模块描述

本模块包含接地装置安装施工流程、基本技术要求、验收规范等内容。通过概念描述、术语说明、要点归纳，掌握接地装置的安装。

模块内容

一、接地装置的安装施工

电力系统为了保证电气设备的可靠运行和人身安全，不论在发电、供电、配电都需要有符合规定的接地。接地装置的安装直接影响电气设备的运行安全和人身安全。

1. 接地体的埋设

（1）接地体的形式。

1）根据电气设备的种类及土壤电阻率的不同，接地体的形式一般有以下几种。

a. 放射形接地体：采用一条至数条接地带敷设在接地槽中，一般应用在土壤电阻率较小的地区。

b. 环状接地体：用扁钢围绕杆塔构成的环状接地体。

c. 混合接地体：由扁钢和钢管组成的接地体。

2）根据接地体的埋设方式，接地体有水平埋设接地体和垂直插入式接地体之分。

a. 水平接地体：该接地体水平的埋入地中，其长度和根数按接地电阻的要求确定。接地体的选择优先采用圆钢，直径不应小于 8mm。扁钢厚度不应小于 4mm，截面不小于 48mm²。热带地区应选择较大截面，干旱地区，选择较小截面。

b. 垂直接地体：该接地体是垂直打入地中，长度不宜小于 2m。截面按机械强度考虑，钢管壁厚不应小于 3.5mm，角钢厚度不应小于 4.0mm。

（2）接地体的埋设。进行接地体的埋设施工时，应根据接地装置的形式，并结合当地地形情况进行定位。在选择接地槽位置时，应尽量避开道路、地下管道及电缆等；进行地势的选择时，应避开接地体可能受到山水冲刷的地段，防止自然条件的侵害。

1）水平敷设接地体的埋设。应保证接地槽的深度符合设计要求，一般为 0.5～0.8m，可耕地应敷设在耕地深度以下，在使用机耕的农田中，接地体的埋深以不小于 0.8m 为宜；接地槽的开挖宽度以工作方便为原则，为了减少土方工程量，一般宽度为 0.3～0.4m。

接地槽底面应平整，不应有石块或其他影响接地体与土壤紧密接触的杂物。

接地体应平直，无明显弯曲；放射型接地体间不允许交叉，两相邻接地体间的最小水平距离应不小于 5m。倾斜地形应沿等高线敷设。

2）垂直接地体的埋设。采用垂直接地体时，应垂直打入，并与土壤保持良好接触。钢管的规格及打入土壤中的深度应符合设计要求。打管时应采用打管器，将接地体垂直打入地中并应防止其晃动，以免增加接地电阻。

2. 接地体埋设的注意事项

（1）在挖水平接地槽过程中，如遇大块石等障碍物可绕道避开，必须符合下列两条规定。

1）接地装置为环形者，改变后仍保持环形；

2）接地装置为放射形者，改变后仍保持放射形。

（2）铁带敷设之前应予以矫正，在直线段上不应有明显的弯曲，而且要立着敷设。

（3）在山区及土壤电阻率大的地区，尽量少用管型接地装置，而采用表面埋入式的接地装置。

（4）接地装置的连接应可靠。连接前，应清除连接部位的铁锈及其附着物。

（5）接地沟的回填宜选取无石块及其他杂物的泥土，并应夯实。在回填后的沟面应设有防沉层，其高度宜为100～300mm。

3. 接地引下线的基本安装要求

（1）接地引下线的规格、与接地体的连接方式应符合设计规定。

（2）接地引下线与接地体的连接，应便于解开测量接地电阻。

（3）杆塔的接地引下线应紧靠杆身，每隔一定距离与杆身固定一次。

（4）电气设备的接地引下线必须使用有效的金属连接（不允许以设备的外壳，电杆的构件等代替）。

二、接地装置的检查验收

接地体的埋设施工完成后，应按规定的要求进行接地装置的接地电阻测量。

1. 接地装置接地电阻的技术标准

根据DL/T 499—2001《农村低压电力技术规程》的要求，低压电气设备工作接地和保护接地的电阻（工频）在一年四季中均应符合规定的要求。具体要求如下：

（1）配电变压器低压侧中性点的工作接地电阻，一般不应大于4Ω。当配电变压器容量不大于100kVA时，接地电阻可不大于10Ω。

（2）非电能计量装置电流互感器的工作接地电阻，一般可不大于10Ω。

（3）如图6-2-1所示，在变压器低压侧中性点不接地或经高阻抗接地、所有受电设备的外露可导电部分用保护接地线（PE）单独接地的 IT 系统中装设的高压击穿熔断器的保护接地电阻，不宜大于4Ω，在高土壤电阻率的地区（沙土、多石土壤）保护接地电阻可允许不大于30Ω。

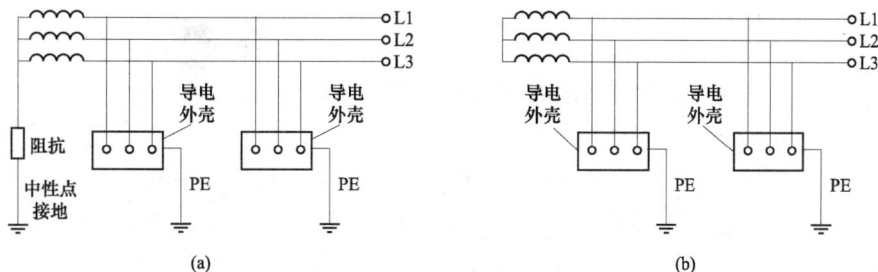

图 6-2-1 IT 系统接地方式
(a) 中性点经高阻抗接地；(b) 中性点不接地

（4）如图6-2-2所示，在变压器低压侧中性直接接地、系统的中性线（N）与保护线（PE）是合一的，且系统内所有受电设备的外露可导电部分用保护线（PE）与保护中性线（PEN）相连接的 TN-C 系统中保护中性线的重复接地电阻，当变压器容量不大于100kVA，且重复接地点不少于3处时，允许接地电阻不大于30Ω。

（5）如图6-2-3所示，在变压器低压侧中性点直接接地，系统内所有受电设备的外露可导电部分用保护接地线（PE）接至电气设备上与电力系统的接地点无直接关连接地极上的 TT

系统中，在满足剩余电流动作保护器的动作电流的情况下，受电设备外露可导电部分的保护接地电阻，可按式（6-2-1）确定

$$R_e \leq U_{lom}/I_{op} \tag{6-2-1}$$

式中　R_e——接地电阻，Ω；

　　　U_{lom}——通称电压极限，V，在正常情况下可按50V（交流有效值）考虑；

　　　I_{op}——剩余电流保护器的动作电流，A。

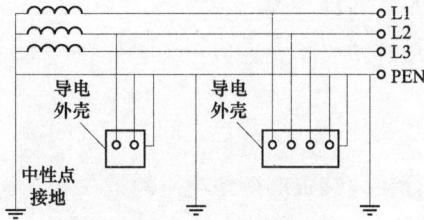

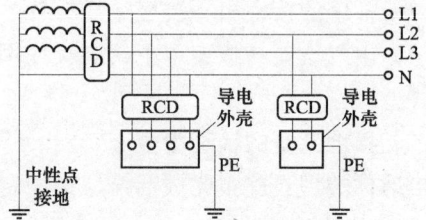

图6-2-2　TN-C系统接地方式　　　　图6-2-3　TT系统接地方式

（6）在IT系统中，受电设备外露可导电部分的保护接地电阻，必须满足

$$R_e \leq U_{lom}/I_k \tag{6-2-2}$$

式中　R_e——接地电阻，Ω；

　　　U_{lom}——通称电压极限，V，在正常情况下可按50V（交流有效值）考虑；

　　　I_k——相线与外露可导电部分之间发生阻抗可忽略不计的第一次故障电流，I_k值要计及泄漏电流，A。

（7）不同用途、不同电压的电力设备，除另有规定者外，可共用一个总接地体，接地电阻应符合其中最小值的要求。

2. 降低接地装置接地电阻的措施

在部分高土壤电阻率的地带，接地装置接地电阻达不到设计要求的情况下，为保证电气设备的运行安全，可采用如下措施达到降低接地装置接地电阻的目的。

（1）延伸水平接地体，扩大接地网面积。

（2）在接地坑内填充长效化学降阻剂，但不允许使用具有腐蚀性的盐类（如食盐）。

（3）如近旁有低土电阻率区，可引外接地，如：将接地体延伸到潮湿低洼处。

思考与练习

1. 接地装置的作用是什么？

2. 对接地电阻有哪些要求？

3. 接地引下线常用哪几种材料？

4. 接地体有几种形式？

5. 接地装置的验收内容是什么？

模块 3 接户线、进户线安装（GDSTY06003）

模块描述

本模块包含高低压接户线、进户线安装流程、技术要求、安全事项等内容。通过概念描述、术语说明、流程介绍、要点归纳，掌握接户线、进户线的安装。

模块内容

一、接户线安装的一般要求

一般情况下，接户线指架空配电线路与用户建筑物外第一支持点之间的一段线路，由用户室外进入用户室内的线路称进户线。

1. 接户线、进户线

根据 DL/T 499—2001《农村低压电力技术规程》对架空配电线路的有关规定，接户线和进户线的划分规定如下：

（1）当用户计量装置在室内时，从电力线路到用户室外第一支持物的一段线路为接户线；从用户室外第一支持物至用户室内计量装置的一段线路为进户线。

（2）当用户计量装置在室外时，从电力线路到用户室外计量装置的一段线路为接户线；从用户室外计量装置出线端至用户室内第一支持物或配电装置的一段线路为进户线。

（3）高压接户线是指电压等级在 1kV 及以上高压配电线路由跌落式熔断器或柱上式开关引到建筑物的线路。通常在导线截面较小时，高压接户线可采用悬式绝缘子和蝶式绝缘子串联的方式固定在房屋的支持点上；在导线截面较大时应采用悬式绝缘子和耐张线夹的方式固定在房屋的支持点上。高压进户线引入室内时，应使用穿墙套管。

（4）低压接户线是指从 0.4kV 及以下低压电力线路到用第一支持物的一段线路；低压接户线通常使用绝缘线进行连接；根据导线拉力大小，低压接户线直接选用针式或蝶式绝缘子的连接方式固定在房屋的支持点上。

（5）进户线的进户点位置应尽可能靠近供电线路且明显可见，便于施工维护，进户线所在房屋应坚固并不漏水。进户线应采用绝缘导线，其截面按允许载流量选择。

2. 接户线和进户线的基本要求

（1）低压接户线的相线和中性线或保护线应从同一基电杆引下,其档距不宜超过 25m（高压为 30m），超过 25m 时应加装接户杆。但接户线的总长度（包括沿墙敷设部分）不宜超过 50m。沿墙敷设的接户线以及进户线两支持点间的距离，不应大于 6m。

（2）接户线与低压线如系铜线与铝线连接，应采取加装铜铝过渡接头的方法进行连接。

（3）为保证农村低压用户的用电安全，接户线与进户线宜采用绝缘导线，外露部位应严格地按规定进行绝缘处理。

（4）接户线的进户端对地面的垂直距离不宜小于 2.5m。

（5）接户线不应从 1～10kV 引下线间穿过，不应跨越铁路。

（6）农村低压接户线档距内不允许有接头。不同规格不同金属的导线不应在同一档距内使用。

（7）两个电源引入的接户线不宜同杆架设。

（8）接户线与主杆绝缘线连接后应按规定进行绝缘密封处理。

（9）接户线零线在进户处应有重复接地，接地必须可靠，接地电阻符合规定的要求。

（10）低压绝缘接户线、进户线与通信线、广播线等弱电线路交叉时，其垂直距离不应小于以下数值。

1）接户线、进户线在弱电线路的上方时，0.6m；

2）接户线、进户线在弱电线路的下方时，0.3m。

如不能满足上述要求，应采取隔离措施。

（11）进户线穿墙时，应套装硬质绝缘套管，电线在室外应做滴水弯，穿墙绝缘管应内高外低，露出墙壁部分的两端不应小于 10mm，滴水弯最低点距地面小于 2m 时进户线应加装绝缘护套。

（12）进户线与弱电线路必须分开进户。

二、接户线及进户线的安装

1. 安装准备工作

进行接户线安装前的准备工作内容主要有：选择路径、导线、制订施工方案和办理相应的工作手续等。

（1）路径的选择。进行接户线的安装时，应选择合适的路线和进户点。按规定，同一个用电单位（用户）只应有一个进户点。进户点的位置应尽可能靠近供电线路且明显可见，便于施工维护；进户端支持物应牢固，进户线所在房屋应坚固并不漏水。

（2）导线的选择。为确保农村用户用电的安全、可靠，农村低压接户线和室外导线应采用耐气候型的绝缘电线，其导线截面的选择应按用户实际负荷的需要，并结合导线的允许载流量进行选择，但所选出绝缘导线的最小截面不得小于表 6-3-1 所示的规定值。

表 6-3-1 低压接户线的最小截面

架设方式	档距（m）	绝缘铜线（mm²）	绝缘铝线（mm²）
自电杆引下	10 及以下	2.5	6.0
	10~25	4.0	10.0
沿墙敷设	6 及以下	2.5	4.0

（3）接户线两端绝缘子和接户线支架的选用。按规定，接户线自电杆引下（下杆）端和用户端，应根据导线拉力大小选用针式或蝶式绝缘子，接户线两端均应绑扎在绝缘子上，其绝缘子和接户线支架按下列规定选用：

1）导线截面在 16mm² 及以下时，可采用针式绝缘子，支架宜采用不小于 50mm×5mm 的扁钢或 40mm×40mm×4mm 的角钢，也可采用 50mm×50mm 的方木。

2）导线截面在 16mm² 以上时，应采用蝶式绝缘子，支架宜采用 50mm×50mm×5mm 的角钢或 60mm×60mm 的方木。

2. 接户线的架设

（1）接户线安装方式。接户线下杆到用户端的安装采用横担分相固定时，横担的安装应牢固且横担的长度应满足规定线间距离的要求。分相架设的低压绝缘接户线的线间最小距离应不小于表 6-3-2 规定的数值。沿墙敷设时，可用预埋件或膨胀螺栓及低压蝶式绝缘子，预埋件或膨胀螺栓的间距以不超过 6m 为宜。

表 6-3-2　　　　　　　　分相架设的低压绝缘接户线的线间最小距离

架 设 方 式		档距（m）	线间距离（mm）
自电杆上引下		25 及以下	150
沿墙敷设	水平排列	4 及以下	100
	垂直排列	6 及以下	150

（2）接户线的固定要求。

1）在杆上应固定在绝缘子上，固定时接户线不得本身缠绕，应用直径不小于 2.5mm 的单股塑料铜线绑扎。绑扎方式与蝶式绝缘子终端绑扎法相同。

2）在用户墙上使用挂线钩、悬挂线夹、耐张线夹（有绝缘衬垫）和绝缘子固定。

3）挂线钩应固定牢固，可采用穿透墙的螺栓固定，内端应有垫铁。混凝土结构的墙壁可使用膨胀螺栓，禁止用木塞固定。

（3）接户线两端绝缘子的绑扎。根据接户线的安装规定，接户线不能在档距中间悬空连接，必须从低压配电线路电杆绝缘子上引接，接户线两端应设绝缘子固定，导线在两端绝缘子上的绑扎长度应符合表 6-3-3 的规定。当采用蝶式绝缘子安装时应防止瓷裙积水。

表 6-3-3　　　　　　　　绝缘导线在绝缘子上的绑扎长度

导线截面（mm²）	绑扎长度（mm）	导线截面（mm²）	绑扎长度（mm）
10 及以下	≥50	25～50	≥120
16 及以下	≥80	70～120	≥200

（4）下杆线与低压绝缘导线间的连接应符合有关规定的要求且应做好绝缘、防水处理。绝缘线与绝缘子接触部分应用绝缘自黏胶带缠绕，缠绕长度应超出绑扎部位或与绝缘子接触部位两侧各 30mm。绝缘胶带在缠绕时，每圈应压叠带宽的 1/2。

（5）一般条件下，接户线的进户端对地面的垂直距离不宜小于 2.5m。

3. 进户线的安装

进户线的安装如图 6-3-1 所示。进户线通常用角钢支架加装绝缘子来支持接户线和进户线的安装。

（1）进户线应采用护套线或硬管布线，其长度一般不宜超过 6m，最长不得超过 10m。进户线应选用绝缘良好的导线。进户线的截面应满足导线的安全载流量，且应不小于用户用电最大负荷电流或电能表最大载流量。

（2）进户线穿墙时，应套上瓷管、钢管或塑料管，如图 6-3-2 所示。要注意穿钢管时各线不得分开穿管。

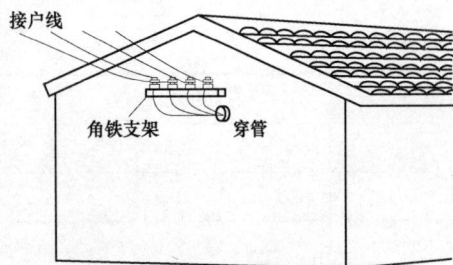

图 6-3-1　进户线入户的安装

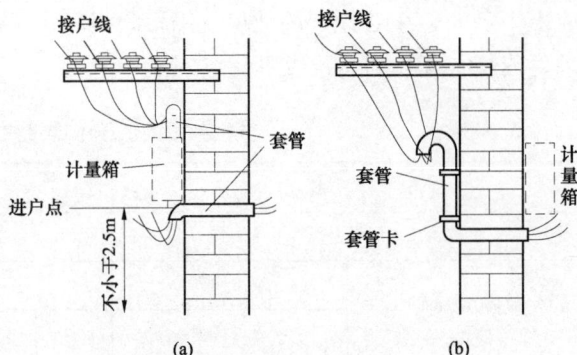

图 6-3-2　进户线穿墙安装示意图
（a）进户线进户；（b）接户线进户

（3）进户线的安装应有足够的长度，户内一端一般接于总熔断器盒。户外一端与接户线连接后应保持 200mm 的弛度，户外进户线一般不应短于 800mm。

三、接户线及进户线的安装注意事项

1. 一般规定

（1）接户线、进户线安装应在停电条件下进行，全部安装工作完成，外观检查验收合格、清理工作现场结束后，应按规定进行合闸冲击试验，试验合格后办理相应的工作和用电手续后对用户供电。

（2）农村低压接户线不得跨越铁路或公路，并应尽量避免跨越房屋。在最大摆动时，不应有接触树木和其他建筑物的现象。

（3）为保证农村配低压电网的运行安全，接户线安装后，在导线最大弧垂时对公路、街道和人行道及周围其他物体的最小距离不应小于表 6-3-4 中规定的数值。

表 6-3-4　　　　　　　　　接户线对部分设施的最小距离

类　别	最小距离（m）	类　别	最小距离（m）
到通车公路路面道路的垂直距离	6.0	在窗户上方	0.3
通车困难的街道、人行道	3.5	在阳台或窗户下方	0.8
不通车的人行道胡同、小道	3.0	与窗户或阳台的水平距离	0.75
到房顶	2.5	与墙壁、构架的水平距离	0.05

2. 接户线安装的注意事项

当接户线档距超过规定要求或进户端低于 2.5m 及因其他安全需要时，需加装接户杆（也称下户杆）来支持接户线进户，如图 6-3-3 所示。

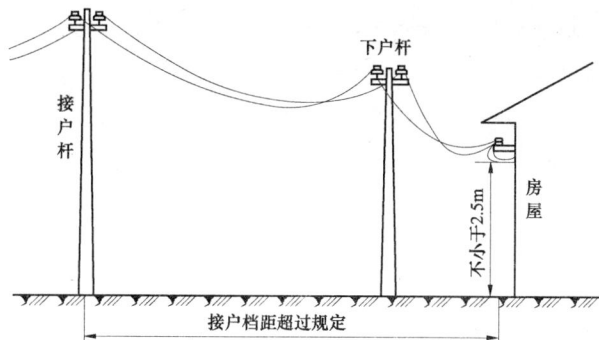

图 6-3-3　接户线通过进户杆进户的示意图

进户杆杆顶应安装镀锌铁横担，横担上安装低压 ED 形绝缘子，用来支持单相两线的，一般规定角钢规格不应小于 40mm×40mm×5mm；用来支持三相四线的，一般角钢规格不应小于 50mm×50mm×6mm。两绝缘子在角钢上的距离不应小于 150mm。

3. 进户线安装的注意事项

（1）管口与接户线第一支持点的垂直距离宜在 0.5m 以内。

（2）金属管、塑料管在室外进线口应做防水弯头，弯头或管口应向下。

（3）穿墙硬管或 PVC 管的安装应内高外低，以免雨水灌入，硬管露出墙壁外部分不应小于 30mm。

（4）用钢管穿墙时，同一交流回路的所有导线必须穿在同一根钢管内，且管的两端应套护圈。

（5）导线在穿管内严禁有接头。

（6）进户线与通信线、闭路线、IT 线等应分开穿管进户。

思考与练习

1. 什么是接户线和进户线？

2. 简要说明接户线的安装基本要求及安全注意事项。

3. 为保证用电的安全，在进户线进户时应重点注意的问题有哪些？

模块 4　配电线路常用材料（GDSTY06004）

模块描述

本模块包含配电线路常用材料的种类及选择的基本要求等内容。通过概念描述、特点对比、图解示意、要点归纳，熟悉配电线路常用材料。

模块内容

一、配电线路常用材料

1. 架空导线

低压架空配电线路中常用的导线主要有裸导线和绝缘导线。

（1）常用裸导线。裸导线具备有结构简单，线路工程造价成本低，施工、维护方便等特点。架空配电线路中常用的裸导线主要有铝绞线、钢芯铝绞线、合金铝绞线等。

（2）架空绝缘导线（或称架空绝缘电缆）。目前，在架空配电线路中广泛地采用架空绝缘线，相对裸导线而言，采用架空绝缘导线的配电线路运行的稳定性和供电可靠性要好于裸导线配电线路，且线路故障明显降低。线路与树木的矛盾问题基本得到解决，同时也降低了维护工作量，提高了线路的运行安全可靠性。

1）架空绝缘导线的主要特点。与用裸导线架设的线路相比，绝缘导线电力线路主要优点有：

a. 有利于改善和提高配电系统的安全可靠性，减少人身触电伤亡危险，防止外物引起的相间短路，减少双回或多回线路时的停电次数，减少维护工作量，减少了因检修而停电的时间，提高了线路的供电可靠性。

b. 有利于城镇建设和绿化工作，减少线路沿线树木的修剪量。

c. 可以简化线路杆塔结构，甚至可沿墙敷设，既节约了线路材料，又美化了环境。

d. 节约了架空线路所占空间。缩小了线路走廊，与架空裸线相比较，线路走廊可缩小 1/2。

e. 节约线路电能损失，降低电压损失，线路电抗仅为普通裸导线线路电抗的 1/3。

f. 减少导线腐蚀，因而相应提高线路的使用寿命和配电可靠性。

g. 降低了对线路支持件的绝缘要求，提高同杆线路回路数。

缺点是：架空绝缘导线的允许载流量比裸导线小，易遭受雷电流侵害，由于加上塑料层以后，导线的散热较差。因此，架空绝缘导线通常选型时应比平时提高一个档次，这样就导致线路的单位造价高于裸导线。

2）架空绝缘导线的型号。表示架空绝缘导线的型号特征的符号主要由三部分组成。

第一部分表示系列特征代号，主要有：

JK——中、高压架空绝缘线（或电缆）；

J——低压架空绝缘线。

第二部分表示导体材料特征代号，主要有：

T——铜导体（可省略不写）；

L——铝导体；

LH——铝合金导体。

第三部分表示绝缘材料特征代号，主要有：

V——聚氯乙烯绝缘；

Y——聚乙烯绝缘；

YJ——交联聚乙烯绝缘。

3）架空绝缘导线的规格。

a. 线芯。架空绝缘导线有铝芯和铜芯两种。在配电网中，铝芯应用比较多，铜芯线主要是作为变压器及开关设备的引下线。

b. 绝缘材料。架空绝缘导线的绝缘保护层有厚绝缘（3.4mm）和薄绝缘（2.5mm）两种。厚绝缘的运行时允许与树木频繁接触，薄绝缘的只允许与树木短时接触。绝缘保护层又分为交联聚乙烯和轻型聚乙烯，交联聚乙烯的绝缘性能更优良。目前，在我国配电线路中常用的低压架空绝缘导线主要有表 6-4-1 中的几种型式；常用的 10kV 架空绝缘导线有表 6-4-2 中的几种型式。

表 6-4-1　　　　　　　　　　　常用低压架空绝缘导线的型号

编号	型号	名　　称	主　要　用　途
1	JV 型	铜芯聚氯乙烯绝缘线	
2	JLV 型	铝芯聚氯乙烯绝缘线	
3	JY 型	铜芯聚乙烯绝缘线	架空固定敷设，下、接户线等
4	JLY 型	铝芯聚乙烯绝缘线	
5	JYJ 型	铜芯交联聚乙烯绝缘线	
6	YLYJ 型	铝芯交联聚乙烯绝缘线	

表 6-4-2　　　　　　　　　　　常用 10kV 架空绝缘导线的型号

型号	名　　称	常用截面	主　要　用　途
JKTRYJ	软铜芯交联聚乙烯架空绝缘导线	35～70	
JKLYJ	铝芯交联聚乙烯架空绝缘导线	35～300	
JKTRY	软铜芯聚乙烯架空绝缘导线	35～70	架空固定敷设，下、接户线等
JKLY	铝芯聚乙烯架空绝缘导线	35～300	
JKLYJ/Q	铝芯轻型交联聚乙烯薄架空绝缘导线	15～300	
JKLY/Q	铝芯轻型聚乙烯薄架空绝缘导线	35～300	

4）架空绝缘线的基本技术要求。根据 DL/T 602—1996《架空绝缘配电线路施工及验收规程》的规定。

a. 中、低压架空绝缘线必须符合规程的规定。

b. 安装导线前，应先进行外观检查，且符合下列要求：

（a）导体紧压，无腐蚀；

（b）绝缘线端部应有密封措施；

（c）绝缘层紧密挤包，表面平整圆滑，色泽均匀，无尖角、颗粒，无烧焦痕迹。

2. 电杆

电杆是架空配电线路中的基本设备之一，由于钢筋混凝土电杆具有使用寿命长、维护工作量小等优点，在低压配电线路中使用较为广泛。

（1）常用钢筋混凝土电杆的规格。低压架空电力线路常用钢筋混凝土杆的结构如图 6-4-1 所示。

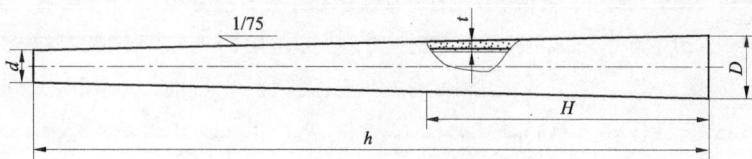

图 6-4-1　钢筋混凝土电杆结构示意图

d—杆顶直径；D—杆根直径；h—电杆长度；H—电杆重心高度；t—电杆壁厚

（2）钢筋混凝土电杆的基本技术要求。

1）电杆表面应光滑、平整，壁厚均匀，无偏心、无混凝土脱落、露筋、跑浆等缺陷；

2）预应力混凝土电杆及构件不得有纵向、横向裂缝。

3）普通钢筋混凝土电杆及细长预制构件不得有纵向裂缝，横向裂缝宽度不应超过 0.1mm，（允许宽度在出厂时为 0.05mm，运至现场时不得超过 0.1mm，运行中为 0.2mm）长度不超过 1/3 周长。

4）平放地面检查时，不得有环向或纵向裂缝，但网状裂纹、龟裂、水纹不在此限。

5）杆身弯曲不应超过杆长的 1‰。

6）电杆的端部应用混凝土密封。

3. 配电线路的常用绝缘子

配电线路常用的绝缘子主要有：针式绝缘子、蝶式绝缘子、悬式绝缘子和拉线绝缘子，其中，农村低压架空配电线路中常用的有针式绝缘子、蝶式绝缘子和拉线绝缘子等。

（1）针式绝缘子。针式绝缘子主要用于中、低压配电线路的用于直线杆及非耐张的转角、分支杆的及耐张跳线等非耐张或张力不大的绝缘子。针式绝缘子按耐压能力可分为 1 号和 2 号两种，其典型应用如图 6-4-2（a）所示。

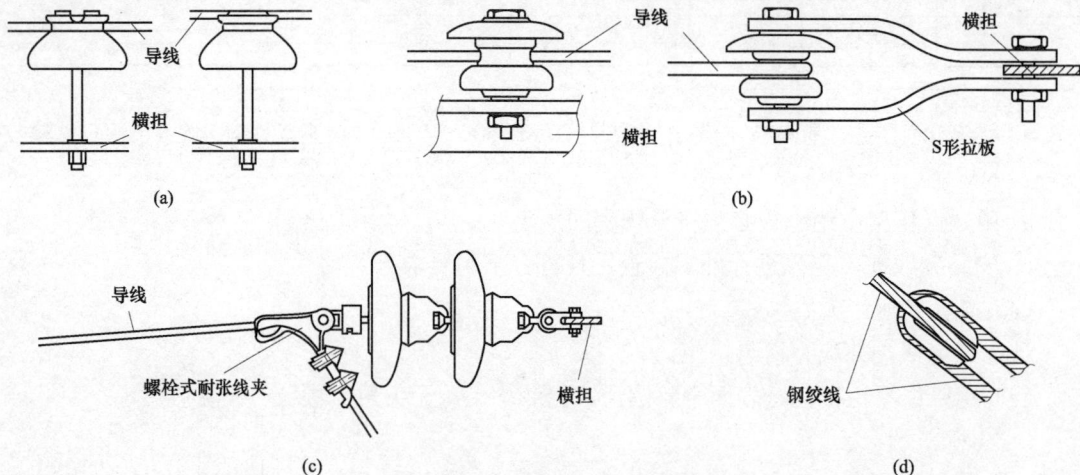

图 6-4-2　绝缘子在配电线路中的典型应用

（a）针式绝缘子的应用；（b）蝶式绝缘子的应用；（c）悬式绝缘子的应用；（d）拉线绝缘子的应用

低压针式绝缘子的符号为 PD，常用 PD 型低压针式绝缘子规格型号见表 6-4-3。

表 6-4-3   常用 PD 型低压针式绝缘子规格型号

型号	机电破坏负荷（不小于kN）	质量（kg）	型号	机电破坏负荷（不小于kN）	质量（kg）	结构示意图
PD-1	9.8	0.32	PD-2M	5.9	0.79	
PD-1T	9.8	0.45	PD-2W	5.9	0.85	
PD-1M	9.8	0.55	PD-3	3	0.27	
PD-1W	9.8	0.55	PD-3T	7	0.7	
PD-2	5.9	0.42	PD-3M	7	0.76	
PD-2T	5.9	0.69				

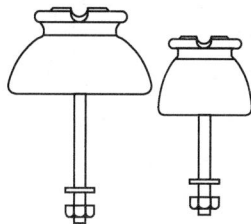

（2）蝶式绝缘子。蝶式绝缘子主要用于低压绝缘配电线路，在直线杆或接户线终端杆上，通常用穿心螺栓固定在横担上，也可用铁夹板夹在中间连接在耐张横担上，如图 6-4-2（b）所示。

蝶式绝缘子的符号为 ED，按尺寸大小蝶式绝缘子可分为 1 号、2 号、3 号、4 号共 4 种。ED 低压蝶式绝缘子规格型号见表 6-4-4。

表 6-4-4   ED 型低压蝶式绝缘子规格型号

型号	机电破坏负荷（不小于kN）	质量（kg）	型号	机电破坏负荷（不小于kN）	质量（kg）	结构示意图
ED-1	11.8	0.75	ED-2C	13.2	0.5	
ED-2	9.8	0.65	ED-2-1	11.8	0.45	
ED-3	7.8	0.25	ED-3-1	7.8	0.15	
ED-4	4.9	0.14	ED-3A	13.2	0.5	
ED-2B	12.7	0.48				

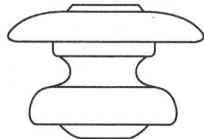

（3）悬式绝缘子。悬式绝缘子的外形如图 6-4-2（c）所示，悬式绝缘子通常是多片串联使用。

悬式绝缘子的符号为"XP"，当低压线路采用大截面导线时，其耐张可选用悬式绝缘子，如图 6-4-2（c）所示。

（4）拉线绝缘子。设置拉线绝缘子的目的是防止拉线万一带电可能造成人身触电事而采取的绝缘措施。拉线绝缘子的符号为 J，图 6-4-3 所示为拉线绝缘子的三种基本外形。

（5）绝缘子的使用要求。绝缘子不仅要使导线之间以及导线与大地之间绝缘，还要用来固定导线，并能承受导线的垂直荷载和水平荷载，同时对化学杂质的侵蚀要有足够的抵御能力，并能适应周围大气环境的变化。所以，绝缘子既要满足电气性能的要求，又应具有足够的机械强度。在空气污秽地区，配电线路的电瓷外绝缘应根据地区运行经验和所处地段外绝缘污秽等级，增加绝缘的泄漏距离或采取其他防污措施。

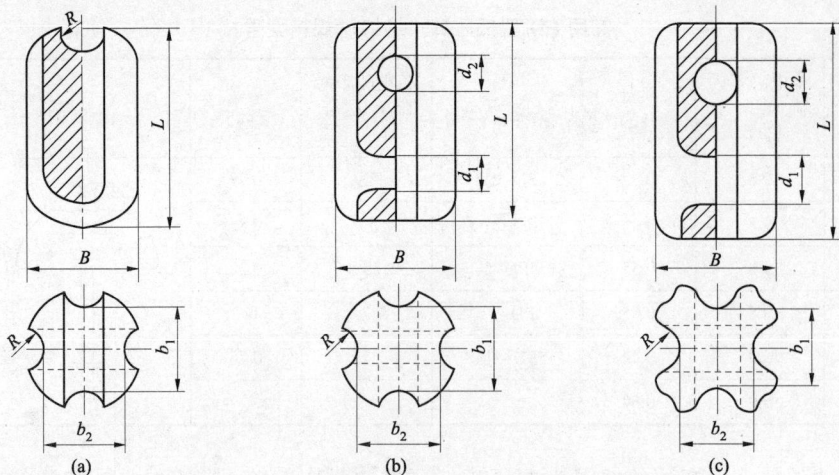

图 6-4-3　拉线绝缘子

（a）J-2 型拉线绝缘子；（b）J-4.5 型拉线绝缘子；（c）J-9 型拉线绝缘子

4. 配电线路金具

（1）横担固定金具。

1）U 形抱箍。用直径为 16mm 的圆钢或中间用 4mm×40mm 或 5mm×50mm 的扁铁与直径为 16mm 的螺杆焊接制作而成，用于将横担固定在直线杆上，如图 6-4-4（a）所示。

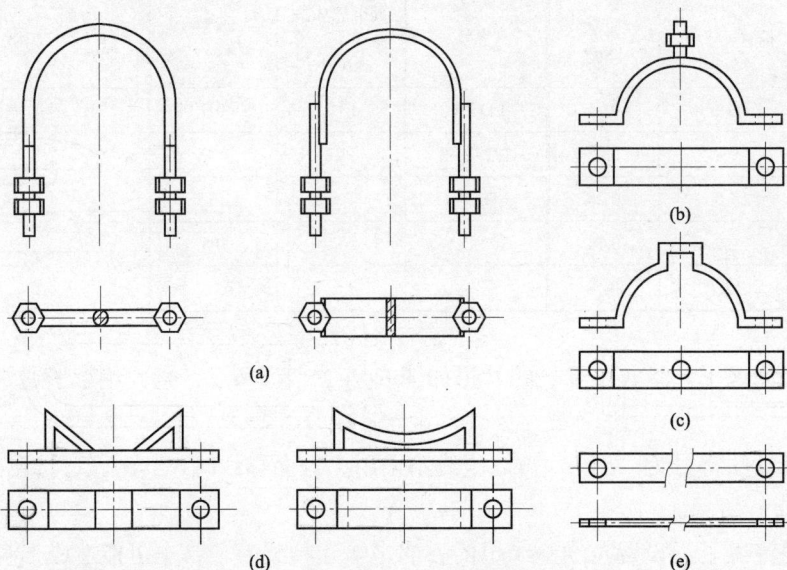

图 6-4-4　低压架空线路常用横担固定金具

（a）U 形横担抱箍；（b）羊角抱箍；（c）带凸抱箍；（d）横担垫铁；（e）支撑扁铁

2）圆凸形抱箍，又称羊角抱箍。用 4mm×40mm 或 5mm×50mm 的扁钢制作而成，用于将横担支撑扁铁固定在电杆上。如图 6-4-4（b）和图 6-4-4（c）所示，其中羊角抱箍为新型，带凸抱箍为传统型。

3）横担垫铁，又称瓦形（弧形）垫铁或 M 形垫铁。用 4mm×40mm 或 5mm×50mm 的扁钢制成 M 形或圆弧形，其中凸形面与水泥杆接触，平面直接与铁横担并接，使横担与电杆连接牢固。如图 6-4-4（d）所示。

4）支撑扁铁。用 4mm×40mm 或 5mm×50mm 的扁钢制作，也可用 5mm×50mm×50mm 的等边角钢制作，用于支撑横担，防止横担倾斜，如图 6-4-4（e）所示。常用支撑扁铁规格表见表 6-4-5。

表 6-4-5 常用支撑扁铁规格表 （mm）

支撑扁铁号	宽　度	厚　度	孔　距	长　度	用　途
6 号	50	4～5	600	660	支撑横担
7 号	50	4～5	710	770	
8 号	50	4～5	770	830	
9 号	50	4～5	910	970	
10 号	50	4～5	970	1030	

（2）拉线金具。

1）楔形线夹，俗称上把，它是利用楔的臂力作用，使钢绞线紧固，其结构如图 6-4-5（a）所示。

2）UT 形线夹（可调式），俗称下把或底把。UT 形线夹既能用于固定拉线，同时又可调整拉线，其结构如图 6-4-5（b）所示。

3）拉线抱箍，又称圆形抱箍或两合抱箍，通常是用 4mm×40mm 或 5mm×50mm 的扁钢制作而成，用于将拉线固定在电杆上，如图 6-4-5（c）所示。

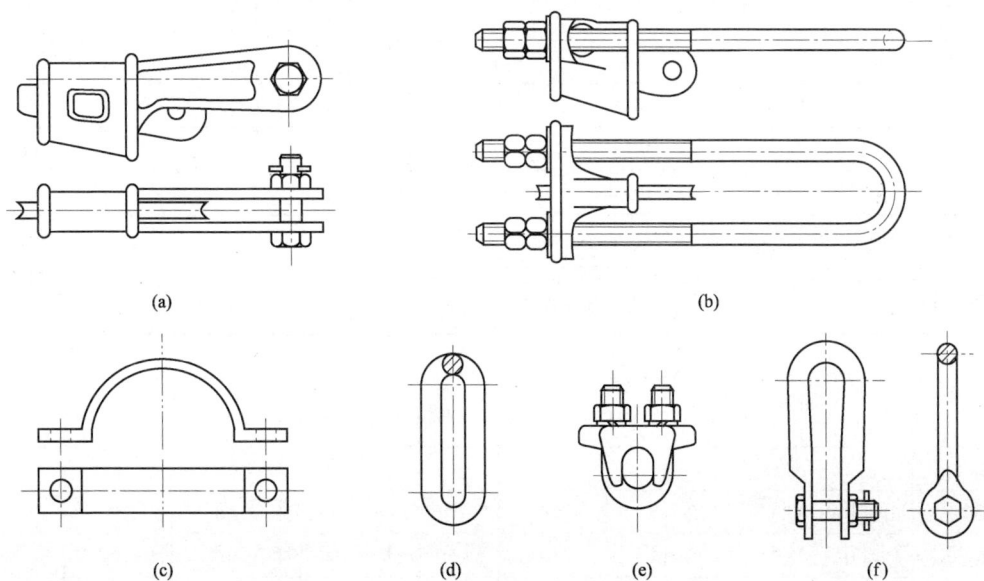

图 6-4-5　常用拉线金具

（a）楔形线夹；（b）UT 形线夹；（c）拉线抱箍；（d）延长环；（e）钢线卡；（f）U 形挂环

4）延长环，主要用于拉线抱箍与楔形线夹之间的连接，如图6-4-5（d）所示。

5）钢线卡，也叫元宝螺栓，主要用于低压架空线路小型电杆的拉线回头绑扎，由于钢线卡握着力的限制，不宜作为较大截面拉线的紧固工具，其结构如图6-4-5（e）所示。

6）拉线用U形挂环，俗称鸭嘴环，是用来和拉线金具和楔形线夹配套，安装在杆塔拉线抱箍上，其结构如图6-4-5（f）所示。

（3）导线固定金具。

导线固定金具包括悬垂线夹和耐张线夹，如图6-4-6所示，其中悬垂线夹主要用于导线在直线杆塔上的悬挂，配电线路常用悬垂线夹的主要技术指标见表6-4-6；耐张线夹主要用于导线在耐张杆塔上的固定，配电线路常用耐张线夹的主要技术指标见表6-4-7。

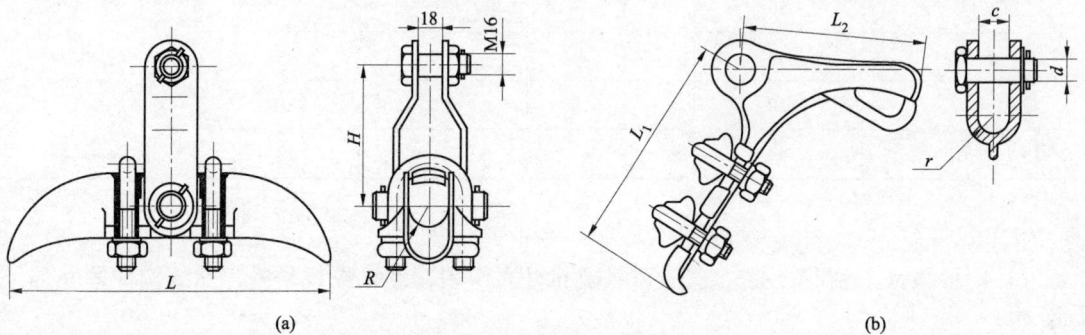

图6-4-6 导线固定金具
（a）悬垂线夹；（b）耐张线夹

表6-4-6 固定型悬垂线夹规格

型号	适用绞线直径范围（mm）	主要尺寸			标称破坏载荷（kN）	参考质量（kg）
		H	L	R		
CGU-1	5.0～7.0	82.5	180	4.0	40	1.4
CGU-2	7.1～13.0	82	200	7.0	40	1.8
CGU-3	13.1～21.0	101	220	11.0	40	2.0
CGU-4	21.1～26.0	109	250	13.5	40	3.0

注 表中型号字母及数字意义为：C—悬垂线夹；G—固定；U—U形螺钉；数字—适用导线组合号。

表6-4-7 螺栓型耐张线夹规格

型号	适用绞线直径范围（mm）	主要尺寸（mm）					U形螺栓	
		d	c	L_1	L_2	r	个数	直径（mm）
NL-1	5.0～10.0	16	18	150	120	6.5	2	12
NL-2	10.1～14.0	16	18	205	130	8.0	3	12
NL-3	14.1～18.0	18	22	310	100	11.0	4	16
NL-4	18.1～23.0	18	25	410	220	12.5	4	16

注 表中型号字母及数字意义为：N—耐张线夹；L—螺栓；数字—产品序号。

思考与练习

1. 简要说明裸导线和绝缘导线在架空配电线路中的使用各有什么优缺点。

2. 架空配电线路对电杆的基本要求有哪些？

3. 低压配电线路中常用的绝缘子主要有哪几种，各有什么要求？

模块 5　电力电缆基本知识（GDSTY06005）

模块描述

　　本模块包含电力电缆的基本结构、型号和种类。通过概念描述、术语说明、图表示意、要点归纳，掌握电力电缆的基本知识。

模块内容

一、电力电缆基本知识

1. 电力电缆额定电压 U_0/U 及其划分

（1）U_0/U 的概念。U_0 是指设计时采用的电缆任一导体与金属护套之间的额定工频电压。U 是指设计时采用的电缆任两个导体之间的额定工频电压。

　　为了完整地表达在同一电压等级下不同类别的电缆，现采用 U_0/U 表示电缆的额定电压。

（2）我国对电缆额定电压 U_0/U 的划分。电缆 U_0/U 的划分与类型的选择，实际是根据电网的运行情况、中性点接地方式和故障切除时间等因素来选择电缆绝缘的厚度。将 U_0 分为两类数值，见表 6-5-1。

表 6-5-1　　　　　　　　　我国电力电缆额定电压 U、U_0

U (kV)	U_0 (kV)		U (kV)	U_0 (kV)	
	I	II		I	II
3	1.8	3	20	12	18
6	3.6	6	35	21	26
10	6	8.7	110	64	—
15	8.7	12	220	127	—

2. 电力电缆型号的编制原则

　　为了便于按电力电缆的特点和用途统一称呼，使设计、订货、缆盘标记更为简易以及防止出现差错，专业单位用型号表示不同门类的产品，使其系列化、规范化、标准化、统一化。我国电力电缆产品型号的编制原则如下：

（1）一般由有关汉字的汉语拼音字母的第一个大写字母表明电力电缆的类别特征、绝缘种类、导体材料、内护层材料及其他特征，见表 6-5-2。

表 6–5–2 电力电缆的类别特征、材料

类别特征	绝 缘 种 类	导体材料	内护层材料	其他特征
K—控制 C—船用 P—信号 B—绝缘电线 ZR—阻燃 NH—耐火	Z—纸 X—橡胶 V—聚氯乙烯（PVC） Y—聚乙烯（PE） YJ—交联聚氯乙烯（XLPE）	T—铜芯（省略） L—铝芯	Q—铅包 L—铝包 Y—聚乙烯护套（PE） V—聚氯乙烯护套（PVC）	D—不滴漏 F—分相金属套 P—屏蔽 CY—充油

（2）对外护层的铠装类型和外被层类型则在汉语拼音字母之后用两个阿拉伯数字表示，第一位数字表示铠装层，第二位数字表示外被层，见表 6–5–3。

表 6–5–3 电 力 电 缆 护 层 代 号

代号	加 强 层	铠 装 层	外被层或外护套
0	—	无	—
1	径向铜带	联锁钢带	纤维外被
2	径向不锈钢带	双钢带	聚氯乙烯外护套
3	径、纵向铜带	细圆钢丝	聚乙烯外护套
4	径、纵向不锈钢带	粗圆钢丝	—

（3）部分特点由一个典型汉字的第一个拼音字母或英文缩写来表示，如橡胶聚乙烯绝缘用橡的第一个字母 X 表示，铅包用 Q 表示等。为了减少型号字母的个数，最常见的代号可以省略，如导体材料在型号中只用 L 表明铝芯，铜芯 T 字省略，电力电缆符号省略。各种型号电缆在选型时既要保证电缆安全运行，能适应周围环境、运行安装条件，又要经济、合理。

二、电力电缆的基本结构和种类

1. 电力电缆的基本结构

电力电缆是指外包绝缘的绞合导线，有的还包有金属外皮并加以接地。因为是三相交流输电，所以必须保证三相送电导体相互间及对地间的绝缘，因而必须有绝缘层。为了保护绝缘和防止高电场对外产生辐射干扰通信等，又必须有金属屏蔽护层。另外，为防止外力损坏还必须有铠装和护套等。因此电力电缆的基本结构必须有线芯（又称导体）、绝缘层、屏蔽层和保护层四部分，这四部分的结构上的差异就形成了不同的电缆种类，它们的作用和要求阐述如下：

（1）线芯。它是电缆的导电部分，用来输送电能。应采用导电性能好、机械性能良好、资源丰富的材料，以适宜制造和大量应用。

（2）绝缘层。它将线芯与大地以及不同相的线芯间在电气上彼此隔离，从而保证电能输送，因此绝缘层也是电缆结构中不可缺少的组成部分。

（3）屏蔽层。6kV 及以上的电缆一般都有导体屏蔽层和绝缘屏蔽层。导体屏蔽层的作用是消除导体表面的不光滑（多股导线绞合会产生的尖端）所引起导体表面电场强度的增加，

使绝缘层和电缆导体有较好的接触。同样，为了使绝缘层和金属护套有较好接触，一般在绝缘层外表面均包有外屏蔽层。

（4）保护层。保护层的作用是保护电缆免受外界杂质和水分的侵入，以及防止外力直接损坏电缆，因此其质量对电缆的使用寿命有很大影响。保护层一般由内护套、外护层（内衬层、铠装层和外被层或外护套）等部分组合而成。

2. 电力电缆的种类

（1）按电压等级可分为：1、3、6、10、20、35、60、110、220、330、500kV 等。

（2）按电缆芯数可分成：单芯（用于传输直流电及特殊场合，如高压电机引出线）、两芯（用于传输单相交流电或直流电）、三芯（用于三相交流电网中）、四芯（用于低压配电线路或中性点接地的三相四线制电网中）、五芯以上（TN–S 系统）。

（3）按电缆结构和绝缘材料种类的不同分为：

1）自容式充油纸绝缘型电缆，结构如图 6–5–1 所示。

2）橡塑电缆，交联聚乙烯电缆结构如图 6–5–2 所示。橡塑电缆的绝缘层采用可塑性材料，如橡胶、聚氯乙烯、聚乙烯和交联聚乙烯等绝缘强度高的可塑性材料，在一定的温度和压力下用挤注的方式制成。

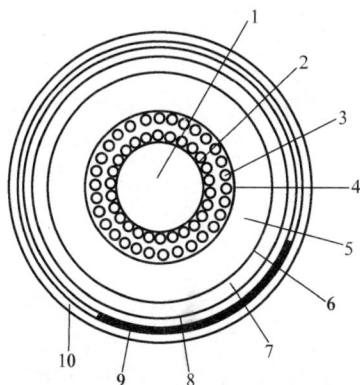

图 6–5–1 单芯自容式充油电力电缆结构
1—油道；2—螺纹管；3—线芯；4—线芯屏蔽；
5—绝缘层；6—绝缘屏蔽；7—铅护套；
8—内衬垫；9—加强铜带；10—外护套

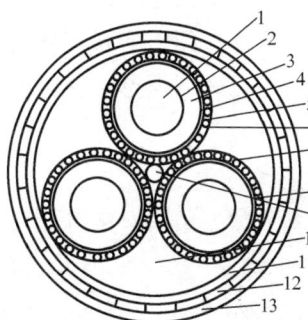

图 6–5–2 交联聚乙烯电缆结构图
1—线芯；2—线芯屏蔽；3—交联聚乙烯绝缘；4—绝缘屏蔽；
5—保护带；6—铜丝屏蔽；7—螺旋铜带；8—塑料带；
9—中心填芯；10—填料；11—内护套；12—铠装层；13—外护层

思考与练习

1. 解释 U_0、U 的含义。
2. 简述电缆型号的编制原则。
3. 解释下列电缆型号含义：
（1）VV22；
（2）YJV22。
4. 电缆的基本结构有哪几部分？

第7章

电 能 计 量

模块 1 电能表的主要技术参数（GDSTY07001）

模块描述

本模块包括电能表的分类、型号、铭牌和技术参数等内容。通过概念描述、术语说明、图解示意，掌握电能表基本知识。

模块内容

电能表是测量电能的专用仪表，是电能计量最基础的设备，广泛用于发电、供电和用电的各个环节。本模块介绍电能表的分类、型号及铭牌标志符号的含义和主要技术参数，通过学习以便在工作中正确认识电能表，正确选择电能表。

一、电能表的分类

1. 按使用电路分类

电能表按其安装使用的电路可分为直流电能表和交流电能表。

2. 按原理分类

电能表按其工作原理可分为电气机械式电能表和电子式电能表（又称静止式电能表、固态式电能表）。电气机械式电能表是用于交流电路作为普通的电能测量仪表，可分为感应型、电动型和磁电型，其中最常用的是感应型电能表。电子式电能表可分为全电子式电能表和机电式电能表，也有将机电式电能表单独列为一类的。

3. 按相线分类

交流电能表按其相线可分为单相电能表、三相三线电能表和三相四线电能表。

4. 按结构分类

电能表按其结构可分为整体式电能表和分体式电能表。

5. 按用途分类

电能表按其用途可分为有功电能表，无功电能表，最大需量表，标准电能表，复费率分时电能表，预付费电能表，损耗电能表和多功能电能表，单相本地费控智能电能表，多用户智能电能表，费控智能电能表等，二象限有功、无功组合多功能电能表，四象限有功、无功组合多功能表。

6. 按准确度等级分类

电能表按其准确度等级可分为普通安装式电能表（0.2S、0.5S、0.2、0.5、1.0、2.0、3.0级）和携带式精密级电能表（0.01、0.02、0.05、0.1、0.2 级）。

7. 按付款方式不同

电能表可分为正常付费电能表、预付费电能表和预付费智能电能表。

8. 按照使用寿命

感应式电能表可分为普通型电能表和长寿命电能表。

二、电能表的型号及铭牌标志符的含义

（一）型号含义

（1）名称。标明该电能表按用途分类的名称。

（2）型号。我国对电能表型号的表示方式规定如下：

铭牌标示规律：类别代号+组别代号+设计序号+派生号。

1）类别代号：D—电能表。

2）组别代号：

表示相线：D—单相；S—三相三线有功；T—三相四线有功。

表示用途：A—安培小时计；X—无功；B—标准；D—多功能；S—全电子式；Z—最大需量；F—复费率；H—总耗；J—直流；T—长寿命；M—脉冲；Y—预付费。

3）设计序号：用阿拉伯数字表示。

4）派生号：T—湿热、干燥两用；TH—湿热带用；TA—干热带用；G—高原用；H—船用；F—化工防腐用等。

例如：

DD——单相电能表，如 DD862 型、DD28 型。

DS——三相三线有功电能表，如 DS864 型。

DT——三相四线有功电能表，如 DT862 型、DT864 型。

DX——无功电能表，如 DX862 型、DXD 型。

DB——标准电能表，如 DB2 型、DB3 型。

DBS——三相三线标准电能表，如 DBS25 型。

DSSD——三相三线全电子式多功能电能表。

DDY——单相预付费电能表，如 DDY59 型。

DSF——三相三线复费率电能表。

DJ——直流电能表，如 DJ1 型。

DDSF——预付费集中式智能电能表，如 DDSF–K 型。

DTZY——三相四线费控智能电能表，如 DTZY866 型。

DDZY——单相本地费控智能电能表，如 DDZY866 型。

DDSH——多用户智能电能表，如 DDSH1999 型。

（二）电能表的铭牌和技术参数

（1）电能表名称。

（2）电能表型号。

（3）准确度等级。准确度等级用置于圆圈内的数字来表示。如圆圈内数字 2 表明该表准确度等级为 2.0 级。

（4）电能计量单位。有功电能表的电能计量单位为千瓦时（kWh）；无功电能表的电能计量单位为千乏时（kvarh）。

（5）基本电流和额定最大电流。基本电流（标定电流）是确定电能表有关特性的电流值，以 I_b 表示；额定最大电流是仪表能满足其制造标准规定的准确度的最大电流值，以 I_{max} 表示。如 1.5（6）A 即电能表的基本电流值为 1.5A，额定最大电流为 6A。如果额定最大电流小于基本电流的 150%，则只标明基本电流。对于三相电能表还应在前面乘以相数，如 3×5（20）A；对于经电流互感器接入式电能表，则标明互感器二次电流，以/5A 表示，电能表的基本电流和额定最大电流可以包括在型式符号中，如 FL246-1.5-6 或 FL246-5（6），若电能表常数中已考虑互感器变比时，应标明互感器变比，如 3×1000/5A。

（6）参比电压。它是指确定电能表有关特性的电压值，以 U_N 表示。对于三相三线电能表，以相数乘以线电压表示，如 3×380V；对于三相四线电能表，则以相数乘以相电压/线电压表示，如 3×220/380V；对于单相电能表，则以电压线路接线端上的相电压表示，如 220V。如果电能表通过测量用互感器接入，并且在常数中已考虑互感器变比时，应标明互感器变比，如 3×10 000/100V。

（7）参比频率。它是指是确定电能表有关特性的频率值，以赫兹（Hz）作为单位。我国电能表的参比频率是 50Hz。

（8）电能表常数。它是指是电能表记录的电能和相应的转数或脉冲数之间关系的常数。有功电能表以 kWh/r（imp）或 r（imp）/kWh 形式表示；无功电能表以 kvarh/r（imp）或 r（imp）/kvarh 形式表示。两种常数互为倒数关系。有功电能表用形式 1kWh：盘转数（或转）/ kWh（r/kWh）表示；无功电能表用形式 1kvarh=盘转数（或转）/kvarh（r/kvarh）表示。

（9）计量许可证。计量许可证用 MC 表示。

（10）制造标准。

（11）绝缘标志。采用Ⅱ级防护绝缘封的仪表，标志为回；若电能表带有制动器，则标志为 。

（12）对全电子式电能表，若参比温度不是 23℃，应在铭牌上标出。

（13）电能表相数、线数。相线、线数的符号如下：

1）单相二线有功电能表符号为。

2）三相三线有功电能表符号为 Ⅴ。

3）三相四线有功电能表符号为 Ⅵ。

4）三相四线无功电能表符号为 ▽。

5）三相三线无功电能表符号为 ∨。

三、智能电能表型式

（一）单相智能电能表

1. 规格要求

（1）标准的参比电压，具体见表 7-1-1。

表 7-1-1　　　　　　　　　　标 准 的 参 比 电 压

电能表接入线路方式	参比电压（V）
直接接入	220

（2）标准的参比电流，具体见表 7-1-2。

表 7-1-2　　　　　　　　　　标 准 的 参 比 电 流

电能表接入方式	标准值（A）
直接接入	5、10、20
经互感器接入	1.5

（3）最大电流，它应是参比电流的整数倍，倍数不宜小于 4 倍。

2. 显示

（1）显示方式。

不同类型的电能表可参照如图 7-1-1 所示内容对显示符号、汉字、数字及其布局进行调整，但应能够完整显示 DL/T 1487—2015《单相智能电能表技术规范》所规定的显示内容。为满足《单相智能电能表技术规范》中 4.4.3 条款的要求：显示当前电能表的电压、电流（包括零线电流）、功率、功率因数等运行参数，显示器字符信息的设计应参照《三相智能电能表型式规范》中给出的 LCD 显示参考图，显示内容见表 7-1-3。

单相智能电能表 LCD 显示界面信息的排列位置为示意位置，可根据客户需要调整。

图 7-1-1　单相智能电能表 LCD 显示界面参考

表 7-1-3　　　　　　　　单相智能电能表 LCD 各图形、符号说明

序号	LCD 图 形	说　明
1	当前上18月总尖峰平谷剩余常数 阶梯赊欠用电量价时间段金额表号	汉字字符，可指示： 1）当前、上 1 月/次~上 12 月/次的用电量、累计电量 2）时间、时段 3）阶梯电价、电能量 1234 4）赊、欠电能量事件记录 5）剩余金额 6）常数、表号

序号	LCD 图 形	说 明
2	−8.8.8.8.8.8.8.8 元 kWh	数据显示及对应的单位符号
3	① ② ← ☒ ☎ ∿ ⊟ 🔒	1）①②代表第1、2套时段 2）功率反向指示 3）电池欠压指示 4）红外、485 通信中 5）载波通信中 6）允许编程状态指示 7）三次密码验证错误指示
4	读卡中成功失败请购电拉闸透支囤积	1）IC卡"读卡中"提示符 2）IC卡读卡"成功"提示符 3）IC卡读卡"失败"提示符 4）"请购电"剩余金额偏低时闪烁 5）继电器拉闸状态指示 6）透支状态指示 7）IC卡金额超过最大储值金额时的状态指示（囤积）
5	① ② 尖 峰 ⚠ ③ ④ 平 谷 ⚠	1）指示当前运行第"1、2、3、4"阶梯电价 2）指示当前费率状态（尖峰平谷） 3）"⚠ ⚠"指示当前使用第1、2套阶梯电价

（2）显示要求

1）电能表至少应能显示以下信息：

当月和上月月度累计用电量，本次购电金额，当前剩余金额，各费率累计电能量示值和总累计电能量示值，插卡及通信状态提示，表地址。

2）有功电能量显示单位为千瓦时（kWh），显示位数为8位，含2位小数，只显示有效位。

3）剩余金额显示单位是元；显示位数为8位，含2位小数，只显示有效位。

4）具体显示内容及代码要求参见 DL/T 1490—2015《智能电能表功能规范》附录B。

（3）停电显示。

1）停电后，液晶显示自动关闭；

2）液晶显示关闭后，可用按键或其他方式唤醒液晶显示；唤醒后如无操作，自动循环显示一遍后关闭显示；按键显示操作结束30秒后关闭显示。

3. 外观结构和安装尺寸

电能表外观结构和安装尺寸除满足 GB/Z 21192—2007《电能表外形和安装尺寸》要求外，还应该满足以下要求。

（1）外观结构、安装尺寸图及颜色。

1）电能表外形尺寸有两种规格：

规格1：160（高）×112（宽）×58（厚）mm，适用于远程不带通信模块的单相电能表；

规格2：160（高）×112（宽）×71（厚）mm，适用于其他类型的单相电能表。

2）电能表的外观尺寸与安装尺寸、端子座结构及尺寸、LCD 结构及尺寸、通信模块结构及尺寸以及电压和电流接线端子、辅助端子定义应符合图 7–1–2 的要求。

3）电能表的条码、卡槽、指示灯、按键的相对位置应符合图 7–1–2 的布置，其他部分可根据需要调整。

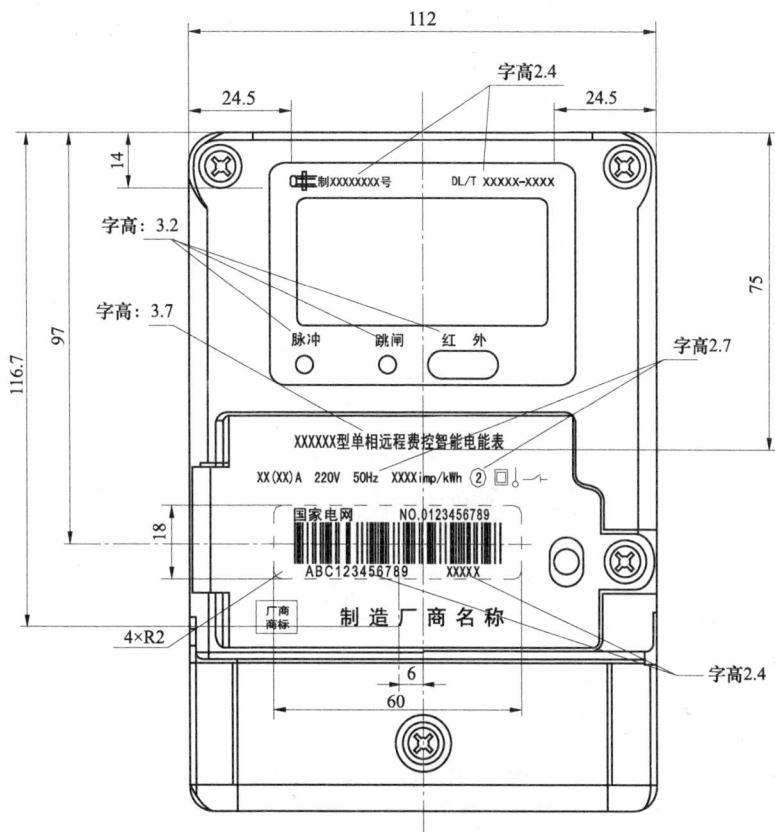

图 7–1–2　单相智能电能表印刷位置图（单位：mm）

4）端子盖内侧的接线图应符合附录中端子接线图的要求。

5）电能表的表盖颜色：色卡号 PANTONE：Cool Gray1U。

6）电能表的表座颜色：色卡号 PANTONE：Cool Gray4U。

（2）单相智能电能表外观结构。

单相电能表共有四种类型，结构及安装尺寸依据 GB/Z 21192—2007《电能表外形和安装尺寸》指导性标准进行设计，按照精简、统一的原则，考虑简单、适用、美观、精致。为便于现场安装，四类电能表具有相同的安装尺寸，设计了两种外形尺寸、四种表盖，统一了表座、端子座的结构尺寸，具体见表 7–1–4。

表 7–1–4　　　　　　　　　　表座、端子座的结构尺寸

外形规格（mm）	适 用 表 型
160（高）×112（宽）×58（厚）	单相远程费控智能电能表

141

续表

外形规格（mm）	适用表型
160（高）×112（宽）×71（厚）	单相本地费控智能电能表
	单相远程费控智能电能表（载波）
	单相本地费控智能电能表（载波）

（3）单相智能电能表的外观示意如图 7-1-3 所示，其外观说明见表 7-1-5。

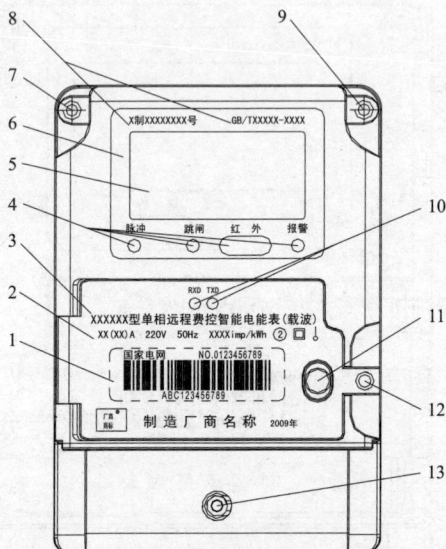

图 7-1-3　单相智能电能表外观示意图

表 7-1-5　　　　　　　　　　　　单相智能电能表外观说明

序号	名　　称	解　释　说　明
1	条形码	条形码结构、尺寸及相关要求应符合 Q/GDW 205—2008
2	电流、电压等参数	电流、电压、常数等参数可根据相应的电能表要求变更；② 表示为准确度等级；□ 表示为电能表为Ⅱ类防护绝缘包封仪表；↓ 表示接线方式为单相二线电能表
3	电能表型号及名称	按照相应的要求确定
4	指示灯及红外通信口	根据功能选用相应的指示灯
5	液晶区域	液晶屏可视尺寸为 60mm（长）×30mm（宽）
6	铭牌	—
7、9	上盖封印螺丝	要求电能表封印状态可在正面直接观察到；7 由生产厂家加封；9 由检定部门加封
8	CMC 许可证及制造标准	可按照相应的要求确定
10	载波模块指示灯	载波模块的 RXD 和 TXD 的指示灯
11	轮显按钮	通过该按钮查询相应显示内容
12	编程按钮盖封印螺丝	可铅封编程按钮
13	端子盖封印螺丝	可铅封端子座，防止客户触碰，由安装人员加封

（4）接线图及端子定义

1）直接接入式接线图，如图 7-1-4 所示。

2）经互感器接入式接线图，如图 7-1-5 所示。

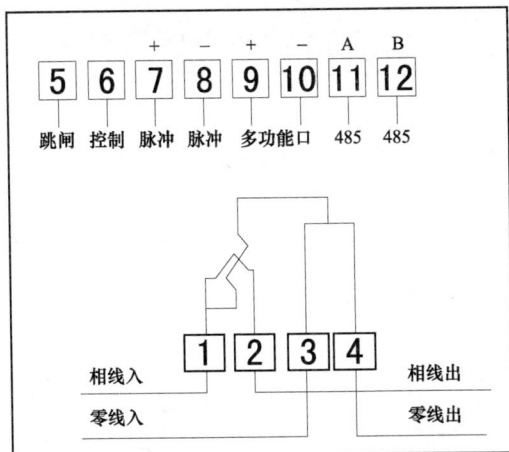

图 7-1-4 单相智能电能表直接接入式接线图

1、2—相线接线端子；3、4—零线接线端子；

5、6—跳闸控制端子；7、8—脉冲接线端子；

9、10—多功能输出口接线端子；

11—485-A 接线端子；12—485-B 接线端子

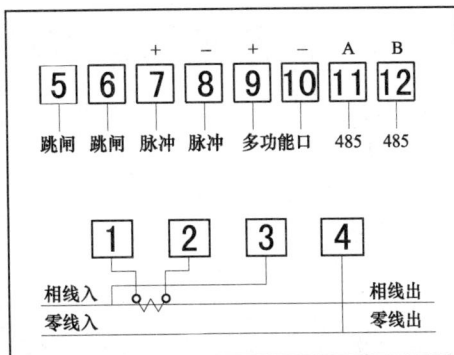

图 7-1-5 单相智能电能表经互感器接入式接线图

1、2—电流接线端子；3—相线接线端子；

4—零线接线端子；5、6—跳闸控制端子；7、8—

脉冲接线端子；9、10—多功能输出口接线端子；

11—485-A 接线端子；12—485-B 接线端子

（二）三相智能电能表

1. 规格要求

（1）标准的参比电压见表 7-1-6。

表 7-1-6 标 准 的 参 比 电 压

电能表接入线路方式	参比电压（V）
直接接入	3×220/380，3×380
经电压互感器接入	3×57.7/100，3×100

（2）标准的参比电流见表 7-1-7。

表 7-1-7 标 准 的 参 比 电 流

电能表接入方式	标准值（A）
直接接入	5，10，15，20，30
经互感器接入	1.5

（3）最大电流应是参比电流的整数倍，倍数不宜小于 4 倍。

2. 显示

（1）显示方式。三相智能电能表显示示例如图 7-1-6 所示，显示说明见表 7-1-8。

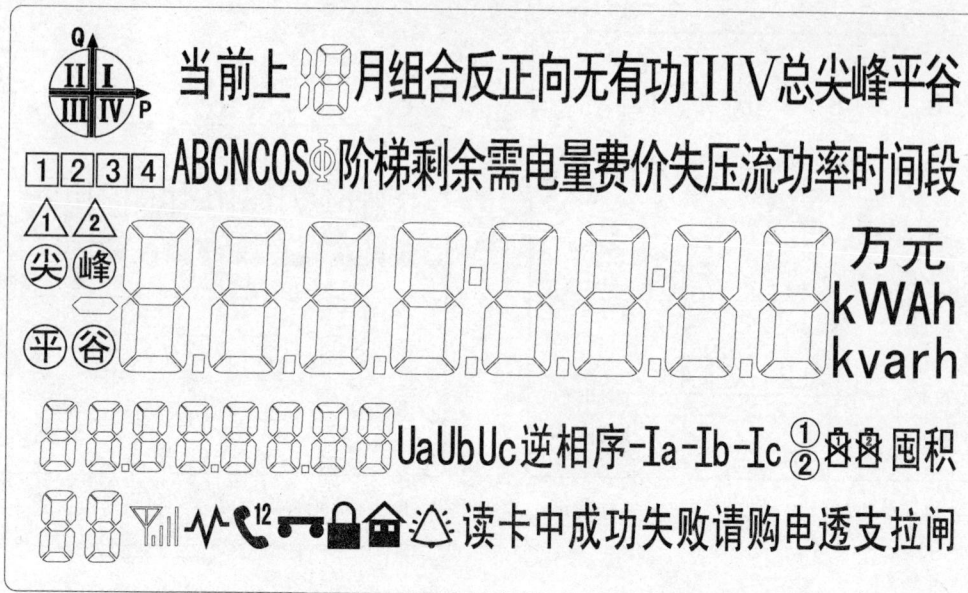

图 7-1-6 三相智能电能表 LCD 显示示例

表 7-1-8 三相智能电能表 LCD 各图形、符号说明

序号	LCD 图形	说 明
1		当前运行象限指示
2		汉字字符，可指示： 1）当前、上 1 月-上 12 月的正反向有功电量，组合有功或无功电量，Ⅰ、Ⅱ、Ⅲ、Ⅳ象限无功电量，最大需量，最大需量发生时间 2）时间、时段 3）分相电压、电流、功率、功率因数 4）失压、失流事件记录 5）阶梯电价、电量 1234 6）剩余电量（费），尖、峰、平、谷、电价
3		数据显示及对应的单位符号
4		上排显示轮显/键显数据对应的数据标识，下排显示轮显/键显数据在对应数据标识的组成序号，具体见 DL/T 645—2007

续表

序号	LCD 图形	说　明
5		从左向右依次为： 1）① ② 代表第 1、2 套时段 2）时钟电池欠压指示 3）停电抄表电池欠压指示 4）无线通信在线及信号强弱指示 5）载波通信 6）红外通信，如果同时显示"1"表示第 1 路 485 通信，显示"2"表示第 2 路 485 通信 7）允许编程状态指示 8）三次密码验证错误指示 9）实验室状态 10）报警指示
6	囤积 读卡中成功失败请购电透支拉闸	1）IC 卡"读卡中"提示符 2）IC 卡读卡"成功"提示符 3）IC 卡读卡"失败"提示符 4）"请购电"剩余金额偏低时闪烁 5）透支状态指示 6）继电器拉闸状态指示 7）IC 卡金额超过最大费控金额时的状态指示（囤积）
7	UaUbUc逆相序 - Ia - Ib - Ic	从左到右依次为： 1）三相实时电压状态指示，Ua、Ub、Uc 分别对于 A、B、C 相电压，某相失压时，该相对应的字符闪烁，某相断相时则不显示 2）电压电流逆相序指示 3）三相实时电流状态指示，Ia、Ib、Ic 分别对于 A、B、C 相电流。某相失流时，该相对应的字符闪烁，某相电流小于启动电流时则不显示。某相功率反向时，显示该相对应符号前的"–"
8	① ② ③ ④	指示当前运行第"1、2、3、4"阶梯电价
9	① ② 尖 峰 平 谷	1）指示当前费率状态（尖峰平谷） 2）"① ②"指示当前使用第 1、2 套阶梯电价

（2）显示要求。

1）具备自动循环显示、按键循环显示、自检显示，循环显示内容可设置。

2）测量值显示位数不少于 8 位，显示小数位可根据需要设置 0 至 4 位；显示应采用国家法定计量单位，如：kW、kvar、kWh、kvarh、V、A 等，只显示有效位。

3）至少显示各费率累计电能量示值和总累计电能量示值、最大需量、有功电能方向、日期、时间、时段、当月和上月月度累计用电量、费控电能表必要信息、表地址；具体显示内容及代码要求参见 DL/T 1490—2015《智能电能表功能规范》附录 B 以及相应电能表技术规范，显示数据应清晰可辨。

4）显示自检报警代码；报警代码应在循环显示第一项显示；报警代码至少包括下列事件：

a. 时钟电池电压不足；

b. 有功电能方向改变（双向计量除外）。

5）显示自检出错代码。出错故障一旦发生，显示器必须立即停留在该代码上，但按键显示可以改变当前代码，来显示其他选项。出错代码至少包括下列故障：内部程序错误、时钟错误、存储器故障或损坏。

6）需要时应能显示电能表内的预置参数。

7）可选择显示冻结量、记录（事件）等内容。

8）具有停电后唤醒显示功能。

（3）停电显示。

1）停电后，液晶显示自动关闭；

2）液晶显示关闭后，可用按键或其他非接触方式唤醒液晶显示；唤醒后如无操作，自动循环显示一遍后关闭显示；按键显示操作结束 30 秒后关闭显示。

3. 外观结构和安装尺寸

电能表外观结构和安装尺寸除满足 GB/Z 21192—2007《电能表外形和安装尺寸》要求外，还应该满足以下要求。

（1）外观结构、安装尺寸图及颜色。

1）电能表外形尺寸有两种规格：

规格 1：265（高）*170（宽）*75（厚）mm，适用于不带本地费控功能的三相电能表；

规格 2：290（高）*170（宽）*85（厚）mm，适用于其他类型三相电能表。

2）电能表的外观尺寸与安装尺寸、端子座结构及尺寸、LCD 结构及尺寸、通信模块结构及尺寸以及电压和电流接线端子、辅助端子定义应符合外观简图、开盖尺寸简图、侧视/后视/接线芯尺寸简图的要求。

3）电能表的条码、卡槽、编程盖板、指示灯、按键的相对位置应符合 DL/T 1490—2015《智能电能表功能规范》中外观简图、开盖尺寸简图、侧视/后视/接线芯尺寸简图的要求，其他部分可根据需要调整。

a. 端子盖内侧的接线图应符合附录中端子接线图的要求。

b. 电能表的表盖颜色：色卡号 PANTONE：Cool Gray1U。

c. 电能表的表座颜色：色卡号 PANTONE：Cool Gray4U。

（2）三相智能电能表外观结构。

三相智能电能表共有七种类型，结构及安装尺寸，详见表 7-1-9，依据《三相智能电能表型式规范》指导性标准设计，应按照精简、统一的原则，尽量考虑简单、适用、美观、精致。

表 7-1-9　　　　　　　　　　　　　三相智能电能表外形规格表

外形规格（mm）	适 用 表 型
265（高）×170（宽）×75（厚）	0.2S 级三相智能电能表
注	0.5S 级三相智能电能表
注	1 级三相智能电能表
290（高）×170（宽）×85（厚）	0.5S 级三相费控智能电能表（无线）
	1 级三相费控智能电能表（无线）
	1 级三相费控智能电能表（载波）
	1 级三相费控智能电能表

三相智能电能表外观示意图如图 7-1-7 所示，结构说明见表 7-1-10。

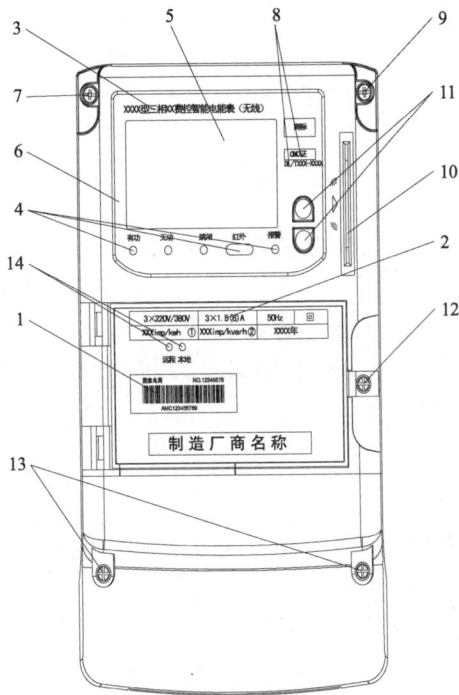

图 7-1-7　三相智能电能表外观示意图

表 7-1-10　　　　　　　　　　　　　三相智能电能表结构说明

序　号	名　　称	解 释 说 明
1	条形码	条形码结构、尺寸及相关要求应符合 Q/GDW 205—2008《电能计量器具条码》的要求

序号	名 称	解 释 说 明
2	电流、电压等参数	电流、电压、常数等参数可根据相应的电能表要求变更；①②表示为准确度等级；▢表示电能表为Ⅱ类防护绝缘包封仪表
3	电能表型号及名称	按照相应的要求确定
4	指示灯及红外通信口	根据功能选用相应的指示灯
5	液晶区域	液晶屏可视尺寸为85mm（长）×50mm（宽）
6	铭牌	—
7、9	上盖封印螺丝	要求电能表封印状态可在正面直接观察到；7由生产厂家加封；9由检定部门加封
8	CMC许可证及制造标准	可按照相应的要求确定
10	IC卡卡口	CPU卡、射频卡均为插卡式
11	上下翻按钮	通过该按钮查询相应显示内容
12	编程按钮盖封印螺丝	可铅封编程按钮
13	端子盖封印螺丝	可铅封端子座，防止客户触碰，由安装人员加封
14	通信模块指示灯	—

（3）三相智能电能表端子定义见表7-1-11。

表7-1-11 三相智能电能表端子定义

1	A相电流接线端子	15	跳闸常闭接线端子
2	A相电压接线端子	16	报警常开接线端子
3	A相电流接线端子	17	报警公共接线端子
4	B相电流接线端子	18	预留端子
5	B相电压接线端子	19	有功校表高电平接线端子
6	B相电流接线端子	20	无功校表高电平接线端子
7	C相电流接线端子	21	公共地接线端子
8	C相电压接线端子	22	多功能输出口接线端子（高）
9	C相电流接线端子	23	多功能输出口接线端子（低）
10	电压零线接线端子/备用端子	24	485-A1接线端子
11	辅助电源接线端子+	25	485-B1接线端子
12	辅助电源接线端子-	26	公共地接线端子
13	跳闸常开接线端子	27	485-A2接线端子
14	跳闸公共接线端子	28	485-B2接线端子

思考与练习

1. 电能表 DSSD 表示什么意思？
2. 电能表按工作原理可分为哪几类？
3. 电能表按相线分类可分为哪几类？

模块 2 电能计量装置技术要求（GDSTY07002）

模块描述

本模块包含电能计量装置分类、准确度等级、电能计量装置接线方式、电能计量装置配置原则等内容。通过概念描述、术语说明、要点归纳，熟悉电能计量装置的技术要求。

模块内容

由各种类型的电能表或计量用电压、电流互感器（或专用二次绕组）及其二次回路相连接组成的用于计量电能的装置，包括电能计量柜（箱、屏）。电网企业之间、电网企业与发电或供电企业之间进行电能量结算、考核的计量点，简称关口计量点。

一、电能计量装置分类

运行中的电能计量装置按计量对象重要程度和管理需要分为五类（Ⅰ、Ⅱ、Ⅲ、Ⅳ、Ⅴ）。分类细则及要求如下：

（1）Ⅰ类电能计量装置。

220kV 及以上贸易结算用电能计量装置，500kV 及以上考核用电能计量装置，计量单机容量 300MW 及以上发电机发电量的电能计量装置。

（2）Ⅱ类电能计量装置。

110（66）～220kV 贸易结算用电能计量装置，220～500kV 考核用电能计量装置。计量单机容量 100～300MW 发电机发电量的电能计量装置。

（3）Ⅲ类电能计量装置。

10kV～110（66）kV 贸易结算用电能计量装置，10～220kV 考核用电能计量装置。计量100MW 以下发电机发电量、发电企业厂（站）用电量的电能计量装置。

（4）Ⅳ类电能计量装置。

380V～10kV 电能计量装置。

（5）Ⅴ类电能计量装置。

220V 单相电能计量装置。

二、准确度等级

各类电能计量装置配置准确度等级要求如下：

（1）各类电能计量装置应配置的电能表、互感器准确度等级应不低于表 7-2-1 所示值。

表 7-2-1   电能计量装置应配置的电能表互感器准确度等级

电能计量装置类别	准确度等级			
	电能表		电力互感器	
	有功	无功	电压互感器	电流互感器
Ⅰ类	0.2S	2	0.2	0.2S
Ⅱ类	0.5S	2	0.2	0.2S
Ⅲ类	0.5S	2	0.5	0.5S
Ⅳ类	1	2	0.5	0.5S
Ⅴ类	2	2	—	0.5S

发电机出口可选用非 S 级电流互感器

（2）电能计量装置中电压互感器二次回路电压降应大于其额定二次电压的 0.2%。

三、电能计量装置接线方式

（1）电能计量装置的接线应符合 DL/T 825—2002《电能计量装置安装接线规则》的要求。

（2）接入中性点绝缘系统的电能计量装置，应采用三相三线有功、无功或多功能电能表。接入非中性点绝缘系统的电能计量装置，应采用三相四线有功、无功或多功能电能表。

（3）接入中性点绝缘系统的电压互感器，35kV 及以上的宜采用 Yy 方式接线；35kV 以下的宜采用 V/v 方式接线。接入非中性点绝缘系统的电压互感器，宜采用 Y_0y_0 方式接线，其一次侧接地方式和系统接地方式相一致。

（4）三相三线制接线的电能计量装置，其中 2 台电流互感器二次绕组与电能表之间应采用四线连接。三相四线制接线的电能计量装置，其中 3 台电流互感器二次绕组与电能表之间应采用六线连接。

（5）在 3/2 断路器接线方式下，参与"和相"的 2 台电流互感器，其准确度等级、型号和规格应相同，二次回路在电能计量屏端子排处并联，在并联处一点接地。

（6）低压供电，计算负荷电流为 60A 及以下时，宜采用直接式电能表的接线方式；计算负荷电流为 60A 以上时，宜采用经电流互感器接入电能表的接线方式。

（7）选用直接接入式的电能表其最大电流不宜超过 100A。

四、电能计量装置配置原则

（1）贸易结算用的电能计量装置原则上应设置在供用电设施的产权分界处。发电企业上网线路、电网企业的联络线路和专线供电线路的另一端应配置考核用电能计量装置。分布式电源的出口应配置电能计量装置，其安装位置应便于运行维护和监督管理。

（2）经互感器接入的贸易结算用电能计量装置应按计量点配置电能计量专用电压、电流互感器或专用二次绕组，并不得接入与电能计量无关的设备。

（3）电能计量专用电压、电流互感器或专用二次绕组及其二次回路应有计量专用二次接线盒及试验接线盒。电能表与试验接线盒应按一对一原则配置。

（4）Ⅰ类电能计量装置、计量单机容量 100MW 及以上发电机组上网贸易结算电量的电能计量装置和电网企业之间购销电量的 110kV 及以上电能计量装置，宜配置型号、准确度等级相同的计量有功电量的主副两只电能表。

（5）35kV 以上贸易结算用电能计量装置的电压互感器二次回路，不应装设隔离开关辅助接点，但可装设快速自动空气开关。35kV 及以下贸易结算用电能计量装置的电压互感器二次回路，计量点在电力用户侧的不应装设隔离开关辅助接点和快速自动空气开关；计量点在电力企业变电站侧的可装设快速自动空气开关。

（6）安装在电力用户处的贸易结算用电能计量装置，10kV 及以下电压、35kV 电压供电的用户，应配置符合 DL/T 448—2016《电能计量装置技术管理规程》规定的电能计量柜或电能计量箱；35kV 电压供电的用户，宜配置符合 GB/T 16934《电能计量柜》规定的电能计量柜或电能计量箱。未配置电能计量柜或箱的，其互感器二次回路的所有接线端子、试验端子应能实施封印。

（7）安装在电力系统和用户变电站的电能表屏，其外形及安装尺寸应符合 GB/T 7267—2015《电力系统二次回路保护及自动化机柜（屏）基本尺寸系列》规定，屏内应设置交流试验电源回路以及电能表专用的交流或直流电源回路。电力用户侧的电能表屏内应有安装电能信息采集终端的空间，以及二次控制、遥信和报警回路的端子。

（8）贸易结算用高压电能计量装置应具有符合 DL/T 566—1995《电压失压计时器技术条件》要求的电压失压计时功能。

（9）互感器二次回路的连接导线应采用铜质单芯绝缘线，对电流二次回路，连接导线截面积应按电流互感器的额定二次负荷计算确定，至少应不小于 $4mm^2$；对电压二次回路，连接导线截面积应按允许的电压降计算确定，至少应不小于 $2.5mm^2$。

（10）互感器额定二次负荷的选择应保证接入其二次回路的实际负荷在 25%～100%额定二次负荷范围内。二次回路接入静止式电能表时，电压互感器额定二次负荷不宜超过 10VA，额定二次电流为 5A 的电流互感器额定二次负荷不宜超过 15VA，额定二次电流为 1A 的电流互感器额定二次负荷不宜超过 5VA。电流互感器额定二次负荷的功率因数应为 0.8～1.0；电压互感器额定二次负荷的功率因素应与实际二次负荷的功率因素接近。

（11）电流互感器额定一次电流的确定，应保证其在正常运行中的实际负荷电流达到额定值的 60%左右，至少应不大于 30%。否则，应选用高动热稳定电流互感器，以减小变化。

（12）为提高低负荷计量的准确性，应选用过载 4 倍及以上的电能表。

（13）经电流互感器接入的电能表，其额定电流宜不超过电流互感器额定二次电流的30%，其最大电流宜为电流互感器额定二次电流的120%左右。

（14）执行功率因素调整电费的电力用户，应配置计量有功电量、感性和容性无功电量的电能表；按最大需计收基本电费的电力用户，应配置具有最大需量计量功能的电能表；实行分时电价的电力用户，应配置具有多费率计量功能的电能表；具有正、反向送电的计量点应配置计量正向和反向有功电量以及四象限无功电量的电能表。

思考与练习

1. 关口计量点的定义？
2. 电能计量装置的接线方式有哪些？
3. 电能计量装置配置原则中互感器二次回路的连接导线有哪些具体要求？
4. 电能计量装置配置原则中执行功率因素调整电费的电力用户，应如何配置？

模块 3　电能计量装置安装接线原则（GDSTY07003）

模块描述

本模块包含电能计量装置中电能表、互感器、熔断器的安装接线要求，以及基本的施工工艺等内容。通过重点说明、图示典型、要点归纳，熟悉电能计量装置的安装接线原则。

模块内容

电能计量装置的安装接线原则和要求，在 DL/T 825—2002《电能计量装置安装接线规则》条款中有明确规定，在此再作必要的说明。

一、电能表

（1）电能表应安装在电能计量柜（屏）上，每一回路的电能表应垂直排列或水平排列。电能表下端应加有回路名称的标签，二只三相电能表相距的量小距离应大于 80mm，单相电能表相距的最小距离为 30mm，电能表与屏边的最小距离应大于40mm。

（2）室内电能表宜装在 0.8～1.8m 的高度（电能表水平中心线距地面尺寸）。

（3）电能表安装必须垂直牢固，表中心线向各方向的倾斜不大于 1°。

（4）装于室外的电能表应采用户外式电能表。

二、互感器

（1）为了减少三相三线电能计量装置合成误差，安装互感器时，宜考虑互感器合理匹配问题。即尽量使接到电能表同一元件的电流、电压互感器比差符号相反，数值相近；角差符号相同，数值相近。当计量感性负荷时，宜把误差小的电流、电压互感器接到电能表的 W 相元件。

（2）同一组的电流、电压互感器应采用制造厂、型号、额定电流（电压）变比、准确度等级、二次容量均相同的互感器。

（3）二台或三台电流、电压互感器进线端极性符号应一致，以便确认该组电流、电压互感器一次及二次回路电流、电压的正方向。

（4）互感器二次回路应安装试验接线盒、便于实负荷校表和带电换表。

（5）低压穿芯式电流互感器应采用固定单一的变比，以防发生互感器倍率差错。

（6）低压电流互感器二次负荷容量不得小于 10VA。高压电流互感器二次负荷可根据实际安装情况计算确定。

三、熔断器

（1）35kV 以上电压互感器一次侧安装隔离开关，二次侧安装快速熔断器或快速开关。35kV 及以下电压互感器一次侧安装熔断器，二次侧不允许装接熔断器。

（2）低压计量电压回路在试验接线盒上不允许加装熔断器。

（3）电力用户用于高压计量的电压互感器二次回路，应加装电压失压计时仪或其他电压监视装置。

（4）施工结束后，电能表端钮盒盖、试验接线盒盖及计量柜（屏、箱）门等均应加封。

四、基本施工工艺

基本要求：按图施工、接线正确；电气连接可靠、接触良好；配线整齐美观；导线无损伤、绝缘良好。

（1）二次回路接线应注意电压、电流互感器的极性端符号。接线时可先接电流回路，分相接线的电流互感器二次回路宜按相色逐相接入，并核对无误后，再连接各相的接地线。简化接线方式的电流互感器二次回路，可利用公共线，分相接入时公共线只与该相另一端连接，其余步骤同上。电流回路接好后再按相接入电压回路。

（2）二次回路接好后，应进行接线正确性检查。

（3）电流互感器二次回路每台接线螺丝只允许接入两根导线。

（4）当导线接入的端子是接触螺丝，应根据螺丝的直径将导线的末端弯成一个环，其弯曲方向应与螺丝旋入方向相同，螺丝（或螺帽）与导线间、导线与导线间应加垫圈。

（5）直接接入式电能表采用多股绝缘导线，应按表计容量选择。遇若选择的导线过粗时，应采用断股后接入电能表端钮盒的方式。

（6）当导线小于端子孔径较多时，应在接入导线上加扎后再接入。

五、常用典型接线图

常用电能计量装置的接线图如图 7-3-1～图 7-3-7 所示。

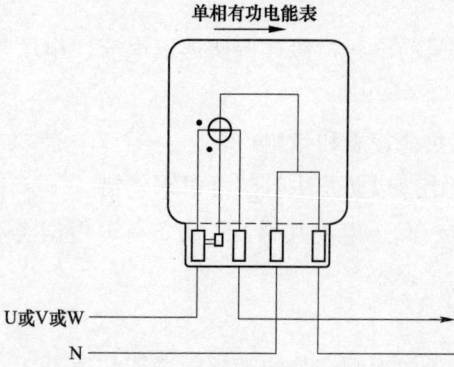

图 7-3-1　单相计量有功电能直接接入式

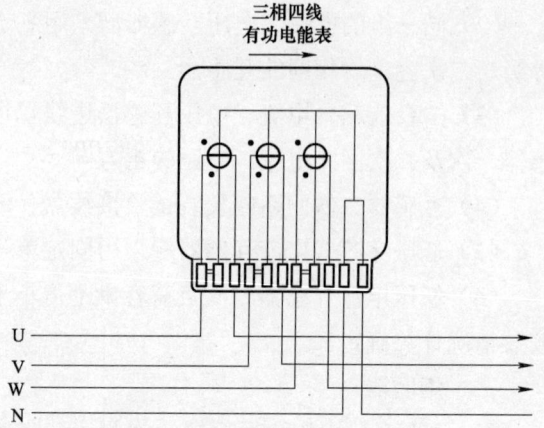

图 7-3-2　低压计量有功电能直接接入式

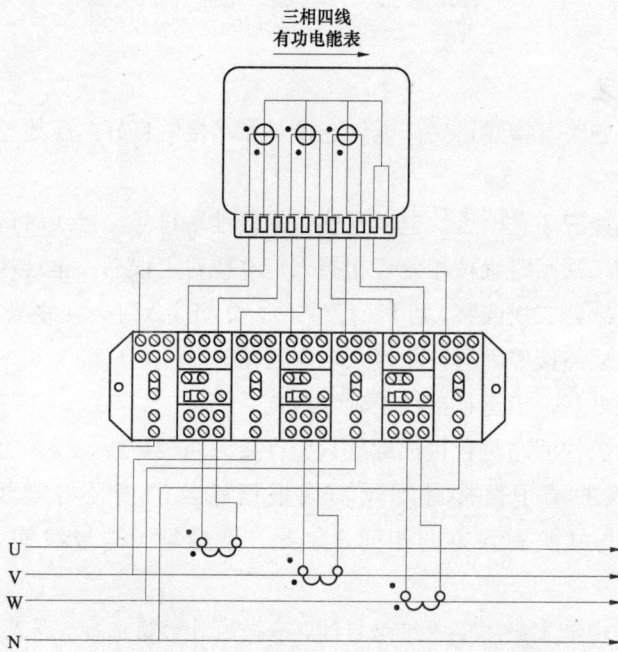

图 7-3-3　低压计量有功电能电流分相接线方式

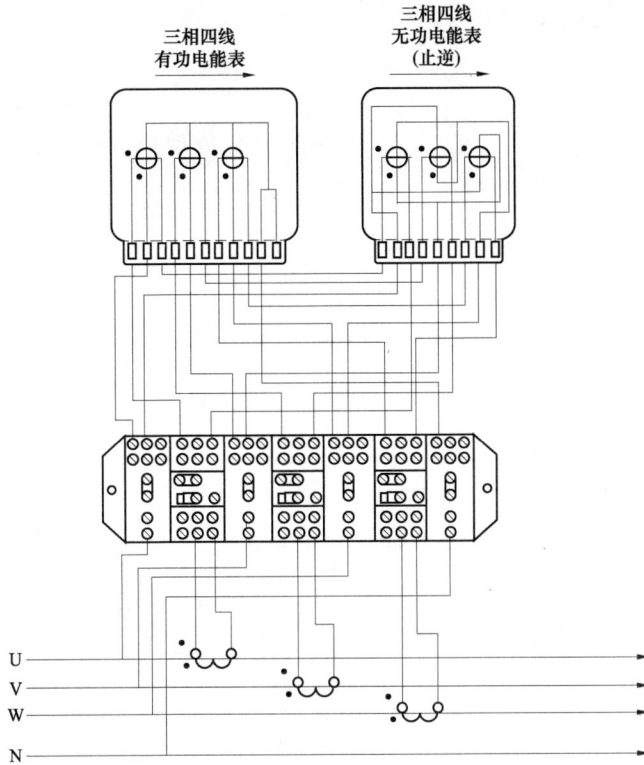

图 7-3-4　低压计量有功及无功电能电流分相接线方式

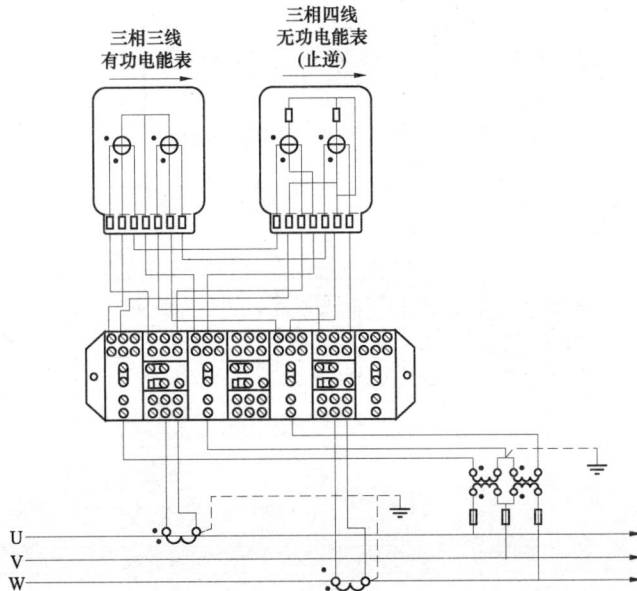

图 7-3-5　非有效接地系统高压计量有功及
无功电能电流分相接线方式

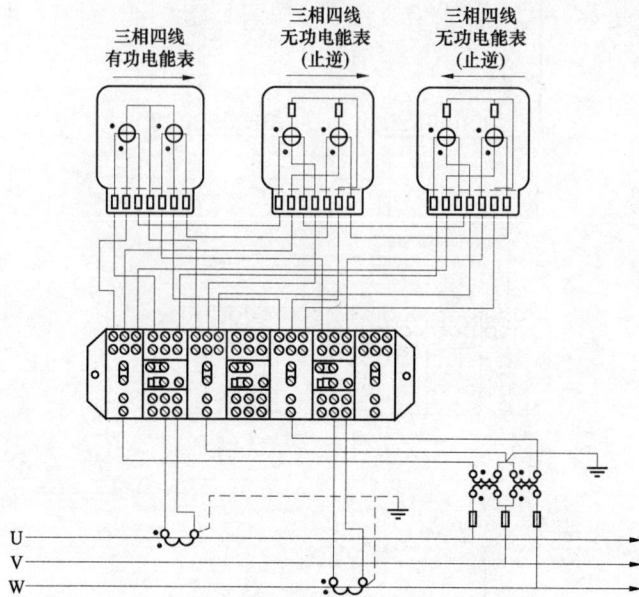

图 7-3-6　非有效接地系统高压计量有功及
感性、容性无功电能电流分相接线方式

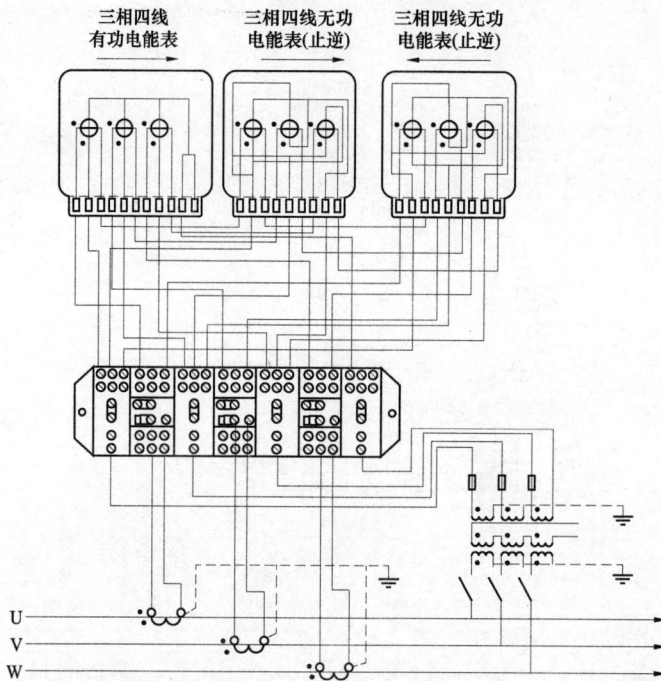

图 7-3-7　有效接地系统高压计量有功及感性、容性无功电能电流分相接线方式

思考与练习

1. 电能计量装置中电能表的安装接线要求有哪些?

2. 电能计量装置的基本施工工艺有哪些?

3. 画出低压计量有功电能电流分相接线方式电能计量装置的典型接线图。

4. 画出非有效接地系统高压计量有功及无功电能电流分相接线方式电能计量装置的典型接线图。

第8章

电 能 质 量

模块 1　电能质量基本概念（GDSTY08001）

模块描述

本模块包含电能质量的定义、衡量电能质量主要指标和电能质量的主要指标的介绍。通过介绍，掌握电能质量的含义，了解衡量电能质量主要指标和电能质量的主要指标等内容。

模块内容

电能质量即电力系统中电能的质量，是指通过公用电网供给用户端的交流电能的品质。理想的电能应该是完美对称的正弦波，即用电网应以恒定的频率、正弦波形和标准电压对用户供电。同时，在三相交流系统中各相电压和电流的幅值应大小相等、相位对称且互差120°。由于系统中的发电机、变压器和线路等设备非线性或不对称，负荷性质多变，加之调控手段不完善及运行操作、外来干扰和各种故障等原因，因此产生了电网运行、电力设备和供用电环节中的各种问题，使波形偏离对称正弦，便产生了电能质量问题。

电能质量，从严格意义上讲，衡量电能质量的主要指标有电压、频率和波形。从普遍意义上讲是指优质供电，包括电压质量、电流质量、供电质量和用电质量四个方面的相关术语和概念。

电能质量的主要指标有：谐波、电压偏差、三相电压不平衡、供电可靠性等。围绕电能质量含义，从不同角度理解通常包括：

（1）电压质量：是以实际电压与理想电压的偏差，反映供电企业向用户供应的电能是否合格的概念。这个定义能包括大多数电能质量问题，但不能包括频率造成的电能质量问题，也不包括用电设备对电网电能质量的影响和污染。

（2）电流质量：反映了与电压质量有密切关系的电流的变化，是电力用户除对交流电源有恒定频率、正弦波形的要求外，还要求电流波形与供电电压同相位以保证高功率因素运行。这个定义有助于电网电能质量的改善和降低线损，但不能概括大多数因电压原因造成的电能质量问题。

（3）供电质量其技术含义是指电压质量和供电可靠性，非技术含义是指服务质量，包括供电企业对用户投诉的反映速度以及电价组成的合理性、透明度等。

（4）用电质量：包括电流质量与反映供用电双方相互作用和影响中的用电方的权利、责任和义务，也包括电力用户是否按期、如数缴纳电费等。

思考与练习

1. 电能质量的定义是什么？
2. 什么是电压质量？
3. 衡量电能质量的主要指标有哪些？

模块 2 谐波（GDSTY08002）

模块描述

本模块包含谐波的定义、谐波产生的原因、谐波的危害等内容。通过介绍，掌握谐波的定义、谐波产生的原因、谐波的危害，以及谐波治理基本方法等内容。

模块内容

一、概述

1. 谐波的定义

从严格的意义来讲，谐波是指电流中所含有的频率为基波的整数倍的电量，一般是指对周期性的非正弦电量进行傅里叶级数分解，其余大于基波频率的电流产生的电量。从广义上讲，由于交流电网有效分量为工频单一频率，因此任何与工频频率不同的成分都可以称之为谐波，这时"谐波"这个词的的意义已经变得与原意有些不符。正是因为广义的谐波概念，才有了"分数谐波""间谐波""次谐波"等说法。

2. 谐波产生的原因

在电力系统中，谐波产生的根本原因是由于非线性负载所致，由于正弦电压加压于非线性负载，基波电流发生畸变产生谐波。

所有的非线性负荷都能产生谐波电流，产生谐波的设备类型有：开关模式电源（SMPS）、电子荧光灯镇流器、调速传动装置、不间断电源（UPS）、磁性铁芯设备及某些家用电器如电视机等。

3. 谐波的危害

谐波使电能的生产、传输和利用的效率降低，使电气设备过热、产生振动和噪声，并使绝缘老化，使用寿命缩短，甚至发生故障或烧毁。谐波可引起电力系统局部并联谐振或串联谐振，使谐波含量放大，造成电容器等设备烧毁。谐波还会引起继电保护和自动装置误动作，使电能计量出现混乱。对于电力系统外部，谐波对通信设备和电子设备会产生严重干扰。

二、常见谐波对居民生活用电的影响

谐波电流通过电动机，使谐波附加损耗明显增多，引起电动机过热、机械振动和噪声大。当谐波电压通过电动机产生的电压波动的主要低频分量与电动器机械振动的固有频率一致时，会诱发谐振，会使电动机损坏，主要表现如下：

（1）最直观的感觉就是引起照明灯光和电视画面忽明忽暗的闪烁，造成视觉疲劳。

（2）引起冰箱、空调的压缩机承受冲击力，产生振动，降低使用寿命。

（3）影响有线电视、广播新号的正常传输，可能通过电磁感应和辐射造成干扰影响。

（4）引起电能计量误差，造成不必要的电费损失等。

三、谐波治理基本方法

目前常用的谐波治理的方法有两种，即无源滤波和有源滤波。

无源滤波器的主要结构是用电抗器与电容器串联起来，组成 LC 串联回路，并联于系统中，LC 回路的谐振频率设定在需要滤除的谐波频率上，例如 5 次、7 次、11 次谐振点上，达到滤除这 3 次谐波的目的。其成本低，但滤波效果不太好，如果谐振频率设定得不好，会与系统产生谐振。

有源谐波滤除装置是在无源滤波的基础上发展起来的，它的滤波效果好，在其额定的无功功率范围内，滤波效果是百分之百的。它主要是由电力电子元件组成电路，使之产生一个和系统的谐波同频率、同幅度，但相位相反的谐波电流，从而抵消系统中的谐波电流。

思考与练习

1. 谐波的定义是什么？
2. 常见谐波对居民生活用电的影响有哪些？
3. 谐波治理的基本方法？

模块 3　电压偏差（GDSTY08003）

模块描述

本模块包含电压偏差的定义、电压质量标准、影响电压偏差的原因等内容。通过定义讲解和标准介绍，掌握电压偏差产生的原因及平衡方法。

模块内容

供电系统在正常运行下，某一节点的实际电压与系统标称电压（通常电力系统的额定电压采用标称电压去描述，对电气设备则采用额定电压的术语，它们其实是同一个数值）之差对系统标称电压的百分数称为该节点的电压偏差，数学表达式为：电压偏差=（实际电压−系统标称电压）/系统标称电压×100%。

电压偏差又称电压偏移，指供配电系统改变运行方式和负荷缓慢地变化使供配电系统各点的电压也随之变化，各点的实际电压与系统的额定电压之差称为电压偏差。

1. 电压质量标准

（1）35kV 及以上的电压供电的，电压偏差绝对值之和不超过额定电压值的 10%。

（2）10kV 用户电压允许偏差值，为系统额定电压的±7%。

（3）380V 电力用户电压允许偏差值，为系统额定电压的±7%。

（4）220V 电力用户电压允许偏差值，为系统额定电压的–10%～7%。

（5）农村用户电压允许偏差值，为系统额定电压的–10%～7%。

（6）特殊用户的电压允许偏差值，按供电合同商定的数值确定。

2. 影响电压偏差的原因

（1）供电距离超过合理的供电半径。

（2）供电导线截面选择不当，电压损失过大。

（3）线路过负荷运行。

（4）用电功率因数过低，无功电流大，加大了电压损失。

（5）冲击性负荷、非对称性负荷的影响。

（6）调压措施缺乏或使用不当，如变压器分头摆放位置不当等。

（7）用电单位装用的静电电容器补偿功率因数没采用自动补偿。

总之，无功电能的余、缺状况是影响供电电压偏差的重要因素。

3. 电压偏差调节

一般采取无功就地平衡的方式进行无功补偿，并及时调整无功补偿量，从源头上解决问题，从技术上考虑，无功补偿只宜补偿到功率因数在 0.90～0.95 这个区间，仍有一部分无功需要电网供应；目前采用最广泛、最有效最经济的措施是采用有载调压变压器对电压偏差及时进行调整的方式。

思考与练习

1. 电压偏差的概念是什么？
2. 电压质量标准的具体内容？
3. 影响电压偏差的原因有哪些？

模块 4　三相电压不平衡（GDSTY08004）

模块描述

本模块包含三相电压不平衡的定义、三相负荷不平衡的危害、低压三相负荷不平衡的改善措施等内容。通过介绍，掌握三相电压不平衡的定义，了解三相负荷不平衡的危害，掌握低压三相负荷不平衡的改善措施。

模块内容

一、三相电压不平衡的定义

三相电压不平衡是指三相系统中三相电压的不平衡，用电压或电流负序分量与正序分量的均方根百分比表示。三相电压不平衡（即存在负序分量）会引起继电保护误动、电机附加振动力矩和发热。额定转矩的电动机，如长期在负序电压含量 4% 的状态下运行，由于发热电动机绝缘的寿命会减少一半，若某相电压高于额定电压，其运行寿命将下降的更加严重。

目前我国执行的标准规定了电力系统公共连接点正常电压不平衡度允许值为 2%，同时规定短时的不平衡度不得超过 4%。短时允许值的概念是指任何时刻均不得超过的限制值，以保证继电保护和自动装置的正确动作。对接入公共连接点的每个用户引起该点正常电压不平衡度允许值一般为 1.3%。

二、三相负荷不平衡的危害

1. 对配电变压器的影响

（1）三相负荷不平衡将增加变压器的损耗：

变压器的损耗包括空载损耗和负荷损耗。正常情况下变压器运行电压基本不变，即空载损耗是一个恒量。而负荷损耗则随变压器运行负荷的变化而变化，且与负荷电流的平方成正比。当三相负荷不平衡运行时，变压器的负荷损耗可看成三只单相变压器的负荷损耗之和。

从数学定理中我们知道：假设 a、b、c 3 个数都大于或即是零，那么 $a+b+c \geq 3 \times \sqrt[3]{abc}$。当 $a=b=c$ 时，代数和 $a+b+c$ 取得最小值：$a+b+c=3 \times \sqrt[3]{abc}$。

因此我们可以假设变压器的三相损耗分别为

$$Q_a=I_a^2 \times R \text{、} Q_b=I_b^2 \times R \text{、} Q_c=I_c^2 \times R$$

式中　I_a、I_b、I_c——变压器二次负荷相电流；

R——变压器的相电阻。

则变压器的损耗表达式如下：

$$Q_a+Q_b+Q_c \geq 3 \times \sqrt[3]{\left[\left(I_a^2 \times R\right)+\left(I_b^2 \times R\right)+\left(I_c^2 \times R\right)\right]}$$

由此可知，变压器的在负荷不变的情况下，当 $I_a=I_b=I_c$ 时，即三相负荷达到平衡时，变压器的损耗最小。

则变压器损耗：

当变压器三相平衡运行时，即 $I_a=I_b=I_c=I$ 时，$Q_a+Q_b+Q_c=3I^2R$；

当变压器运行在最大不平衡时，即 $I_a=3I$，$I_b=I_c=0$ 时，$Q_a=(3I)^2R=9I^2R=3(3I^2R)$；

即最大不平衡时的变损是平衡时的 3 倍。

（2）三相负荷不平衡可能造成烧毁变压器的严重后果：

上述不平衡时重负荷相电流过大（增为 3 倍），超载过多，可能造成绕组和变压器油的过热。绕组过热，尽缘老化加快；变压器油过热，引起油质劣化，迅速降低变压器的尽缘性能，减少变压器寿命（温度每升高 8℃，使用年限将减少一半），甚至烧毁绕组。

（3）三相负荷不平衡运行会造成变压器零序电流过大，局部金属件温升增高：

在三相负荷不平衡运行下的变压器，必然会产生零序电流，而变压器内部零序电流的存在，会在铁芯中产生零序磁通，这些零序磁通就会在变压器的油箱壁或其他金属构件中构成回路。但配电变压器设计时不考虑这些金属构件为导磁部件，则由此引起的磁滞和涡流损耗使这些部件发热，致使变压器局部金属件温度异常升高，严重时将导致变压器运行事故。

2. 对高压线路的影响

（1）增加高压线路损耗：

低压侧三相负荷平衡时，6～10kV 高压侧也平衡，设高压线路每相的电流为 I，其功率损耗为：$\Delta P_1 = 3I^2R$

低压电网三相负荷不平衡将反映到高压侧，在最大不平衡时，高压对应相为 $1.5I$，另外两相都为 $0.75I$，功率损耗为：

$$\Delta P_2 = 2(0.75I)^2R + (1.5I)^2R = 3.375I^2R = 1.125(3I^2R)$$

即高压线路上电能损耗增加 12.5%。

（2）增加高压线路跳闸次数、降低开关设备使用寿命：

我们知道高压线路过流故障占相当比例，其原因是电流过大。低压电网三相负荷不平衡可能引起高压某相电流过大，从而引起高压线路过流跳闸停电，从而引发大面积停电事故，同时变电站的开关设备频繁跳闸将降低使用寿命。

3. 对配电柜（屏）和低压线路的影响

（1）三相负荷不平衡将增加线路损耗：

三相四线制供电线路，把负荷均匀分配到三相上，设每相的电流为 I，中性线电流为零，其功率损耗为：$\Delta P_1 = 3I^2R$

在最大不平衡时，即某相为 $3I$，另外两相为零，中性线电流也为 $3I$，功率损耗为：

$$\Delta P_2 = 2(3I)^2R = 18I^2R = 6(3I^2R)$$

即最大不平衡时的电能损耗是平衡时的 6 倍，换句话说，若最大不平衡时每月损失 1200kWh，则平衡时只损失 200kWh，由此可知调整三相负荷的降损潜力。

（2）三相负荷不平衡可能造成烧断线路、烧毁开关设备的严重后果：

上述不平衡时重负荷相电流过大（增为 3 倍），超载过多。由于发热量 $Q=0.24I^2Rt$，电流增为 3 倍，则发热量增为 9 倍，可能造成该相导线温度直线上升，以致烧断。且由于中性线导线截面一般应是相线截面的 50%，但在选择时，有的往往偏小，加上接头质量不好，使导线电阻增大。中性线烧断的几率更高。

同理，在配电柜（屏）上，造成开关重负荷相烧坏、接触器重负荷相烧坏，进而整机损坏等严重后果。

4. 对供电企业的影响

供电企业直管到户，低压电网损耗大，将降低供电企业的经济效益。变压器烧毁、线路烧断、开关设备烧坏，一方面增大供电企业的供电成本，另一方面停电检修、物资采购、设备更换造成长时间停电、少供电量。既降低供电企业的经济效益，又影响供电企业的声誉。

5. 对客户的影响

三相负荷不平衡，一相或两相畸重，必将增大线路中的电压降，降低电能质量，影响用户的电器使用。

变压器烧毁、线路烧断、开关设备烧坏,影响用户供电,轻则带来不便,重则造成较大的经济损失,如停电造成养殖的动植物死亡,或不能按合同供电被惩罚等。此外,中性线烧断还可能造成用户大量低压电器被烧毁的事故。

三、低压三相负荷不平衡的改善措施

(1)重视低压配电网的规划工作,加强与地方政府规划等部门的沟通,在配电网建设和改造中对低压台区进行合理的分区分片供电,配变布点尽量接近负荷中心,避免扇形供电和迂回供电,配电网络的建设要遵循"小容量、多布点、短半径"的配变选址原则。

(2)在对采用低压三相四线制供电的地区,要对有条件的配电台区采用三相四线直接供电至客户末端的方式,这样可以在低压线路施工中最大程度避免三相负荷出现偏相的出现。同时,要做好低压装表接电工作,单相负荷在三相四线制线路上应分布尽量均匀,避免出现单相负荷集中在某一相或两相上,导致线路末端出现负荷偏相。

(3)在低压配电网中性线采用多点接地,降低中性线电能损耗。目前由于三相负荷的分布不能做到绝对平衡,因此会导致中性线出现电流,按照规程要求中性线电流不得超过相线电流的25%。而在实际运行中,由于中性线截面积较细,电阻值较相同长度的相线要大,中性线电流过大在导线上会造成一定的电能损耗,所以建议在低压配电网公用中性线上采用多点接地,降低中性线电能损耗,避免因负荷不平衡出现的中性线电流而产生的电压严重危及人身安全。此外,通过多点接地方式,可减少因为发热等原因造成的中性线断股断线,使得客户使用的相电压升高,损坏家用电器。

(4)对单相负荷占较大比重的供电地区可积极推广单相变供电。目前在城市居民小区内大部分的负载一般均采用单相供电,由于线路负荷大多为动力、照明混供,而电气设备使用的同时率较低,这样使得低压三相负荷在实际运行中的不平衡的幅度更大。另外从目前农村的生活用电情况看,在很多欠发达和不发达地区的农村存在着人均用电量小、居住分散,供电线路长等问题,对于用户较分散、用电负荷主要以照明为主、负荷不大的情况,采用单相变压器供电的方式,以达到减少损耗和建设资金的目的。目前单相变压器损耗比同容量三相变压器减少15%~20%,且个别单相变在低压侧还可以引出380V和220V两种电压等级。

(5)积极开展变压器负荷实际测量和调整工作。一是实测工作不能简单地测量配变低压侧三相引出线的负荷电流,而应同时测量中性线的工作电流,或者是测量中性线(排)对地电压,从而可以有效发现三相负荷不平衡情况。二是实测工作要向低压配电线路的末端和分支端延伸,进一步发现不平衡负荷的出现地点,确定调荷点。三是负荷实测调整工作既要定期开展也要不定期开展,尤其是在大负荷投运和高峰负荷期间,要增加实测的次数,通过及时的测量配变低压出线电流和线路末端电流,便于准确了解设备的运行情况,做好负荷的均衡调配和合理分配。

思考与练习

1. 三相电压不平衡的概念是什么?

2. 三相负荷不平衡对客户的影响有哪些？

3. 低压三相负荷不平衡的改善措施一般有哪些？

模块 5 供电可靠性（GDSTY08005）

模块描述

本模块包含供电可靠性的定义、供电可靠性指标的统计与计算、提高供电可靠性的措施等内容。通过介绍，了解供电可靠性的定义，掌握供电可靠性指标的统计与计算，熟悉提高供电可靠性的措施。

模块内容

一、概述

供电可靠性是指供电系统持续供电的能力，是考核供电系统电能质量的重要指标，反映了电力工业对国民经济电能需求的满足程度，已经成为衡量一个国家经济发达程度的标准之一。即供电可靠性的实质是在电力系统设备发生故障时，衡量能使由该故障设备供电的用户供电故障尽量减少，使电力系统本身保持稳定运行（包括运行人员的运行操作）的能力的程度。

供电可靠性可以用如下一系列指标加以衡量：供电可靠率、用户平均停电时间、用户平均停电次数、系统停电等效小时数等。

二、供电可靠性指标的统计与计算

1. 统计范围

供电企业对其全部管辖范围内的供电系统用户的、供电系统用户的，供电可靠性进行统计、计算、分析和评价。

所谓管辖范围内的供电系统是指本企业产权范围的全部以及产权属于用户而委托供电部门运行、维护、管理的电网及设施。农村用户的供电设施也在统计行列中。

供电可靠性统计直接反映配电系统对用户供电能力，是配电系统可靠性管理的基础，也是电力工业可靠性管理的一个重要组成部分，其统计对象是以对用户是否停电为标准。

2. 统计分类

（1）供电系统的状态包括供电状态和停电状态。

供电状态指随时可从供电系统获得所需电能的状态。

停电状态指用户不能从供电系统获得所需电能的状态，包括与供电系统失去电的联系和未失去电的联系。

（2）停电性质分类。

```
                              ┌ 内部故障停电
              ┌ 故障停电 ┤
              │               └ 外部故障停电 ┌ 检修停电
              │                 ┌ 计划停电 ┤ 施工停电
              │                 │            └ 用户申请停电
停电 ┤        │                 │            ┌ 临时检修停电
              └ 预安排停电 ┤ 临时停电 ┤ 临时施工停电
                                │            └ 用户临时申请停电
                                │            ┌ 系统电源不足限电
                                └ 限　　电 ┤
                                             └ 供电网限电
```

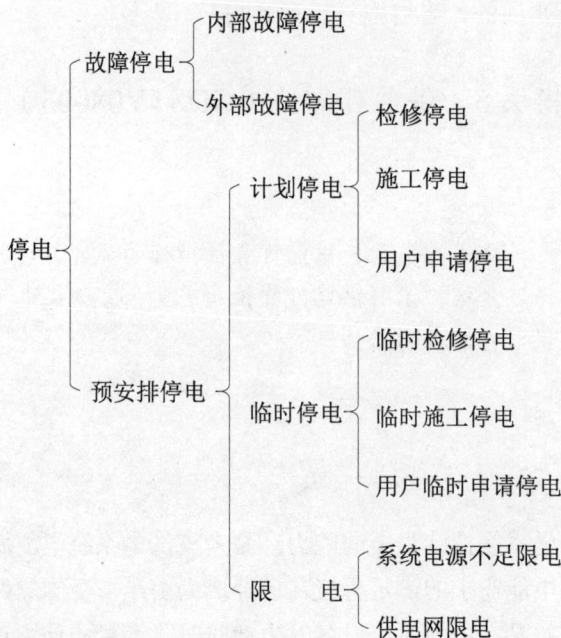

3. 主要指标及计算公式

（1）供电可靠率是指一年中对用户有效供电时间总小时数与统计期间时间的比值。

$$供电可靠率=\left(1-\frac{用户平均停电时间}{统计期间时间}\right)\times100\% \qquad (8-5-1)$$

（2）用户平均停电时间是指一年中每一用户的平均停电时间，单位以 h 表示。

$$用户平均停电时间=\frac{\sum(每次停电的持续时间\times每次停电用户数)}{总用户数}(h/户)$$

$$(8-5-2)$$

【例 8-5-1】某供电公司一条 10kV 线路，于某月某天进行计划施工改造，并安排三个不同的施工单位进行施工。总停电时间为 7h。其中 A 单位为 7h，B 单位为 5h，C 单位为 4.5h（本公司有注册用户 1800 户，统计时间为 720h，停电线路所带用户数为 80 户）。

计算总停电时户数、用户平均停电时间、本次停电影响本月供电可靠率的百分点。

解：总停电时户数=7h×80 户=560 时户

用户平均停电时间=（停电时间*停电用户数）/总用户数=7×80÷1800=0.311

用户平均停电时间为 0.311。

供电可靠率=统计期间时间-用户平均停电时间/统计期间时间

=（720-0.311）÷720=99.957%

供电可靠率=100%-99.957%=0.043

此次停电影响本月供电可靠率 0.043 个百分点。

用户平均停电次数是指一年中每一用户的平均停电次数

$$用户平均停电时间=\frac{\sum（每次停电用户数）}{总用户数}（次/户）\qquad (8-5-3)$$

【例 8-5-2】 某公司 8 月份的用户数总计 4267 户，有 6 次停电事件，6 次停电的户数分别为 10、8、6、7、12、9，求用户平均停电次数（保留三位小数）。

解：用户平均停电次数=（10+8+6+7+12+9）/4276 =0.0122（次/户）

用户平均故障停电次数是指一年中每一用户的平均故障停电次数

$$用户平均故障停电次数=\frac{\sum（每次故障停电的用户数）}{总用户数}（次/户）\qquad (8-5-4)$$

用户平均预安排停电次数是指一年中每一用户的平均预安排停电次数

$$用户平均预安排停电次数=\frac{\sum（每次预安排停电用户数）}{总用户数}（次/户）\qquad (8-5-5)$$

4. 统计的有关规定

由于电力系统中发、输变系统故障而造成的未能在 6h（或按供电合同要求的时间）以前通知主要用户的停电，不同于因装机容量不足造成的系统电源不足限电，其停电性质为故障停电。

用户由两回及以上供电线路同时供电，当其中一回停运而不降低用户的供电容量（包括备用电源自动投入）时，不予统计。如一回线路停运而降低用户供电容量时，应计停电一次，停电用户数为受其影响的用户数，停电容量为减少的供电容量，停电时间按等效停电时间计算，其方法按不拉闸限电的公式计算。

用户由一回 35kV 或以上高压线路供电，而用 10kV 线路作为备用时，当高压线路停运，由 10kV 线路供电并减少供电容量时，应进行统计，统计方法不按拉闸限电公式计算。对这种情况的用户，仍算作 35kV 或以上的高压用户。

对装有自备电厂且有能力向系统输送电力的高压用户，若该用户与供电系统连接的 35kV 或以上的高压线路停运，且减少（或中断）对系统输送电力而影响对 35kV 或以上的高压用户的正常供电时，应统计停电一次；停电用户数应为受其影响而限电（或停电）的高压用户数之和，停电时间按等效停电时间计算，其方法同前。

凡在拉闸限电时间内，进行预安排检修或施工，应按预安排检修或施工分类统计。当预安排检修或施工的时间小于拉闸限电时间，由检修或施工以外的时间作为拉闸限电统计。

用户申请（包括计划和临时申请）停电检修等原因而影响其他用户停电，不属外部原因，在统计停电用户时，除申请停电的用户不计外，外受其影响的其他用户必须按检修分类进行统计。

由用户自行运行、维护、管理的供电设施故障引起其他用户停电时，属内部故障停电。在统计停电户数时，不计该故障用户。

对单回路停电，分阶段处理逐步恢复送电时，作为一次事件，但停电持续时间按等效停电持续时间计算，其公式如下：

$$等效停电持续时间 = \frac{\sum(各阶段停电持续时间 \times 停电用户数)}{受停电影响的总户数}$$

$$= \frac{\sum(各阶段停电时户数)}{受停电影响的总户数}(小时) \qquad (8-5-6)$$

式中 "受停电影响的总用户数"——每一用户只能统计一次。

线路跌落保险一项跌落时，引起的停电应统计为一次停电事件。具体规定如下：

（1）当一相熔断，全线为动力负荷时，视全线路停电。

（2）当一相熔断，该线路动力负荷与非动力负荷大体相当时，可粗略的认为该线路有一半负荷停电。

（3）当一相熔断，该线路以照明等非动力负荷为主时，可粗略的认为该线路有 1/3 负荷停电。

由一种原因引起扩大性故障停电时，应按故障设施分别统计停电次数及停电时用户数。例如：因线路故障，开关（包括相应保护）拒动，引起越级跳闸，则应计线路故障一次，其停电时户数为由该线路供电的时户数，另计开关或保护拒动故障一次，其停电时户数为除故障线路外的其他跳闸线路供电的时户数，其余可类推。

三、提高供电可靠性的措施

供电可靠性管理的目的是提高供电企业的管理水平。提高企业和社会的经济效益，在电力为主要能源的现阶段，社会各行业和人民生活对电力能源的依赖性决定了，对供电连续性的高要求，供电企业努力提高设备可用率，加强可靠性管理，是非常必要的。

（1）认真搞好设备管理，基建选型尽量采用安全可靠的先进设备，适当提高设计标准要求，是提高供电可靠性的首要条件。

（2）认真搞好设备全面质量管理，使设备从安装调试、交接预试、维护检修、验收启动等环节，都置于全面质量监督之下，保证设备质量全优，在一个检修周期内不发生缺陷的临修，这是提高设备可用率的保证。

（3）认真搞好全面计划管理，是提高设备可用率的重要措施，也是企业现代化管理的要求。加强计划的严密性，全员参加计划管理，变电工作与线路工作统筹安排；一次设备与二次设备检修统筹安排；更改工程与大修理统筹安排等，尽可能减少不必要的重复停电，是提高设备可用率和全面计划管理内容之一。

（4）加强设备运行监督，随时掌握设备运行状态和规律，做好事故的预防和防范工作。

（5）认真做好电力用户的技术服务，监督电力用户搞好设备管理，也是提高企业供电能力的有力措施。用户设备的安全可靠对提高供电企业可靠性运行是至关重要的。

思考与练习

1. 供电可靠性的定义是什么？
2. 供电可靠性的统计范围包括哪些内容？
3. 提高供电可靠性的措施有哪些？

第9章

无 功 补 偿

模块1　电力用户功率因数要求（GDSTY09001）

模块描述

本模块包含功率因数的基本概念、功率因数对供配电系统的影响、功率因数调整电费管理办法等内容。通过概念描述、术语说明、公式介绍、条文解释、要点归纳，熟悉对电力用户功率因数的要求。

模块内容

一、功率因数概述

在交流电路中，电压与电流之间的相位差（φ）的余弦叫做功率因数，用 $\cos\varphi$ 表示。在数值上，功率因数是有功功率和视在功率的比值，即 $\cos\varphi = P/S$。

功率因数的大小与电路的负荷性质有关，是电力系统的一个重要的技术数据，也是衡量电气设备效率高低的一个系数。功率因数低，说明电路用于交变磁场转换的无功功率大，从而降低了设备的利用率，增加了线路供电损失。所以，供电企业对用电单位的功率因数有一定的要求。

1. 瞬时功率因数

瞬时功率因数的数值可由功率因数表（又叫相位计）随时直接读出，或者根据电流表、电压表及有功功率表在同一个时间的读数 I、U、P 代入下式求得

$$\cos\varphi = \frac{P}{\sqrt{3}UI} \qquad (9-1-1)$$

观察瞬时功率因数的变化情况，可借以分析及判断企业或者车间在生产过程中无功功率的变化规律，以便采取相应的补偿措施。

2. 月平均功率因数

根据有功电能表和无功电能表记载每月用电量，可计算月平均功率因数，即

$$\cos\varphi = \frac{W_a}{\sqrt{W_a^2 + W_r^2}} \qquad (9-1-2)$$

式中 W_a、W_r——有功电能表和无功电能表的月积累值，单位分别为 kW 和 kvar。

如果企业尚未投产，企业的平均功率因数可通过计算负荷求得，即

$$\cos\varphi = \frac{\alpha P_{ca}}{\sqrt{(\alpha P_{ca})^2 + (\beta Q_{ca})^2}} = \frac{1}{\sqrt{1 + \left(\dfrac{\beta Q_{ca}}{\alpha P_{ca}}\right)^2}} \qquad (9-1-3)$$

式中 α、β——有功与无功月平均负荷系数，通常取 α =0.7～0.8，β =0.76～0.82；

P_{ca}、Q_{ca}——有功与无功计算负荷。

月平均功率因数可作为电业部门每月征收电费时调整收费标准的依据。

二、功率因数对供配电系统的影响

在供电系统中，绝大多数电气设备如变压器、电动机、感应电炉等均属于感性负荷。这些电气设备在运行中不仅消耗有功功率 P，而且消耗相当数量的无功功率 Q。如果无功功率过大，会使供电系统的功率因数过低，从而给电力系统带来下列不良影响：

（1）增大线路和变压器的功率和电能损耗。如果功率因数小，在 P 一定时，则线路（或变压器）的功率损耗和电能损耗也随之增大。

（2）使网络中的电压损失增大，造成供电质量降低。在 P 一定时，无功功率增大（即功率因数降低），必然引起电网电压损失随之增加，供电电压质量下降。

（3）使供电设备的供电能力降低。供电设备的供电能力（容量）是一定的，由于有功功率 $P = S\cos\varphi$，功率因数越低，一定容量的供电设备所能供给的有功功率就越小，于是使供电设备的供电能力有所降低。

从上面的分析得知，电感设备耗用的无功功率越大，功率因数就越低，引起的后果也越严重。不论是从节约的电能、提高供电质量，还是从提高供电设备的供电能力出发，都必须采取补偿无功功率的措施来改善功率因数。

GB/T 3485—1998《评价企业合理用电技术导则》规定，企业应在提高自然功率因数的基础上，合理装置无功补偿设备，企业的功率因数应达到 0.9 以上。

三、功率因数调整电费管理办法

按月考核加权平均功率因数，分为三个不同级别。级别划分一般按客户用电性质、供电方式、电价类别及用电设备容量等因素来完成。

（1）功率因数考核标准值为 0.90 的，适用于以高压供电，其受电变压器容量与不经过变压器接用的高压电动机容量总和在 160kVA（kW）以上的工业客户；3200kVA（kW）及以上的电力排灌站；装有带负荷调整电压装置的电力客户。

（2）功率因数考核标准值为 0.85 的，适用于 100kVA（kW）及以上的其他工业客户和 100kVA（kW）及以上的非工业客户和电力排灌站，以及大工业客户中未划归电力企业经营部门直接管理的趸售客户。

（3）功率因数考核标准值为 0.8 的，适用于 100kVA 及以上的农业客户中和大工业客户划归电力企业经营部门直接管理的趸售客户。

思考与练习

1. 什么是功率因数？
2. 功率因数过低对供电系统有何影响？
3. 对不同客户的功率因数考核有哪些要求？
4. 名词解释：
（1）瞬时功率因数；（2）月平均功率因数。

模块2 提高功率因数的方法（GDSTY09002）

模块描述

本模块包含提高功率因数的意义、低压网无功补偿的一般方法等内容。通过概念描述、术语说明、公式介绍、计算举例，掌握提高功率因数的方法。

模块内容

一、功率因数对供配电系统的影响

在供电系统中，由于绝大多数的用电设备均属于感性负荷，这些用电设备在运行时除了从供电系统取用有功功率外，还取用相当数量的无功功率。有些生产设备（如轧钢机、电弧炉等）在生产过程中还经常出现无功冲击负荷，这种冲击负荷比正常取用的无功功率可能增大5～6倍。从电路理论知道，无功功率的增大使供电系统的功率因数降低。功率因数降低给供电系统带来下述不良影响。

1. 网络中功率耗损增大

以一回线路为例，设该线路每相导线的电阻为 R（Ω），线电流为 I（A），则该线路的功率损耗为

$$\Delta P = 3I^2R \times 10^{-3} = \left(\frac{P^2}{U_N^2} + \frac{Q^2}{U_N^2}\right)R \times 10^{-3} \quad (\text{kW}) \quad (9\text{-}2\text{-}1)$$

损耗中的后一项表示由于输送无功功率而引起的有功损耗。当企业需用的有功功率 P 一定时，无功功率 Q 越大，则网络中的功率损耗就越大。如果需用有功功率 P 一定，将耗损计算公式换写为

$$\Delta P = 3I^2R \times 10^{-3} = \frac{P^2R \times 10^{-3}}{U_N^2 \cos^2\varphi} \quad (\text{kW}) \quad (9\text{-}2\text{-}2)$$

由式（9-2-2）可以看出，当线路的额定电压和输送的有功功率 P 均为定值时，线路的有功损耗与功率因数的平方成反比，功率因数越低，线路功率损耗越大。

2. 网络中电压损失增大

由供电线路的电压损失基本计算公式可以看出

$$\Delta U = \frac{PR + QX}{U_N} \quad (V) \qquad (9\text{-}2\text{-}3)$$

当功率因数越低时，说明通过线路的无功功率 Q 越大，则线路电压损耗将越大，从而使用电设备的电压偏移增大，供电质量下降。

3. 降低供电设备的供电能力，提高电能成本

供电设备的供电能力（容量）是以视在功率 S 来表示的，由 $S = \sqrt{P^2 + Q^2}$ 可知，由于功率因数降低，无功功率 Q 增大，因而使同样容量的供电设备所能供给的有功功率 P 减少，没有发挥应有的供电潜力，降低了供电能力。

在有功功率 P 一定的条件下，由于功率因数偏低，会使发电机的转子去磁效应增加，端电压降低，从而使发电机达不到额定输出功率；由于网络电流增大，会增大线路载流量成本。

从上面的分析得知，工业企业耗用的无功功率越大，功率因数就越低，引起的后果越严重。不论从节约电能、提高供电质量，还是从提高供电设备的供电能力出发，都必须考虑改善功率因数的措施。

二、低压网提高功率因数的一般方法

补偿容量的大小决定于电力负荷的大小，以及补偿的前、后电力负荷的功率因数值。下面给出确定补偿容量的一般方法。

1. 从提高功率因数需要来确定补偿容量

如果电力网最大负荷月的平均有功功率为 P_{av}，补偿前的功率因数为 $\cos\varphi_1$，补偿后的功率因数为 $\cos\varphi_2$，则补偿容量可用下述公式计算

$$Q_C = P_{av}(\tan\varphi_1 - \tan\varphi_2) = P_{av}\left(1 - \frac{\tan\varphi_2}{\tan\varphi_1}\right) \qquad (9\text{-}2\text{-}4)$$

$$Q_C = P_{av}\left(\sqrt{\frac{1}{\cos^2\varphi_1} - 1} - \sqrt{\frac{1}{\cos^2\varphi_2} - 1}\right) \qquad (9\text{-}2\text{-}5)$$

2. 从降低线损需要来确定补偿容量

线损是电力网经济运行的一项重要指标，在网络参数一定的条件下，其与通过导线的电流平方成正比。若设补偿前流经电力网的电流为 I_1，其有、无功分量为 I_{1R} 和 I_{1X}，则

$$\dot{I}_1 = \dot{I}_{1R} - j\dot{I}_{1X}$$

若补偿后，流经网络的电流为 I_2，其有、无功量为 I_{2R} 和 I_{2X}，则

$$\dot{I}_2 = \dot{I}_{2R} - j\dot{I}_{2X}$$

但是加装电容器后将不会改变补偿前的有功分量，固有 $\dot{I}_{1R} = \dot{I}_{2R}$，电流相量图如图 9-2-1 所示。

补偿前的线路损耗为

$$\Delta P_1 = 3I_1^2 R = 3\left(\frac{I_{1R}}{\cos\varphi_1}\right)^2 R$$

补偿后的线路损耗为

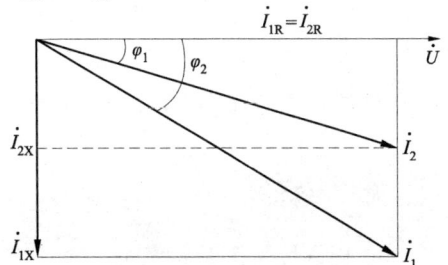

图 9-2-1 电流相量图

$$\Delta P_2 = 3I_2^2 R = 3\left(\frac{I_{2R}}{\cos\varphi_2}\right)^2 R$$

补偿后线损降低的百分值为

$$\Delta P_S(\%) = \frac{\Delta P_1 - \Delta P_2}{\Delta P_1} \times 100\% = \left[1 - \left(\frac{\cos\varphi_1}{\cos\varphi_2}\right)^2\right] \times 100\% \qquad (9-2-6)$$

而补偿容量为

$$Q_C = \sqrt{3}U\Delta I_X = P(\tan\varphi_1 - \tan\varphi_2)$$

即补偿容量与式（9-2-4）是一致的。

3. 从提高运行电压需要来确定补偿容量

在配电线路的末端，运行电压较低，特别是重负荷、细导线的线路。加装补偿电容以后，可以提高运行电压，这就产生了选择补偿多大的电容以满足提高电压的要求的问题。此外，在网络正常的线路中，装设补偿电容时网络电压的压升不能越限，为了满足这一约束条件，也必须求出补偿容量 Q_C 和网络电压增量之间的关系。

当装设补偿电容以前，网络电压可用下述表达式计算

$$U_1 = U_2 + \frac{PR + QX}{U_2}$$

装设补偿电容后，电源电压 U_1 不变，变电站母线电压 U_2 升到 U_2'，且

$$U_1 = U_2' + \frac{PR + (Q - Q_C)X}{U_2'} \qquad (9-2-7)$$

$$\Delta U = U_2' - U_2 = \frac{Q_C X}{U_2'}$$

$$Q_C = \frac{U_2' \Delta U}{X}$$

式中　U_2'——投入电容后母线电压值，kV；

　　ΔU——投入电容后电压增量，kV。

三相所需总容量为

$$\Sigma Q_C = 3Q_C = 3\frac{U_{21}'}{\sqrt{3}}\frac{\Delta U_1}{\sqrt{3}}\frac{1}{X} = \frac{\Delta U_1 U_{21}'}{X} \qquad (9-2-8)$$

可见，三相补偿容量的公式与单相补偿容量的公式是一样的，不过所包含的电压和电压的增量是线电压和相电压的区别而已。

思考与练习

1. 提高功率因数的意义是什么？
2. 简述功率因数对供配电系统的影响。
3. 无功补偿的方法有哪些？

模块 3　无功补偿的原理（GDSTY09003）

模块描述

本模块包含无功补偿的原理、配电网无功补偿方式等内容。通过概念描述、原理分析、公式解析、图表示意、计算举例、要点归纳，掌握无功补偿的原理和应用。

模块内容

一、无功补偿的原理

常用电力电容器并联进行无功补偿。无功补偿的原理接线图和相量图如图 9-3-1 所示。

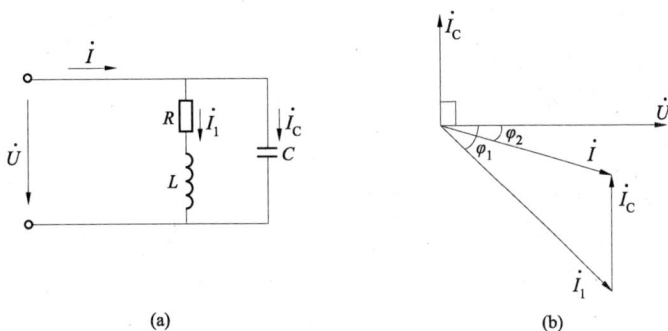

图 9-3-1　无功补偿的原理接线图和相量图
（a）原理接线图；（b）相量图

由原理接线图和相量图可知：未并联电容时，为自然负载，功率因数低，功率因数角 φ_1 较大，供电线路电流（总电流）$\dot{I} = \dot{I}_1$，因电流 I_1 较大，所以线路损耗和压降比较大。并入电容 C 后，$\dot{I} = \dot{I}_1 + \dot{I}_C$，由于电容电流 $\dot{I}_C$ 的补偿作用，功率因数角由原来较大的 φ_1 变为较小的 φ_2 值，线路电流（总电流）减小。说明并联电容后，电路总的功率因数提高了，从而降低了线路损耗和压降，提高了供电的经济效益，也改善了电压质量。

需要说明以下几点：

（1）在感性负载两端并联电容可以提高电路总的功率因数，但不会改变感性负载电路本身的电流和功率因数，只能使并联点之前的电流减小，线路总的功率因数提高。

（2）电容是负载而不是电源。电容从电网吸收的无功功率是超前电流引起的，电感电路从电网中吸收的无功功率是滞后电流引起的。由于超前电流与滞后电流的互补作用，从电容并联点之前的电源（或电网）吸收的无功功率减少了，也就是电容性负载的无功功率补偿了电感性负载的无功功率。

（3）电容性负载的无功功率与电感性负载的无功功率是相互补偿的，也就是说，当感性负载的功率因数较低时，在负载两端并联电容可提高功率因数；如果负载是电容性的且功率因数较低时，在负载两端并联电感也可以提高功率因数。

二、配电网无功补偿方式

配电网无功补偿方式主要有以下几种：

（1）变电站高压无功集中补偿，在变电站 10～35kV 母线上集中接入多组高压电容器、电抗器等，属于集中补偿方式。

（2）低压集中补偿，在配电变压器 0.4kV 低压母线上装设一系列补偿，属于集中补偿方式。

（3）线路补偿，在配电线路杆上进行固定补偿，属于分散补偿方式。

（4）随机补偿，在客户终端用电设备上进行补偿，属于分散补偿，常称随机补偿方式。

（5）随器补偿，在配电变压器低压侧并联电容器，主要指配电变压器单独设置一组补偿电容器为随器补偿，属于分散补偿方式。

现将各种补偿方式的优缺点具体介绍如下：

（1）变电站高压集中补偿。变电站高压集中补偿是在变电站 10/6kV 母线上集中装设高压并联电容器组，用以补偿主变压器的空载无功损耗和线路漏补的无功功率。目前，在农网系统，除了大容量客户外，县级电力网基本上采用这种补偿。

变电站集中补偿装置包括并联电容器、同步调相机、静止补偿器等，主要目的是平衡输电网的无功功率，改善输电网的功率因数，提高系统终端变电站的母线电压，补偿变电站主变压器和高压输电线路的无功损耗。这些补偿装置一般集中接在变电站 10kV 或 35kV 母线上，因此具有管理容易、维护方便等优点，但这种补偿方案对 10kV 配电网的降损作用不大。

（2）低压集中补偿。低压集中补偿即在配电变压器 0.4kV 低压母线进行集中补偿，也称跟踪补偿。该补偿方式以无功补偿投切装置作为控制保护装置，将低压电容器组补偿在大客户 0.4kV 母线上，安装的多组电容器常分为固定连接组和可投切连接组，补偿电容器的固定连接组可起到相当于随器补偿的作用，补偿用户自身的无功基荷；可投切连接组用于补偿无功峰荷部分。投切方式分为自动和手动两种。一般地，用户负荷有一定波动性，选用自动投切方式较好。无功补偿自动投切装置可较好地跟踪无功负荷变化，运行方式灵活，运行维护工作量小。

考虑到电动机投运的不同时率和单台电动机补偿容量的限制等因素，对于较大的工业企业客户，采用跟踪补偿比随机、随器补偿能获得更好的补偿效果，而且不需要提高补偿度，并可适当调整各组电容器的运行时间，使其寿命相对延长。但是，跟踪补偿所需的自动投切装置比随器、随机补偿的控制保护装置复杂、功能更完善，初投资也大一些。

在低压母线上装设自动投切的并联电容器成套装置主要补偿变压器本身及以上输电线路的无功功率损耗，而在配电线路上产生的损耗并未减少，因此，补偿不宜过大，否则变压器轻载或空载运行时，将造成过补偿。

（3）线路补偿。大量配电变压器要消耗无功，很多公用配电变压器没有安装低压补偿装置，造成较大的无功缺额需要变电站或发电厂承担，大量的无功沿线传输使得配电网的网损居高不下，这种情况下可考虑配电线路无功补偿。

线路补偿即通过在线路杆塔上安装电容器实现无功补偿。由于线路补偿远离变电站，故保护配置困难、控制设备成本高、维护工作量大、受安装环境限制等。因此，线路补偿的补偿点不宜过多；控制方式应从简，一般不采用分组投切控制；补偿容量也不宜过大，避免出现过补偿现象；保护也要从简，可采用熔断器和避雷器作为过电流和过电压保护。

线路补偿主要提供线路和公用配电变压器需要的无功，工程问题关键是选择补偿地点和补偿容量。线路补偿具有投资小、回收快、便于管理和维护等优点，适用于功率因数低、负荷重的长线路。线路补偿一般采用固定补偿，因此存在适应能力差、重载情况下补偿度不足等问题。

（4）随机补偿。随机补偿，即随电动机补偿，随机械负荷和用电设备补偿，将电容器直接并联在电动机上，用以补偿电动机的无功消耗。据统计，县级农网中约有 60%的无功功率消耗在电动机上，因此，搞好电动机的无功补偿，使其无功就地平衡，既能减少配电线路的损耗，还可以提高电动机的输出功率。

在 10kV 以下电网的无功消耗总量中，变压器消耗占 30%左右，低压用电设备消耗占 65%以上。由此可见，在低压用电设备上实施无功补偿是十分必要的。从理论计算和实践中证明，低压设备无功补偿的经济效果最佳，综合性能最强，是值得推广的一种节能措施。

感应电动机是消耗无功最多的低压用电设备，故对于油田抽油机、矿山提升机、港口卸船机等厂矿企业的较大容量电动机，应该实施就地无功补偿，即随机补偿。与前三种补偿方式相比，随机补偿更能体现以下优点：

1）线损率可减少 20%。

2）改善电压质量，减小电压损失，进而改善用电设备启动和运行条件。

3）释放系统能量，提高线路供电能力。

由于随机补偿的投资大，确定补偿容量需要进行计算，且由于管理体制、重视不够和应用不方便等原因，目前随机补偿的应用情况和效果不理想。对随机补偿需加强宣传力度，增强节能意识，同时应针对不同用电设备的特点和需要，开发研制体积小、造价低、易安装、免维护的智能型用电设备无功补偿装置。

（5）随器补偿。配电变压器低压侧分散补偿，将电容器安装在需要补偿的配电变压器低压侧，主要补偿配电变压器的空载无功功率和漏磁无功功率。

配电变压器低压补偿是目前应用最普遍的补偿方法。由于用户的日负荷变化大，通常采用微机控制、跟踪负荷波动分组投切电容器补偿，总补偿容量在几十至几百千乏不等。其目的是提高专用变压器用户功率因数，实现无功的就地平衡，降低配电网损耗和改善用户电压质量。

配电变压器低压无功补偿的优点是补偿后功率因数高、降损节能效果好。但由于配电变压器的数量多、安装地点分散，因此补偿工程的投资较大，运行维护工作量大，故要求厂家要尽可能降低装置的成本，提高装置的可靠性。

配电网的五种无功补偿方式示意图如图 9-3-2 所示。图中箭头代表负荷特别是电动机负荷。

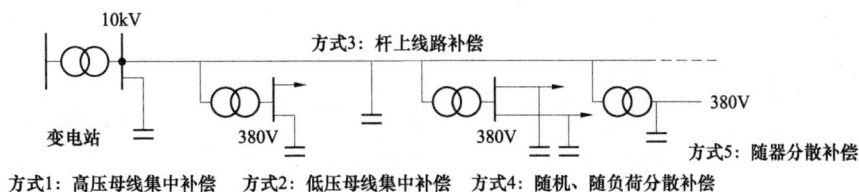

图 9-3-2 配电网五种无功补偿方式示意图

根据以上常用无功补偿方案的分析、讨论，五种无功补偿方式的特点比较见表 9-3-1。

表 9-3-1　　　　　　　　　　五种无功补偿方式的特点比较

补偿方式	变电站高压集中补偿	配电变压器低压集中补偿	配电线路固定补偿	用电设备随机补偿	随器补偿
补偿对象	变电站无功需求	配电变压器及用电设备无功需求	配电线路无功基荷	用电设备无功需求	配电变压器无功需求
降损范围	主变压器及输电网	配电变压器及输配电网	配电线路及输电网	整个输配电系统网	配电变压器
调压效果	较好	较好	较好	最好	较好
单位投资	较大	较大	较小	较大	较小
设备利用率	较高	较高	很高	较低	较高
维护方便性	方便	较方便	方便	不方便	较方便

思考与练习

1. 无功补偿的原理是什么？
2. 无功补偿的目的是什么？
3. 配电网有哪几种无功补偿方式？补偿的对象分别是什么？

第 10 章

新 能 源

模块 1　新能源及电能替代（GDSTY10001）

模块描述

本模块包含新能源的定义和特点、电能替代的定义及模式等内容。通过介绍，掌握新能源的定义和特点、电能替代的定义及模式等内容。

模块内容

一、新能源

新能源又称非常规能源，是指传统能源之外的各种能源形式。新能源一般是指在新技术基础上加以开发利用的可再生能源，包括太阳能、生物质能、水能、风能、地热能、波浪能、洋流能和潮汐能，以及海洋表面与深层之间的热循环等；此外，还有氢能、沼气、酒精、甲醇等，而已经广泛利用的煤炭、石油、天然气、水能等能源，称为常规能源。随着常规能源的有限性以及环境问题的日益突出，以环保和可再生为特质的新能源越来越得到各国的重视。

目前在我国，可以形成产业的新能源主要包括水能（主要指小型水电站）、风能、生物质能、太阳能、地热能等，是可循环利用的清洁能源。新能源产业的发展既是整个能源供应系统的有效补充手段，也是环境治理和生态保护的重要措施，是满足人类社会可持续发展需要的最终能源选择。

一般地说，常规能源是指技术上比较成熟且已被大规模利用的能源，而新能源通常是指尚未大规模利用、正在积极研究开发的能源。因此，煤、石油、天然气以及大中型水电都被看作常规能源，而把太阳能、风能、现代生物质能、地热能、海洋能以及核能、氢能等作为新能源。随着技术的进步和可持续发展观念的树立，过去一直被视作垃圾的工业与生活有机废弃物被重新认识，作为一种能源资源化利用的物质而受到深入的研究和开发利用，因此，废弃物的资源化利用也可看作是新能源技术的一种形式。

据估算，每年辐射到地球上的太阳能为 17.8 亿 kWh，其中可开发利用 500 亿～1000 亿 kWh。但因其分布很分散，目前能利用的甚微。地热能资源指陆地下 5000m 深度内的岩石和水体的总含热量。其中全球陆地部分 3km 深度内、150℃以上的高温地热能资源为 140 万 t 标准煤，目前一些国家已着手商业开发利用。世界风能的潜力约 3500 亿 kW，因风力断续分散，难以经济利用，今后输能储能技术如有重大改进，风力利用将会增加。海洋能包括潮汐能、波浪能、海水温差能等，理论储量十分可观，限于技术水平，现尚处于小规模研究阶段。当前由于新能源的利用技术尚不成熟，故只占世界所需总能量的很小部分，今后有很大发展前途。

新能源的特点如下：

（1）资源丰富，普遍具备可再生特性，可供人类永续利用。比如，陆上估计可开发利用的风力资源为 253GW，而截至 2003 年只有 0.57GW 被开发利用，预计到 2010 年可以利用的达到 4GW，到 2020 年为 20GW，而太阳能光伏并网和离网应用量预计到 2020 年可以从目前的 0.03GW 增加 1～2GW。

（2）能量密度低，开发利用需要较大空间。

（3）不含碳或含碳量很少，对环境影响小。

（4）分布广，有利于小规模分散利用。

（5）间断式供应，波动性大，对继续供能不利。

（6）目前除水电外，可再生能源的开发利用成本较化石能源高。

二、电能替代

电能替代是在终端能源消费环节，使用电能替代散烧煤、燃油的能源消费方式，如电采暖、地能热泵、工业电锅炉（窑炉）、农业电排灌、电动汽车、靠港船舶使用岸电、机场桥载设备、电蓄能调峰等。当前，我国电煤比重与电气化水平偏低，大量的散烧煤与燃油消费是造成严重雾霾的主要因素之一。电能具有清洁、安全、便捷等优势，实施电能替代对于推动能源消费革命、落实国家能源战略、促进能源清洁化发展意义重大，是提高电煤比重、控制煤炭消费总量、减少大气污染的重要举措。

以清洁能源替代化石能源，在能源消费上实施电能替代，以电能替代煤炭、石油、天然气等化石能源，提高电能在终端能源消费中的比重。以电代煤正是电能替代的主要措施，通过在工业、农业、建筑业、居民生活等领域加快推广以电代煤，通过以电锅炉、热泵系统替代燃煤锅炉，以电炊具替代燃煤灶具等方式，缩小散煤应用范围，提高煤炭转化为电力的比重，实现能源消费转型。

电能替代模式如下：

（1）以电代煤。在终端消费环节以电代煤，减少直燃煤和污染排放，减轻煤炭使用对环境的破坏。在城市集中供暖、商业、工农业生产领域大力推广热泵、电采暖、电锅炉、双蓄等电能替代技术。

（2）以电代油。在铁路、城市轨道交通、汽车运输领域以电代油，提高交通电气化水平，减少石油消费，调整能源消费结构，促进交通行业能源高效利用，减少环境污染。

思考与练习

1. 新能源的定义是什么？

2. 新能源的特点有哪些？

3. 电能替代的模式有哪几种？

模块 2 能效电厂（GDSTY10002）

模块描述

本模块包含能效电厂的定义、能效电厂的优势等内容。通过介绍，掌握能效电厂的定义、能效电厂的优势等内容。

模块内容

能效电厂是一种虚拟电厂，即通过实施一揽子节电计划和能效项目，获得需方节约的电力资源。国际能源界将实施电力需求侧管理，开发、调度需方资源所形成的能力，形象地命名为能效电厂。将减少的需求视同"虚拟电厂"提供的电力电量。能效电厂是一种虚拟电厂，"能效电厂"把各种节能措施、节能项目打包，通过实施一揽子节能计划，形成规模化的节电能力，减少电力用户的电力消耗需求，从而达到与扩建电力供应系统相同的目的。

能效电厂的优势：能效电厂虽是虚拟电厂，但在满足电力需求和电网电力平衡工作中，却和供方（发、输、配、售电）能力有着同等的重要性，与建设一个常规电厂相比，EPP 具有建设周期短、零排放、零污染、供电成本低、响应速度快等显著优势，是实施电力需求侧管理、实现节能减排的一种有效、直观的途径，有利于大规模、低成本的外部资金的进入，是解决电力短缺和能源可持续利用问题的"好帮手"。能效电厂每发（节省）1 度电的成本是 1 角钱左右，只有发电成本的 1/4。

能效电厂的发电量是需方的节约电量。它包括实施高效照明器具、高效节能家用电器、高效电动机与调速装置、热泵技术、变配电节电技术、余压余热利用、建筑节能等项目节约的电力电量。

思考与练习

1. 能效电厂的定义是什么？
2. 能效电厂的优势有哪些？
3. 能效电厂的发电量包括哪些内容？

模块 3 风力发电（GDSTY10003）

模块描述

本模块包含风力发电的原理、风力发电机构说明、风力发电特点等内容。通过介绍，掌握风力发电的原理、风力发电机构说明、风力发电特点等内容。

模块内容

一、风力发电原理

风力发电是将风能转换为机械能的动力机械，又称风车。广义地说，它是以大气为工作介质的能量利用机械。风力发电利用的是自然能源，相对火电、核电等发电要更加绿色、环保。风力发电在世界上已形成一股热潮，在芬兰、丹麦等国家风力发电很流行，我国也在西部、东部地区大力提倡。因为风力发电没有燃料问题，也不会产生辐射或空气污染，是一种特别好的发电方式。

二、风力发电机组结构

（1）机舱。机舱包容着风力发电机的关键设备，包括齿轮箱、发电机。维护人员可以通过风力发电机塔进入机舱。机舱左端是风力发电机转子，即转子叶片及轴心。

（2）转子叶片。捉获风，并将风力传送到转子轴心。现代 600kW 风力发电机上，每个转子叶片的测量长度大约为 20m，而且被设计得很像飞机的机翼。

（3）轴心。转子轴心附着在风力发电机的低速轴上。

（4）低速轴。风力发电机的低速轴将转子轴心与齿轮箱连接在一起。在现代 600kW 风力发电机上，转子转速相当慢，大约为 19～30r/min。轴中有用于液压系统的导管，来激发空气动力闸的运行。

（5）齿轮箱。齿轮箱左边是低速轴，它可以将高速轴的转速提高至低速轴的 50 倍。

（6）高速轴及其机械闸。高速轴以 1500r/min 运转，并驱动发电机。它装备有紧急机械闸，用于空气动力闸失效时，或风力发电机被维修时。

（7）发电机。通常被称为感应电机或异步发电机。在现代风力发电机上，最大电力输出通常为 500～1500kW。

（8）偏航装置。借助电动机转动机舱，以使转子正对着风。偏航装置由电子控制器操作，电子控制器可以通过风向标来感觉风向。通常，在风改变其方向时，风力发电机一次只会偏转几度。

（9）电子控制器。包含一台不断监控风力发电机状态的计算机，并控制偏航装置。为防止任何故障（即齿轮箱或发电机的过热），该控制器可以自动停止风力发电机的转动，并通过电话调制解调器来呼叫风力发电机操作员。

（10）液压系统。用于重置风力发电机的空气动力闸。

（11）冷却元件。包含一个风扇，用于冷却发电机。此外，它包含一个油冷却元件，用于冷却齿轮箱内的油。一些风力发电机具有水冷发电机。

（12）塔。风力发电机塔载有机舱及转子。通常高的塔具有优势，因为离地面越高，风速越大。现代 600kW 风汽轮机的塔高为 40～60m。它可以为管状的塔，也可以是格子状的塔。管状的塔对于维修人员更为安全，因为他们可以通过内部的梯子到达塔顶。格状的塔的优点在于它比较便宜。

三、风力发电特点

（1）优点。风力资源是取之不尽、用之不竭的，利用风力发电可以减少环境污染，节省煤炭、石油等常规能源。风力发电技术成熟，在可再生能源中成本相对较低，有着广阔的发展前景。风力发电技术可以灵活应用，既可以并网运行，也可以离网独立运行，还可以与其他能源技术组成互补发电系统。风电场运营模式可以为国家电网补充电力，小型风电机组可以为边远地区提供生产、生活用电。

（2）缺点。由于风速变化是随机的，因此风电场输出功率也是随机的，风电本身这种特点使其容量可信度低，给电网有功、无功平衡调度带来困难。在风电容量比较高的电网中，可能产生电能质量问题，如电压波动和闪变、频率偏差、谐波问题等。更重要的是，需分析稳定性问题，如系统静态稳定、动态稳定、暂态稳定、电压稳定等。当然，相同装机容量的风电场在不同接入点对电网的影响是不同的，在短路容量大的接入点对系统影响小；反之，影响大。

思考与练习

1. 风力发电的定义是什么？
2. 风力发电机构的组成部分有哪些？
3. 风力发电的特点是什么？

模块 4　分布式光伏发电（GDSTY10004）

模块描述

本模块包含太阳能的主要利用形式，光伏发电的定义、发电原理、系统组成和分类，光伏发电优缺点、应用领域及政策介绍等内容。通过介绍，掌握光伏发电的定义、发电原理、系统组成和分类，光伏发电优缺点、应用领域及国家政策，以及办理光伏发电申请所需资料等内容。

模块内容

一、分布式电源并网服务的申请流程

1. 分布式电源的定义

分布式电源是指在用户所在场地或附近建设安装、运行方式以用户侧自发自用为主、多余电量上网，且在配电网系统平衡调节为特征的发电设施或有电力输出的能量综合梯级利用多联供设施；包括太阳能、天然气、生物质能、风能、地热能、海洋能、资源综合利用发电等。

说明：分布式电源发电量全部自用或自发自用剩余电量上网由用户自行选择，用户不足电量由电网提供。

2. 具体业务流程

（1）接入申请及受理。用户在当地供电营业厅提交光伏并网申请，递交申请所需资料。

（2）现场勘查阶段。受理并网申请后，客户经理负责与客户预约时间组织相关部门进行现场勘查。

（3）接入方案评审与答复。由供电公司按照国家、行业及地方相关技术标准，结合项目现场条件，为用户免费制定接入系统方案，并组织方案评审。根据电压等级不同，380（220）V 接入项目的接入系统方案出具接入方案确认单，35、10kV 接入项目的接入系统方案出具接入电网意见函；接入确认单和并网意见函由客户经理统一答复给用户。

（4）初步设计阶段。对于 35、10kV 接入，或 380（220）V 多点接入且并网点总报装容量超过 400kW 的分布式电源项目，项目业主应在项目核准（备案）后、客户工程施工前，提交工程设计相关资料。

（5）客户工程施工阶段。用户根据已通过的接入方案和设计图纸，自主选择具备相应资质的施工单位实施分布式光伏发电本体工程和接入系统工程。工程应满足国家、行业及地方相关施工技术及安全标准。

（6）工程竣工报验。用户发电本体工程及接入系统工程完成后，可向供电公司提交并网验收及调试申请，递交报验资料。同步向电力质监站提出质量监督申请（部分需要）。

（7）装表及合同协议签订。在正式并网前，供电公司完成相关计量装置的安装，并与客户按照平等自愿的原则签订《发用电合同》（10kV 并网的还需签订《电网调度协议》），约定发用电相关方的权利和义务。

（8）并网验收调试及启动送电。供电公司在规定的时限内开展并网验收调试，出具《并网验收意见》。对于并网验收合格的，调试后直接并网运行；对于并网验收不合格的，供电公司将提出整改方案，直至并网验收通过。省市电力质监站负责开展质量监督，提出整改意见，并出具质监报告（部分需要）。

3. 友情提醒事项

（1）各级供电营业厅均应开通分布式光伏并网申请受理业务。受理客户申请时应首先明确该分布式光伏发电项目的电量消纳方式。对于已取得相关备案的非自然人项目，应确保客户填报的电量消纳方式应与其备案文件中载明的电量消纳方式一致；对于未取得相关备案或虽取得备案但未明确其电量消纳方式的非自然人项目，应在客户明确电量消纳方式后正式受理。

（2）对于在已建有分布式光伏发电项目的客户内部再次申请建设的分布式光伏发电项目，属于同一批文（备案文件）下分期建设的，原则上按发电户增容程序办理；属于不同批文（备案文件）下建设的，原则上按发电户新装程序办理。

（3）新并网的分布式光伏发电项目原则上应在其并网当月完成新户编本及归档工作。分布式光伏发电项目的电费、补贴结算周期应与其关联用电户的电费结算周期一致。

（4）供电公司为自然人性质的分布式光伏发电项目提供项目备案服务。对于自然人利用自有住宅及其住宅区域内建设的分布式光伏发电项目，市/区县公司发展部在收到项目业主确认的接入系统方案确认单后，根据能源主管部门制定的项目备案办法，按月集中代自然人项目业主向能源主管部门进行备案，备案文件抄市/区县公司财务部（派驻机构）。

二、费用结算

（1）公司在并网申请受理、项目备案、接入系统方案制定、设计审查、电能表安装、合同和协议签署、并网验收和并网调试、补助电量计量和补助资金结算服务中不收取任何服务费用。

（2）分布式光伏发电、分布式风电项目不收取系统备用容量费；分布式光伏发电自发自用电量免收可再生能源电价附加等针对电量征收的政府性基金。其他分布式电源系统备用容量费、基金及附加的收取执行国家有关规定。

（3）分布式电源发电量全部自用或自发自用剩余电量上网由用户自行选择，用户不足电量由电网提供。分布式电源上、下网电量分开结算。公司按照国家规定的电价标准全额保障性收购分布式电源上网电量。

（4）公司为列入国家可再生能源补助目录的分布式电源项目提供补助电量计量和补助资金结算服务。公司在收到财政部拨付补助资金后，根据项目补助电量和国家规定的电价补贴标准，按照电费结算周期支付项目业主。

（5）分布式光伏发电项目实行上、下网电量分开结算，上网电价执行省燃煤机组标杆上网电价，下网电价执行国家销售电价政策。国家对分布式光伏发电项目按发电量给予财政补贴，由电网企业负责转付。国家对分布式光伏发电项目的发电财政补贴：0.42 元/kWh；分布式光伏发电项目上网电价：0.378 元/kWh（补贴和上网电价以最新电价标准为准）。

思考与练习

1. 分布式电源的定义是什么？
2. 光伏并网的流程是什么？
3. 分布式光伏发电项目电量如何结算？

第 11 章

触 电 急 救

模块 1　触电急救（GDSTY11001）

模块描述

　　本模块介绍触电脱离电源和现场救护的方法、心肺复苏法的意义及其操作、基本方法及技术，通过图文结合形象化介绍、概念解释和操作步骤讲解，掌握平地脱离电源、杆上或高处营救和现场触电的救护方法，心肺复苏法的操作方法及其注意事项。

模块内容

　　触电急救应分秒必争，一经发现心跳、呼吸停止的，立即就地迅速用心肺复苏法进行抢救，并坚持不断地进行，同时及早与医疗急救中心（医疗部门）联系，争取医务人员接替救治。在医务人员未接替救治前，不得放弃现场抢救，更不能只根据没有呼吸或脉搏的表现，擅自判定伤员死亡，放弃抢救。只有医生有权作出伤员死亡的诊断。与医务人员接替时，应提醒医务人员在触电者转移到医院的过程中不得间断抢救。

　　一、迅速脱离电源

　　（1）触电急救，首先要使触电者迅速脱离电源，越快越好。因为电流作用的时间越长，伤害越重。

　　（2）脱离电源，就是要把触电者接触的那一部分带电设备的所有断路器（开关）、隔离开关（刀闸）或其他断路设备断开；或设法将触电者与带电设备脱离开。在脱离电源过程中，救护人员也要注意保护自身的安全。如触电者处于高处，应采取相应措施，防止该伤员脱离电源后自高处坠落形成复合伤。

　　（3）低压触电可采用下列方法使触电者脱离电源：

　　1）如果触电地点附近有电源开关或电源插座，可立即拉开开关或拔出插头，断开电源。但应注意到拉线开关或墙壁开关等只控制一根线的开关，有可能因安装问题只能切断中性线而没有断开电源的相线。

　　2）如果触电地点附近没有电源开关或电源插座（头），可用有绝缘柄的电工钳或有干燥木柄的斧头切断电线，断开电源。

　　3）当电线搭落在触电者身上或压在身下时，可用干燥的衣服、手套、绳索、皮带、木板、木棒等绝缘物作为工具，拉开触电者或挑开电线，使触电者脱离电源。

4）如果触电者的衣服是干燥的，又没有紧缠在身上，可以用一只手抓住其衣服，拉离电源。但因触电者的身体是带电的，其鞋的绝缘也可能遭到破坏，救护人不得接触触电者的皮肤，也不能抓他的鞋。

5）若触电发生在低压带电的架空线路上或配电台架、进户线上，对可立即切断电源的，则应迅速断开电源，救护者迅速登杆或登至可靠地方，并做好自身防触电、防坠落安全措施，用带有绝缘胶柄的钢丝钳、绝缘物体或干燥不导电物体等工具将触电者脱离电源。

（4）高压触电可采用下列方法之一使触电者脱离电源：

1）立即通知有关供电企业或用户停电。

2）戴上绝缘手套，穿上绝缘靴，用相应电压等级的绝缘工具按顺序拉开电源开关或熔断器。

3）抛掷裸金属线使线路短路接地，迫使保护装置动作，断开电源。注意抛掷金属线之前，应先将金属线的一端固定可靠接地，然后另一端系上重物抛掷，注意抛掷的一端不可触及触电者和其他人。另外，抛掷者抛出线后，要迅速离开接地的金属线 8m 以外或双腿并拢站立，防止跨步电压伤人。在抛掷短路线时，应注意防止电弧伤人或断线危及人员安全。

（5）脱离电源后救护者应注意的事项：

1）救护人不可直接用手、其他金属及潮湿的物体作为救护工具，而应使用适当的绝缘工具。救护人最好用一只手操作，以防自己触电。

2）防止触电者脱离电源后可能的摔伤，特别是当触电者在高处的情况下，应考虑防止坠落的措施。即使触电者在平地，也要注意触电者倒下的方向，注意防摔。救护者也应注意救护中自身的防坠落、摔伤措施。

3）救护者在救护过程中特别是在杆上或高处抢救伤者时，要注意自身和被救者与附近带电体之间的安全距离，防止再次触及带电设备。电气设备、线路即使电源已断开，对未做安全措施挂上接地线的设备也应视作有电设备。救护人员登高时应随身携带必要的绝缘工具和牢固的绳索等。

4）如事故发生在夜间，应设置临时照明灯，以便于抢救，避免意外事故，但不能因此延误切除电源和进行急救的时间。

（6）现场就地急救：触电者脱离电源以后，现场救护人员应迅速对触电者的伤情进行判断，对症抢救。同时设法联系医疗急救中心（医疗部门）的医生到现场接替救治。要根据触电伤员的不同情况，采用不同的急救方法。

1）触电者神志清醒、有意识，心脏跳动，但呼吸急促、面色苍白，或曾一度休克、但未失去知觉。此时不能用心肺复苏法抢救，应将触电者抬到空气新鲜、通风良好的地方躺下，安静休息 1～2h，让他慢慢恢复正常。天凉时要注意保温，并随时观察呼吸、脉搏变化。条件允许，送医院进一步检查。

2）触电者神志不清，判断意识无，有心跳，但呼吸停止或极微弱时，应立即用仰头抬颏法，使气道开放，并进行口对口人工呼吸。此时切记不能对触电者施行心脏按压。如此时不及时用人工呼吸法抢救，触电者将会因缺氧过久而引起心跳停止。

3）触电者神志丧失，判定意识无，心跳停止，但有极微弱的呼吸时，应立即施行心肺复苏法抢救。不能认为尚有微弱呼吸，只需做胸外按压，因为这种微弱呼吸已起不到人体需要的氧交换作用，如不及时人工呼吸即会发生死亡，若能立即施行口对口人工呼吸法和胸外按压，就能抢救成功。

4）触电者心跳、呼吸停止时，应立即进行心肺复苏法抢救，不得延误或中断。

5）触电者和雷击伤者心跳、呼吸停止，并伴有其他外伤时，应先迅速进行心肺复苏急救，然后再处理外伤。

6）发现杆塔上或高处有人触电，要争取时间及早在杆塔上或高处开始抢救。触电者脱离电源后，应迅速将伤员扶卧在救护人的安全带上（或在适当地方躺平），然后根据伤者的意识、呼吸及颈动脉搏动情况来进行前1）～5）项不同方式的急救。应提醒的是高处抢救触电者，迅速判断其意识和呼吸是否存在是十分重要的。若呼吸已停止，开放气道后立即口对口（鼻）吹气2次，再测试颈动脉，如有搏动，则每5s继续吹气1次；若颈动脉无搏动，可用空心拳头叩击心前区2次，促使心脏复跳。为使抢救更为有效，应立即设法将伤员营救至地面，并继续按心肺复苏法坚持抢救。参照如图11-1-1所示的下放方法，迅速放至地面，并继续按心肺复苏法坚持抢救。

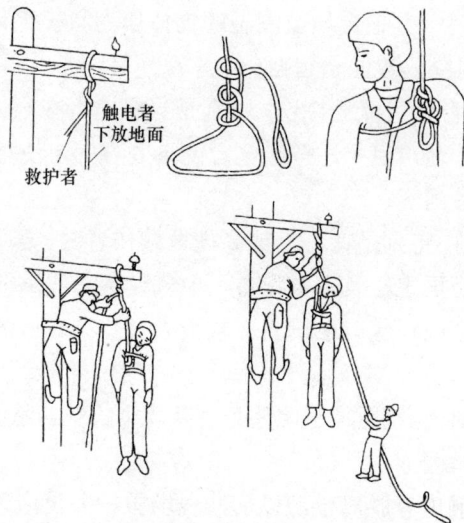

图 11-1-1　杆塔上或高处触电者放下方法

7）触电者衣服被电弧光引燃时，应迅速扑灭其身上的火源，着火者切忌跑动，方法可利用衣服、被子、湿毛巾等扑火，必要时可就地躺下翻滚，使火扑灭。

二、伤员脱离电源后的处理

1. 判断意识和通畅呼吸道

（1）判断伤员有无意识的方法。

1）轻轻拍打伤员肩部，高声喊叫，"喂！你怎么啦？"，如图11-1-2所示。

2）如认识，可直呼喊其姓名。有意识，立即送医院。

3）无反应时，立即用手指甲掐压人中穴、合谷穴约 5s。

注意，以上 3 步动作应在 10s 以内完成，不可太长，伤员如出现眼球活动、四肢活动及疼痛感后，应即停止掐压穴位，拍打肩部不可用力太重，以防加重可能存在的骨折等损伤。

（2）呼救。一旦初步确定伤员神志昏迷，应立即招呼周围的人前来协助抢救，哪怕周围无人，也应该大叫"来人啊！救命啊！"，如图 11-1-3 所示。

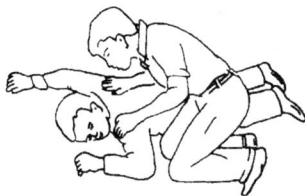

图 11-1-2 判断伤员有无意识　　　　图 11-1-3 呼救

注意，一定要呼叫其他人来帮忙，因为一个人作心肺复苏术不可能坚持较长时间，而且劳累后动作易走样。叫来的人除协助作心肺复苏外，还应立即打电话给救护站或呼叫受过救护训练的人前来帮忙。

（3）放置体位。正确的抢救体位是仰卧位。患者头、颈、躯干平卧无扭曲，双手放于两侧躯干旁。如伤员摔倒时面部向下，应在呼救同时小心地将其转动，使伤员全身各部成一个整体。尤其要注意保护颈部，可以一手托住颈部，另一手扶着肩部，以脊柱为轴心，使伤员头、颈、躯干平稳地直线转至仰卧，在坚实的平面上，四肢平放，如图 11-1-4 所示。

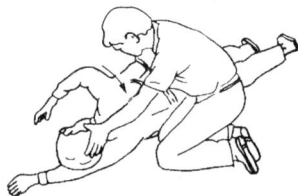

图 11-1-4 放置伤员

注意，抢救者跪于伤员肩颈侧旁，将其手臂举过头，拉直双腿，注意保护颈部。解开伤员上衣，暴露胸部（或仅留内衣），冷天要注意使其保暖。

2. 通畅气道

当发现触电者呼吸微弱或停止时，应立即通畅触电者的气道以促进触电者呼吸或便于抢救。通畅气道主要采用仰头举颏（颌）法，即一手置于前额使头部后仰，另一手的食指与中指置于下颌骨近下颏或下颌角处，抬起下颏（颌），如图 11-1-5 和图 11-1-6 所示。注意：严禁用枕头等物垫在伤员头下；手指不要压迫伤员颈前部、颏下软组织，以防压迫气道，颈部上抬时不要过度伸展，有假牙托者应取出。儿童颈部易弯曲，过度抬颈反而使气道闭塞，因此不要抬颈牵拉过甚。成人头部后仰程度应为 90°，儿童头部后仰程度应为 60°，婴儿头部后仰程度应为 30°，颈椎有损伤的伤员应采用双下颌上提法。

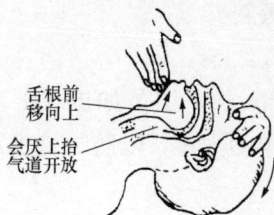

图 11-1-5　仰头举颏法

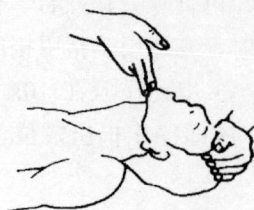

图 11-1-6　抬起下颏法

3. 判断呼吸

触电伤员如意识丧失，应在开放气道后 10s 内用看、听、试的方法判定伤员有无呼吸，如图 11-1-7 所示。

（1）看：看伤员的胸、腹壁有无呼吸起伏动作。

（2）听：用耳贴近伤员的口鼻处，听有无呼气声音。

（3）试：用颜面部的感觉测试口鼻部有无呼气气流。

若无上述体征可确定无呼吸。一旦确定无呼吸后，立即进行两次人工呼吸。

4. 口对口（鼻）呼吸

当判断伤员确实不存在呼吸时，应即进行口对口（鼻）的人工呼吸，其具体方法是：

（1）在保持呼吸通畅的位置下进行。用按于前额一手的拇指与食指，捏住伤员鼻孔（或鼻翼）下端，以防气体从口腔内经鼻孔逸出，施救者深吸一口气屏住并用自己的嘴唇包住（套住）伤员微张的嘴。

（2）用力快而深地向伤员口中吹（呵）气，同时仔细地观察伤员胸部有无起伏，如无起伏，说明气未吹进，如图 11-1-8 所示。

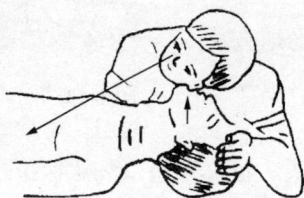

图 11-1-7　看、听、试伤员呼吸

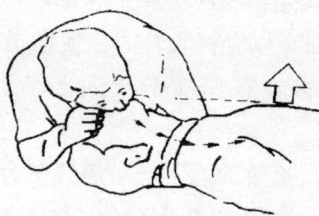

图 11-1-8　向伤员口中吹气

（3）一次吹气完毕后，应即与伤员口部脱离，轻轻抬起头部，面向伤员胸部，吸入新鲜空气，以便进行下一次人工呼吸。同时使伤员的口张开，捏鼻的手也可放松，以便伤员从鼻孔通气，观察伤员胸部向下恢复时，则有气流从伤员口腔排出，如图 11-1-9 所示。抢救一开始，应即向伤员先吹气两口，吹气时胸廓隆起者，人工呼吸有效；吹气无起伏者，则气道通畅不够，或鼻孔处漏气、或吹气不足、或气道有梗阻，应及时纠正。

注意：① 每次吹气量不要过大，约 600mL（6～7mL/kg），大于 1200mL 会造成胃扩张；② 吹气时不要按压胸部，如图 11-1-10 所示；③ 儿童伤员需视年龄不同而异，其吹气量约为 500mL，以胸廓能上抬时为宜；④ 抢救一开始的首次吹气两次，每次时间 1～1.5s；⑤ 有脉搏无呼吸的伤员，则每 5s 吹一口气，每分钟吹气 12 次；⑥ 口对鼻的人工呼吸，适用于有严重的下颌及嘴唇外伤、牙关紧闭、下颌骨骨折等情况的伤员,难以采用口对口吹气法;⑦ 婴、幼儿急救操作时要注意,因婴、幼儿韧带、肌肉松弛,故头不可过度后仰,以免气管受压,影响气道通畅,可用一手托颈,以保持气道平直;另一方面,婴、幼儿口鼻开口均较小,位置又很靠近,抢救者可用口贴住婴、幼儿口与鼻的开口处,施行口对口鼻呼吸。

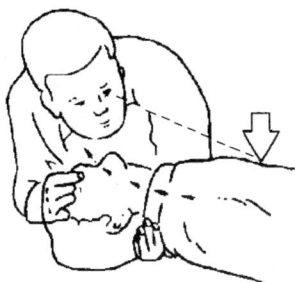

图 11-1-9 气流从伤员口腔排出   图 11-1-10 吹时不要压胸部

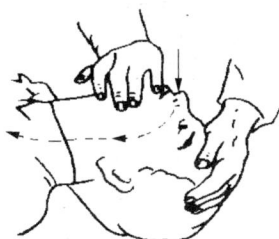

5. 判断伤员有无脉搏与胸外心脏按压

在检查伤员的意识、呼吸、气道之后,应对伤员的脉搏进行检查,以判断伤员的心脏跳动情况(非专业救护人员可不进行脉搏检查,对无呼吸、无反应、无意识的伤员立即实施心肺复苏)。具体方法如下:

(1)在开放气道的位置下进行(首次人工呼吸后)。

(2)一手置于伤员前额,使头部保持后仰,另一手在靠近抢救者一侧触摸颈动脉。

(3)可用食指及中指指尖先触及气管正中部位,男性可先触及喉结,然后向两侧滑移 2~3cm,在气管旁软组织处轻轻触摸颈动脉搏动。

6. 胸外心脏按压

在对心跳停止者未进行按压前,先手握空心拳,快速垂直击打伤员胸前区胸骨中下段 1~2 次,每次 1~2s,力量中等,若无效,则立即胸外心脏按压,不得耽误时间。

图 11-1-11 胸外按压部位

(1)按压部位。胸骨中 1/3 与下 1/3 交界处,如图 11-1-11 所示。

(2)伤员体位。伤员应仰卧于硬板床或地上。如为弹簧床,则应在伤员背部垫一硬板。硬板长度及宽度应足够大,以保证按压胸骨时,伤员身体不会移动。但不可因找寻垫板而延误开始按压的时间。

(3)快速测定按压部位的方法。快速测定按压部位可分 5 个步骤,如图 11-1-12 所示。

1)首先触及伤员上腹部,以食指及中指沿伤员肋弓处向中间移滑,如图 11-1-12(a)所示。

2)在两侧肋弓交点处寻找胸骨下切迹。以切迹作为定位标志,不要以剑突下定位,如图 11-1-12(b)所示。

3)将食指及中指两横指放在胸骨下切迹上方,食指上方的胸骨正中部即为按压区,如图 11-1-12(c)所示。

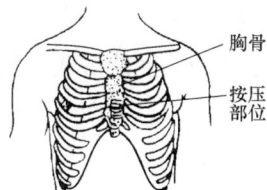

4）以另一手的掌根部紧贴食指上方，放在按压区，如图 11-1-12（d）所示。

5）将定位之手取下，重叠将掌根放于另一手背上，两手手指交叉抬起，使手指脱离胸壁，如图 11-1-12（e）所示。

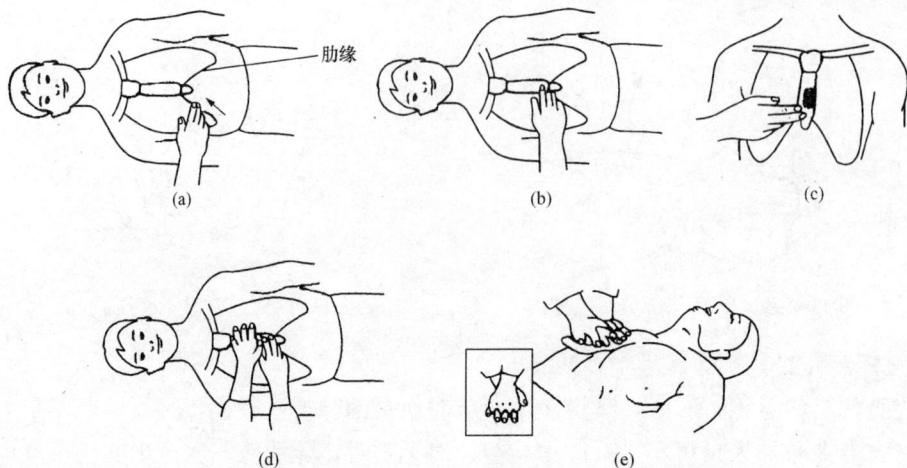

图 11-1-12　快速测定按压部位

（a）二指沿肋弓向中移滑；（b）切迹定位标志；（c）按压区；（d）掌根部放在按压区；（e）重叠掌根

（4）按压姿势。正确的按压姿势如图 11-1-13 所示。抢救者双臂绷直，双肩在伤员胸骨上方正中，靠自身重量垂直向下按压。

（5）按压用力方式。

1）按压应平稳，有节律地进行，不能间断。

2）不能冲击式的猛压。

3）下压及向上放松的时间应相等，如图 11-1-14 所示。压按至最低点处，应有一明显的停顿。

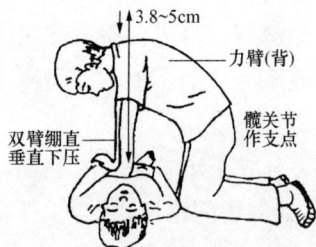

图 11-1-13　快速测定按压部位分解图

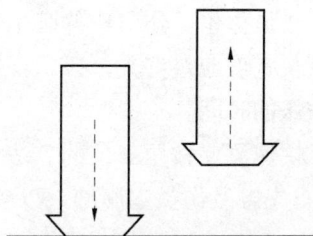

图 11-1-14　按压用力方式

4）垂直用力向下，不要左右摆动。

5）放松时定位的手掌根部不要离开胸骨定位点，但应尽量放松，务使胸骨不受任何压力。

（6）按压频率。按压频率应保持在 100 次/min。

（7）按压与人工呼吸比例。按压与人工呼吸的比例关系通常是，成人为 30:2，婴儿、儿童为 15:2。

（8）按压深度。通常，成人伤员为 4～5cm，5～13 岁伤员为 3cm，婴幼儿伤员为 2cm。

（9）胸外心脏按压常见的错误。

1）按压除掌根部贴在胸骨外，手指也压在胸壁上，这容易引起骨折（肋骨或肋软骨）。

2）按压定位不正确，向下易使剑突受压折断而致肝破裂,向两侧易致肋骨或肋软骨骨折，导致气胸、血胸。

3）按压用力不垂直，导致按压无效或肋软骨骨折，特别是摇摆式按压更易出现严重并发症，如图 11-1-15（a）所示。

4）抢救者按压时肘部弯曲，因而用力不够，按压深度达不到 3.8～5cm，如图 11-1-15（b）所示。

5）按压冲击式，猛压，其效果差，且易导致骨折。

6）放松时抬手离开胸骨定位点，造成下次按压部位错误，引起骨折。

7）放松时未能使胸部充分松弛，胸部仍承受压力，使血液难以回到心脏。

8）按压速度不自主地加快或减慢，影响按压效果。

9）双手掌不是重叠放置，而是交叉放置，如图 11-1-15（c）所示。

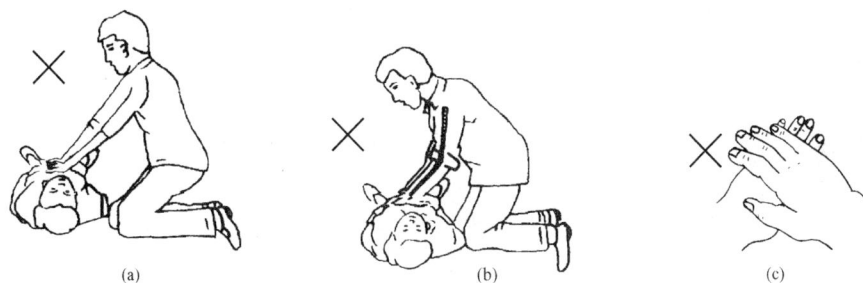

图 11-1-15　胸外心脏按压常见错误
（a）按压用力不垂直；（b）按压时肘部弯曲；（c）双手掌交叉放置

7. 心肺复苏法综述

（1）操作过程有以下步骤：

1）首先判断昏倒的人有无意识。

2）如无反应，立即呼救，叫"来人啊！救命啊！"等。

3）迅速将伤员放置于仰卧位，并放在地上或硬板上。

4）开放气道（① 仰头举颏或颌；② 清除口、鼻腔异物）。

5）判断伤员有无呼吸（通过看、听和感觉来进行）。

6）如无呼吸，立即口对口吹气 2 次。

7）保持头后仰，另一手检查颈动脉有无搏动。

8）如有脉搏，表明心脏尚未停跳，可仅做人工呼吸，每分钟 12～16 次。

9）如无脉搏，立即在正确定位下在胸外按压位置进行心前区叩击 1～2 次。

10）叩击后再次判断有无脉搏，如有脉搏即表明心跳已经恢复，可仅做人工呼吸即可。

11）如无脉搏，立即在正确的位置进行胸外按压。

12）每做 30 次按压，需做 2 次人工呼吸，然后再在胸部重新定位，再做胸外按压，如此反复进行，直到协助抢救者或专业医务人员赶来。按压频率为 100 次/min。

13）开始 2min 后检查一次脉搏、呼吸、瞳孔，以后每 4～5min 检查一次，检查不超过 5s，最好由协助抢救者检查。

14）如有担架搬运伤员，应该持续做心肺复苏，中断时间不超过 5s。

（2）心肺复苏操作的时间要求。

0～5s：判断意识。

5～10s：呼救并放好伤员体位。

10～15s：开放气道，并观察呼吸是否存在。

15～20s：口对口呼吸 2 次。

20～30s：判断脉搏。

30～50s：进行胸外心脏按压 30 次，并再人工呼吸 2 次，以后连续反复进行。

以上程序尽可能在 50s 以内完成，最长不宜超过 1min。

（3）双人复苏操作要求：

1）两人应协调配合，吹气应在胸外按压的松弛时间内完成。

2）按压频率为 100 次/min。

3）按压与呼吸比例为 30:2，即 30 次心脏按压后，进行 2 次人工呼吸。

4）为达到配合默契，可由按压者数口诀"1、2、3、4、…、29、吹"，当吹气者听到"29"时，做好准备，听到"吹"后，即向伤员嘴里吹气，按压者继而重数口诀"1、2、3、4、…、29、吹"，如此周而复始循环进行。

5）人工呼吸者除需通畅伤员呼吸道、吹气外，还应经常触摸其颈动脉和观察瞳孔等，如图 11-1-16 所示。

8. 心肺复苏的有效指标、转移和终止

（1）心肺复苏的有效指标。心肺复苏术操作是否正确，主要靠平时严格训练，掌握正确的方法。在急救中判断复苏是否有效，可以根据以下五方面综合考虑：

1）瞳孔。复苏有效时，可见伤员瞳孔由大变小。如瞳孔由小变大、固定、角膜混浊，则说明复苏无效。

2）面色（口唇）。复苏有效，可见伤员面色由紫绀转为红润，如若变为灰白，则说明复苏无效。

3）颈动脉搏动。按压有效时，每一次按压可以摸到一次搏动，如若停止按压，搏动亦消失，应继续进行心脏按压；如若停止按压后，脉搏仍然跳动，则说明伤员心跳已恢复。

4）神志。复苏有效，可见伤员有眼球活动，睫毛反射与对光反射出现，甚至手脚开始抽动，肌张力增加。

伤者脱离电源后

判断意识（轻拍肩部、呼喊）
无意识

呼救并放好伤员体位

开放气道（① 仰头举颏或颌；② 清除口、鼻腔异物）

判断呼吸（通过看、听、试来进行）
无呼吸

口对口（鼻）吹气

判断吹气有无阻力

有 → 纠正头部位置，再次清除口腔异物
（手指快速将伤员口内异物清除）
无

完成2次吹气

判断心跳

有呼吸无脉搏 —— 有脉搏无呼吸 —— 无脉搏无呼吸

心前区叩击2次 —— —— 心前区叩击2次

判断心跳 —— —— 判断心跳

有脉搏 —— 有脉搏

无脉搏 —— —— 无脉搏

胸外按压 100次/min —— 保持气道通畅，人工呼吸12～16次/min —— 胸外按压与人工呼吸交替进行，每做30次胸外按压，需做2次人工呼吸

（在持续进行心肺复苏情况下，由专人护送至医院进一步抢救）

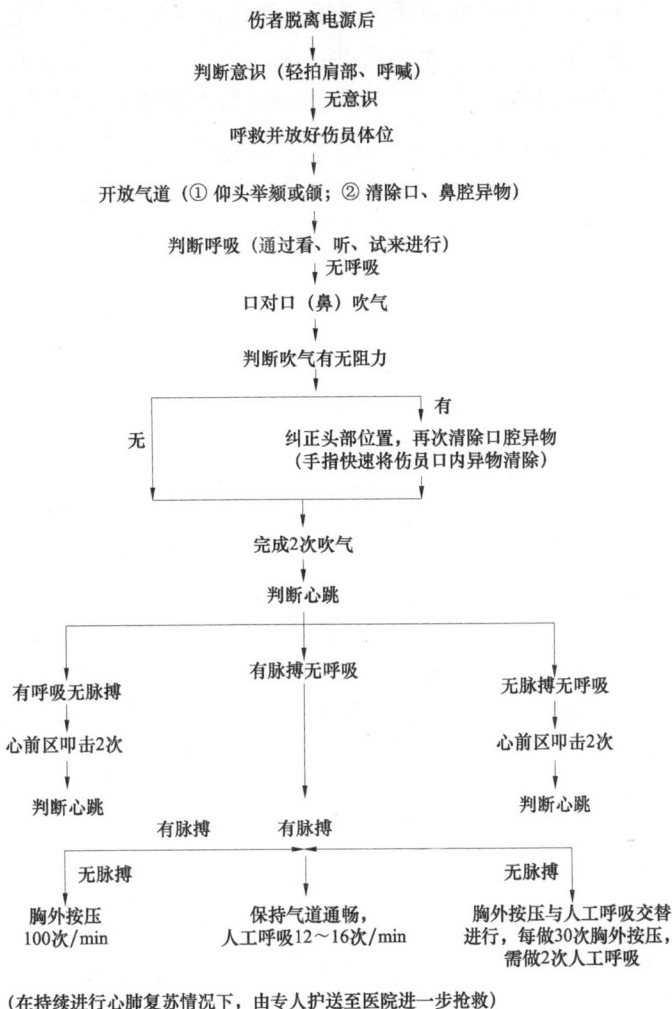

图 11-1-16　现场心肺复苏的抢救程序

5）出现自主呼吸。伤员自主呼吸出现，并不意味可以停止人工呼吸。如果自主呼吸微弱，仍应坚持口对口呼吸。

（2）转移和终止。

1）转移。在现场抢救时，应力争抢救时间，切勿为了方便或让伤员舒服去移动伤员，从而延误现场抢救的时间。现场心肺复苏应坚持不断地进行，抢救者不得频繁更换，即使送往医院途中也应继续进行。鼻导管给氧绝不能代替心肺复苏术。如需将伤员由现场移往室内，中断操作时间不得超过 7s；通道狭窄、上下楼层、送上救护车等的操作中断不得超过 30s。将心跳、呼吸恢复的伤员用救护车送医院时，应在伤员背部放一块长、宽适当的硬板，以备随时进行心肺复苏。将伤员送到医院而专业人员尚未接手前，仍应继续进行心肺复苏。

2）终止。何时终止心肺复苏是一个涉及医疗、社会、道德等方面的问题。不论在什么情

况下，终止心肺复苏，决定于医生，或医生组成的抢救组的首席医生，否则不得放弃抢救。高压或超高压电击的伤员心跳、呼吸停止，更不得随意放弃抢救。

（3）电击伤伤员的心脏监护。被电击伤并经过心肺复苏抢救成功的电击伤员，都应让其充分休息，并在医务人员指导下进行不少于48h的心脏监护。因为伤员在被电击过程中，由于电压、电流、频率的直接影响和组织损伤而产生的高钾血症，以及由于缺氧等因素，引起的心肌损害和心律失常，经过心肺复苏抢救，在心跳恢复后，有的伤员还可能会出现"继发性心脏跳停止"，故应进行心脏监护，以对心律失常和高钾血症的伤员及时予以治疗。

9. 抢救过程注意事项

（1）抢救过程中的再判定。

1）按压吹气2min后（相当于单人抢救时做了5个30:2压吹循环），应用看、听、试方法在5～10s内完成对伤员呼吸和心跳是否恢复的再判定。

2）若判定颈动脉已有搏动但无呼吸，则暂停胸外按压，而再进行2次口对口人工呼吸，接着每5s吹气一次（即每分钟12次）。如脉搏和呼吸均未恢复，则继续坚持心肺复苏法抢救。

3）抢救过程中，要每隔数分钟再判定一次，每次判定时间均不得超过5～7s。在医务人员未接替抢救前，现场抢救人员不得放弃现场抢救。

（2）现场触电抢救，对采用肾上腺素等药物应持慎重态度。如没有必要的诊断设备条件和足够的把握，不得乱用。在医院内抢救触电者时，由医务人员经医疗仪器设备诊断，根据诊断结果决定是否采用。

思考与练习

1. 低压触电时采用哪些方法使触电者脱离电源？
2. 触电者脱离电源以后，应采取哪些措施对触电者的伤情进行判断，对症抢救？
3. 抢救过程中应注意哪些事项？

模块2　外伤急救（GDSTY11002）

模块描述

本模块介绍外伤急救的基本方法及技术，通过图文结合形象化介绍、概念解释和操作步骤讲解，掌握外伤解救的止血技术、创伤包扎、骨折固定、搬运方法及技巧。

模块内容

一、创伤急救的基本要求

创伤急救原则上是先抢救，后固定，再搬运，并注意采取措施，防止伤情加重或污染。

需要送医院救治的，应立即做好保护伤员措施后送医院救治。急救成功的条件是：动作快，操作正确，任何延迟和误操作均可加重伤情，并可导致死亡。

抢救前先使伤员安静躺平，判断全身情况和受伤程度，如有无出血、骨折和休克等。

外部出血立即采取止血措施，防止失血过多而休克。外观无伤，但呈休克状态，神志不清，或昏迷者，要考虑胸腹部内脏或脑部受伤的可能性。

为防止伤口感染，应用清洁布片覆盖。救护人员不得用手直接接触伤口，更不得在伤口内填塞任何东西或随便用药。

搬运时应使伤员平躺在担架上，腰部束在担架上，防止跌下。平地搬运时伤员头部在后，上楼、下楼、下坡时头部在上，搬运中应严密观察伤员，防止伤情突变。伤员搬运时的方法如图 11-2-1 所示。

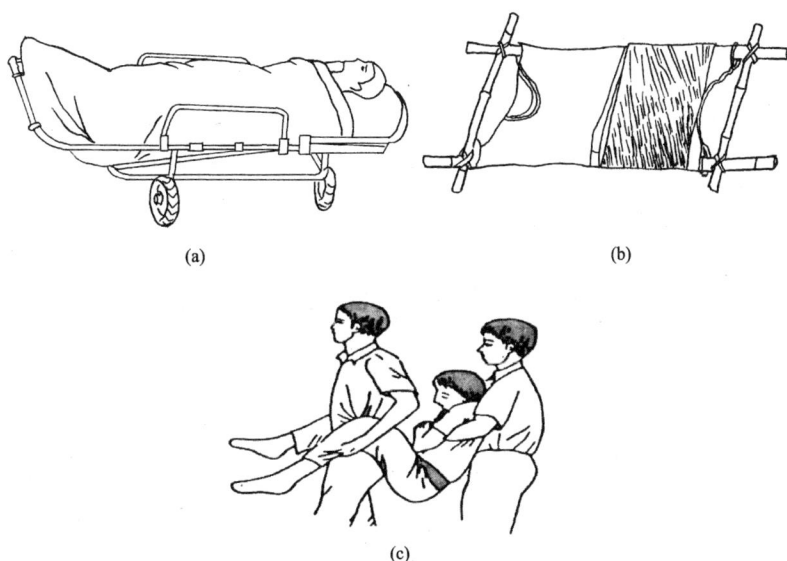

图 11-2-1 搬运伤员
（a）正常担架；（b）临时担架及木板；（c）错误搬运

二、外伤急救的基本要求

用止血带或弹性较好的布带等止血时（见图 11-2-2），应先用柔软布片或伤员的衣袖等数层垫在止血带下面，再扎紧止血带以刚使肢端动脉搏动消失为度。上肢每 60min，下肢每 80min 放松一次，每次放松 1～2min。开始扎紧与每次放松的时间均应书面标明在止血带旁。扎紧时间不宜超过 4h。不要在上臂中 1/3 处和窝下使用止血带，以免损伤神经。若放松时观察已无大出血，可暂停使用。

严禁用电线、铁丝、细绳等作止血带使用。

高处坠落、撞击、挤压可能有胸腹内脏破裂出血。受伤者外观无出血但常表现面色苍白、脉搏细弱、气促、冷汗淋漓、四肢厥冷、烦躁不安，甚至神志不清等休克状态，应迅速躺平，抬高下肢（见图 11-2-3），保持温暖，速送医院救治。若送院途中时间较长，可给伤员饮用少量糖盐水。

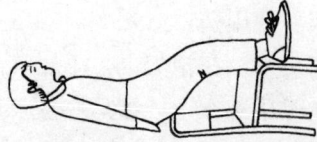

图 11-2-2 止血　　　　　　　　图 11-2-3 抬高下肢

三、骨折急救

肢体骨折可用夹板或木棍、竹竿等将断骨上、下方两个关节固定（见图 11-2-4），也可利用伤员身体进行固定，避免骨折部位移动，以减少疼痛，防止伤势恶化。

开放性骨折，伴有大出血者，先止血，再固定，并用干净布片覆盖伤口，然后速送医院救治。切勿将外露的断骨推回伤口内。

疑有颈椎损伤，在使伤员平卧后，用沙土袋（或其他代替物）放置头部两侧（见图 11-2-5）使颈部固定不动。进行口对口呼吸时，只能采用抬颏使气道通畅，不能再将头部后仰移动或转动头部，以免引起截瘫或死亡。

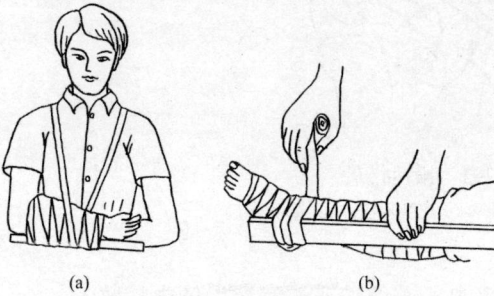

(a)　　　　　　　　(b)

图 11-2-4 骨折固定方法　　　　　图 11-2-5 颈椎骨折固定
（a）上肢骨折固定；（b）下肢骨折固定

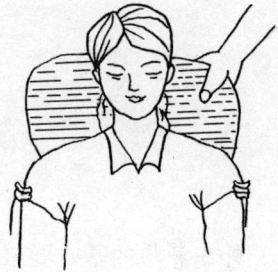

腰椎骨折应将伤员平卧在平硬木板上，并将腰椎躯干及二侧下肢一同进行固定预防瘫痪（见图 11-2-6）。搬动时应数人合作，保持平稳，不能扭曲。

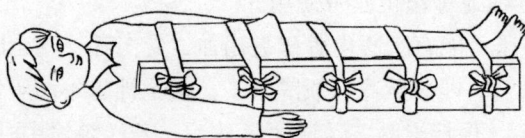

图 11-2-6 腰椎骨折固定

骨折固定的注意事项如下：

（1）骨折固定应先检查意识、呼吸、脉搏及处理严重出血。

（2）骨折固定的夹板长度应能将骨折处的上下关节一同加以固定。

（3）骨断端暴露，不要拉动。

四、颅脑外伤

应使伤员采取平卧位，保持气道通畅，若有呕吐，应扶好头部和身体，使头部和身体同时侧转，防止呕吐物造成窒息。

耳鼻有液体流出时，不要用棉花堵塞，只可轻轻拭去，以利降低颅内压力；也不可用力擤鼻，排除鼻内液体，或将液体再吸入鼻内。

颅脑外伤时，病情可能复杂多变，禁止给予饮食，速送医院诊治。

五、烧伤急救

电灼伤、火焰烧伤或高温气、水烫伤均应保持伤口清洁。伤员的衣服鞋袜用剪刀剪开后除去。伤口全部用清洁布片覆盖，防止污染。四肢烧伤时，先用清洁冷水冲洗，然后用清洁布片或消毒纱布覆盖送医院。

强酸或碱灼伤应迅速脱去被溅染衣物，现场立即用大量清水彻底冲洗，要彻底，然后用适当的药物给予中和；冲洗时间不少于 20min；被强酸烧伤应用 50%碳酸氢钠（小苏打）溶液中和；被强碱烧伤应用 0.5%～50%醋酸溶液或 50%氯化铵或 10%枸橼酸液中和。

未经医务人员同意，灼伤部位不宜敷搽任何东西和药物。

送医院途中，可给伤员多次少量口服糖盐水。

六、冻伤急救

冻伤使肌肉僵直，严重者深及骨骼，在救护搬运过程中动作要轻柔，不要强使其肢体弯曲活动，以免加重损伤，应使用担架，将伤员平卧并抬至温暖室内救治。

将伤员身上潮湿的衣服剪去后用干燥柔软的衣服覆盖，不得烤火或搓雪。

全身冻伤者呼吸和心跳有时十分微弱，不应误认为死亡，应努力抢救。

七、动物咬伤急救

1. 毒蛇咬伤

（1）毒蛇咬伤后，不要惊慌、奔跑、饮酒，以免加速蛇毒在人体内扩散。

（2）咬伤大多在四肢，应迅速从伤口上端向下方反复挤出毒液，然后在伤口上方（近心端）用布带扎紧，将伤肢固定，避免活动，以减少毒液的吸收。

（3）有蛇药时可先服用，再送往医院救治。

2. 犬咬伤

（1）犬咬伤后应立即用浓肥皂水冲洗伤口，同时用挤压法自上而下将残留伤口内唾液挤出，然后用碘酒涂搽伤口。

（2）少量出血时，不要急于止血，也不要包扎或缝合伤口。

（3）尽量设法查明该犬是否为"疯狗"，对医院制订治疗计划有较大帮助。

八、溺水急救

发现有人溺水应设法迅速将其从水中救出，呼吸心跳停止者用心肺复苏法坚持抢救。曾受水中抢救训练者在水中即可抢救。

口对口人工呼吸因异物阻塞发生困难，而又无法用手指除去时，可用两手相叠，置于脐部稍上正中线上（远离剑突）迅速向上猛压数次，使异物退出，但也不用力太大。

溺水死亡的主要原因是窒息缺氧。由于淡水在人体内能很快经循环吸收，而气管能容纳的水量很少，因此在抢救溺水者时不应"倒水"而延误抢救时间，更不应仅"倒水"而不用心肺复苏法进行抢救。

九、高温中暑急救

烈日直射头部，环境温度过高，饮水过少或出汗过多等可以引起中暑现象，其症状一般为恶心、呕吐、胸闷、眩晕、嗜睡、虚脱，严重时抽搐、惊厥甚至昏迷。

应立即将病员从高温或日晒环境转移到阴凉通风处休息。用冷水擦浴，湿毛巾覆盖身体，电扇吹风，或在头部置冰袋等方法降温，并及时给员口服盐水。严重者送医院治疗。

十、有害气体中毒急救

气体中毒开始时有流泪、眼痛、呛咳、咽部干燥等症状，应引起警惕。稍重时会头痛、气促、胸闷、眩晕。严重时会引起惊厥昏迷。

怀疑可能存在有害气体时，应立即将人员撤离现场，转移到通风良好处休息。抢救人员进入危险区应戴防毒面具。

已昏迷病员应保持气道通畅，有条件时给予氧气吸入。对呼吸心跳停止者，按心肺复苏法抢救，并联系医院救治。

迅速查明有害气体的成分，供医院及早对症治疗。

思考与练习

1. 创伤急救的基本要求有哪些？
2. 骨折固定时应注意哪些事项？
3. 烧伤急救的基本要求有哪些？

第 12 章

常用工器具使用与维护

模块 1　通用电工工具的使用（GDSTY12001）

模块描述

本模块包含验电器、钢丝钳、尖嘴钳、断线钳、剥线钳、螺丝刀、电工刀、活络扳手、电烙铁等通用电工工具的用途、结构、性能和使用方法等内容。通过概念描述、结构介绍、图解示意、要点归纳，掌握通用电工工具的使用。

模块内容

电工工具是指一般专业电工都要使用的工具。正确地使用及维护工具不但能提高工作效率和施工质量，而且能减轻疲劳，保证操作安全和延长工具使用寿命。以下就常用电工工具和其他电工工具分别给予说明。

一、验电器

验电器分高压和低压两类，通常低压的称验电笔，高压的称验电器。

1. 低压验电笔

低压验电笔有钢笔式、螺丝刀式和数字显示式等三种。一般钢笔式、螺丝刀式的验电笔是由笔尖金属体（工作触头）、电阻、氖管、笔尾金属体、弹簧和观察窗组成，如图 12-1-1 所示。低压验电笔是用来测量对地电压 250V 及以下的电气设备，只要带电体与大地之间的电位差超过一定数值，验电笔就会发出辉光。它主要用于检查低压电气设备和低压线路是否带电，还可以用于：

图 12-1-1　低压验电笔
（a）钢笔式验电笔；（b）螺丝刀式验电笔

（1）区分相线和中性线（地线或零线）。测试时低压电笔的氖管发亮的是相线，不亮的则是中性线。

（2）区分交流电或直流电。交流电通过验电笔氖管时，两极附近都发亮；而直流电通过验电笔氖管时，仅一个电极附近发亮。

（3）判断电压的高低。如果测试时低压验电笔氖管发光呈暗红、轻微亮，则电压较低，一般低于36V，氖管不发光（除另外注明验电范围的验电笔）。

（4）特别需要注意，当中性线断线后，验电笔的氖管也发光。

使用低压验电笔验电时，必须按照图 12-1-2（a）和图 12-1-2（b）所示的正确握法把笔握妥，以手指触及笔尾的金属体，使氖管小窗口或液晶显示窗背光朝向自己。

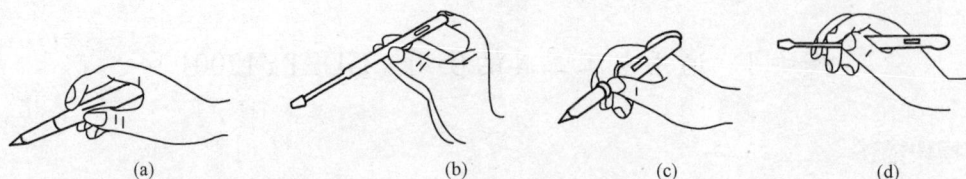

图 12-1-2　低压验电器的握法
（a）、（b）正确握法；（c）、（d）错误握法

2. 高压验电器

高压验电器又称高压测电器，主要由金属钩、氖管、氖管窗、固紧螺钉、护环和握柄等组成，如图 12-1-3 所示。

使用高压验电器时，应特别注意手握部位不得超过护环，握法如图 12-1-4 所示。

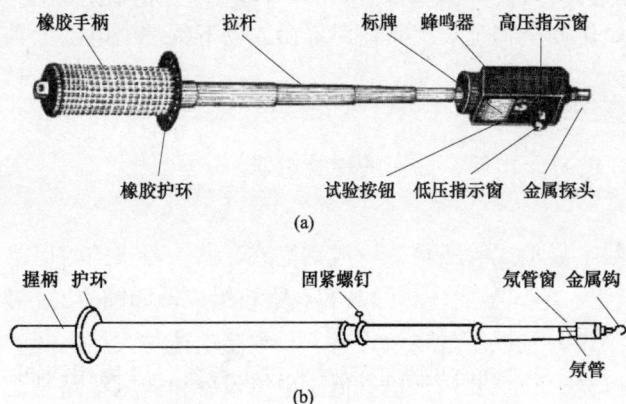

图 12-1-3　高压验电器
（a）拉杆式声光验电器；（b）拉杆式高压验电器

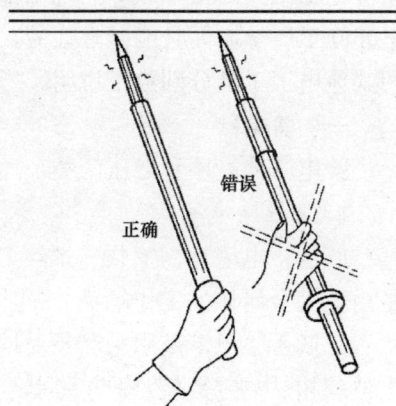

图 12-1-4　高压验电器的握法

3. 使用验电器的安全事项

（1）验电器在使用前应在确有电源处试测，证明验电器确实完好，方可使用。

（2）使用时应逐渐靠近被测物体，直至氖管发光，只有在氖管不发光时，验电器才可与被测设备或线路接触。

（3）测试时切忌将金属探头同时碰及两带电体或同时碰及带电体和金属外壳，以防造成相间和相地短路。

（4）室外使用高压验电器时，必须在电气良好的情况下进行。在雪、雨、雾及湿度较大的情况下不宜使用，以防发生危险。

（5）使用高压验电器测试时必须穿绝缘鞋、戴符合耐压要求的绝缘手套，同时不可以一个人单独测试，必须有人监护；测试时要防止发生相间或对地短路，人体与被测带电体应保持足够的安全距离，验 10kV 电压的线路或设备时为 0.7m 以上。

二、钢丝钳

钢丝钳由钳头、钳柄组成，钳头包括钳口、齿口、刀口、侧口，钳柄上套有额定工作电压 500V 的绝缘套管。钢丝钳的规格用全长表示，有 150、175、200mm 三种，其构造和用途如图 12-1-5 所示。

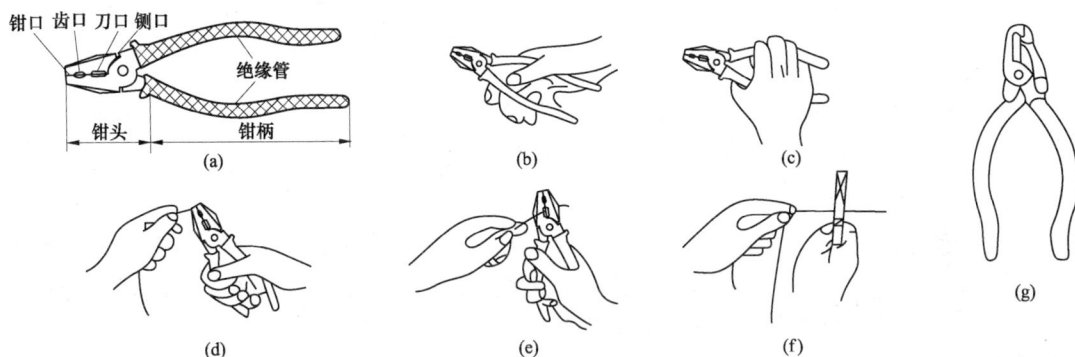

图 12-1-5　钢丝钳的构造和用途

（a）钢线钳；（b）握法；（c）紧固螺母；（d）钳夹导线头；（e）剪切导线；（f）侧切钢丝；（g）裸柄钢丝钳（电工禁用）

钢丝钳常用来剪切导线、弯绞导线、拉剥导线绝缘层以及紧固和拧松螺钉。通常剪切导线用刀口；剪切钢丝用侧口；扳旋螺母用齿口；弯绞导线用钳口。当用钢丝钳来剥削导线头的绝缘层时，用左手抓紧导线，右手握住钢丝钳，量取好要剥脱的绝缘层长度，刀口夹住导线绝缘层，用力要合适，不能损伤导线的金属体，沿钳口夹压的痕迹，靠绝缘层和导线的摩擦力将绝缘层拉掉。

使用钢丝钳时应注意：

（1）使用钢丝钳时，必须检查绝缘柄的绝缘是否良好。

（2）使用钢丝钳剪切带电导线时，不得用刀口同时剪两根或两根以上导线，以免相线间或相线与中性线间发生短路故障。

（3）使用钢丝钳时，刀口面应向操作者一侧，钳头不可以代替锤子作敲打工具使用。

（4）钢丝钳活动部位应适当加润滑油作防锈维护。

三、尖嘴钳

尖嘴钳由尖头、刃口和钳柄组成，如图 12-1-6 所示。尖嘴钳的规格以全长表示，常用的有 130、160、180mm 三种。电工用尖嘴钳在钳柄套有额定工作电压为 500V 的绝缘套管。尖嘴钳的头部尖细，适用于狭小空间的操作使用，其握法与钢丝钳的握法相同。

尖嘴钳的主要用途如下：

（1）尖嘴钳能夹持较小的螺钉、垫圈、导线等元件。

（2）带有刃口的尖嘴钳能钳断细小的金属丝。

（3）在进行低压控制电路安装时，尖嘴钳能将导线弯成一定圆弧的接线端环。

四、断线钳

断线钳也称为斜口钳。有绝缘柄的断线钳，柄上套有额定工作电压 500V 的绝缘套管，如图 12-1-7 所示。断线钳主要用来剪断较粗的电线和金属丝。

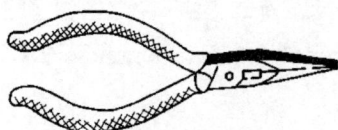

图 12-1-6　尖嘴钳

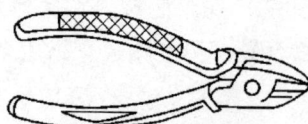

图 12-1-7　断线钳

五、剥线钳

剥线钳由刀口、压线口和钳柄组成，其规格以全长表示，常用的有 140、180mm 两种。

剥线钳的柄上套有额定工作电压 500V 的绝缘套管，如图 12-1-8 所示。

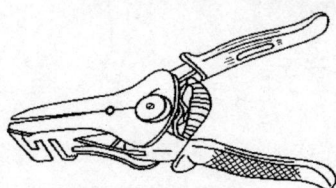

剥线钳用于剥除线芯截面积为 $6mm^2$ 以下塑料线或橡胶绝缘线的绝缘层。剥线钳的刀口有直径为 0.5～3mm 的切口，以适应不同规格的线芯剥削。

图 12-1-8　剥线钳

使用剥线钳剥去绝缘层时，剥削的绝缘层长度定好后，左手持导线，右手握钳柄，导线端部绝缘层被剖断自由飞出。使用时应将导线放在大于芯线直径的切口上切削，以免切伤芯线。

六、螺丝刀

螺丝刀又称旋凿或起子，是用来紧固和拆卸各种螺钉，安装或拆卸元件的。

螺丝刀由刀柄和刀体组成。刀柄有木柄、塑料柄和有机玻璃柄三种。刀口形状有"一"字形和"十"字形两种，如图 12-1-9 所示。电工螺丝刀刀体金属部分带有绝缘管。

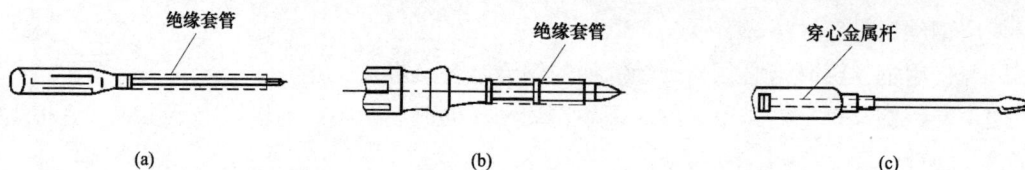

绝缘套管　　　　　　　绝缘套管　　　　　　　穿心金属杆

（a）　　　　　　　　　　（b）　　　　　　　　　　（c）

图 12-1-9　螺丝刀

（a）一字螺丝刀；（b）十字螺丝刀；（c）穿心金属螺丝刀

使用螺丝刀时的注意事项如下：

（1）电工不可用金属杆直通柄顶的螺丝刀，否则很容易造成触电事故。

（2）使用螺丝刀紧固或拆卸带电的螺钉时，手不得触及螺丝刀的金属杆，应在螺丝刀的金属杆上套上绝缘套管。

（3）螺丝刀操作时，用力方向不能对着别人或自己，以防脱落伤人。

（4）螺丝刀口放入螺钉槽内，操作时用力要适当，不能打滑，否则会损坏螺钉的槽口。

（5）不允许用螺丝刀具代替凿子使用，以免手柄破裂。

七、电工刀

电工刀可用来剥削导线绝缘，削制木榫、切割木台缺口等。其外形如图 12-1-10 所示。电工刀分普通式、三用式两种。使用时应左手持导线，右手握刀柄，刀口稍倾斜向外。刀口常以 45°角倾斜切入，25°角倾斜推削使用。电工刀用完后应将刀体折入刀柄内。

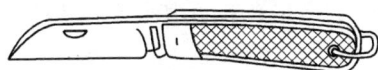

图 12-1-10　电工刀

电工刀的使用注意事项如下：

（1）使用电工刀时刀口应向人体外侧用力。

（2）电工刀刀柄是无绝缘保护的，故不能在带电导线或器材上剥削，以免触电。

（3）不允许用锤子敲打刀片进行剥削。

八、活络扳手

扳手是用来紧固和松开螺母的一种常用工具。常用扳手有活络扳手、呆扳手、梅花扳手、两用扳手、套筒扳手、内六角扳手、扭力扳手和专用扳手等，各种扳手都有其不同规格。

活络扳手的钳口可以在规定的范围内任意调整大小，使用方便，故普遍采用，并作为电工常用工具，其构造如图 12-1-11（a）所示。它主要由头部和柄部两部分组成，头部由活络扳唇、呆扳唇、扳口、蜗轮、轴销和手柄等部分组成。活络扳手的规格用长度 ×最大开口宽度表示，单位为 mm。例如：150mm×19mm 表示活络扳手长度 150mm，开口宽度 19mm。

活络扳手的使用方法如下：

（1）根据螺母的大小，用两手指旋动蜗轮以调节扳口的大小，将扳口调到比螺母稍大些，卡住螺母，再用手指旋蜗轮使扳口紧压螺母。扳动大螺母时力矩较大，手要握在近柄尾处，如图 12-1-11（b）所示；扳动小螺母时力矩较小，又因为螺母过小容易打滑，手应握在近头部的地方，施力时手指可随时旋调蜗轮，收紧活络扳唇，以防打滑，如图 12-1-11（c）所示。

（2）活络扳手不可反用，以免损坏活络扳唇，如图 12-1-11（d）所示。也不可用钢管接长柄施力，以免损坏扳手。

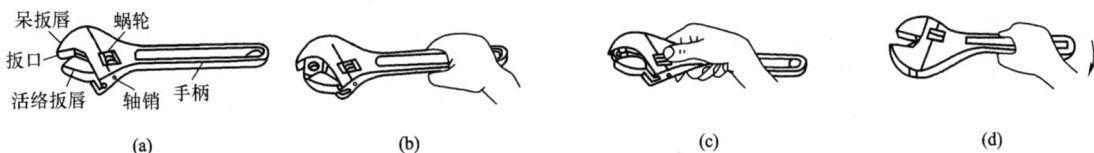

（a）　　　　　　　　（b）　　　　　　　　（c）　　　　　　　　（d）

图 12-1-11　活络扳手

（a）活络扳手的构造；（b）扳较大螺母时的握法；（c）扳较小螺母时的握法；（d）错误握法

（3）不应将活络扳手作为撬棒和锤子使用。

九、电烙铁

电烙铁是在焊接过程中对焊锡加热并使之熔化的最常用的电热工具，如图 12-1-12 所示。

电烙铁一般由手柄、外管（内装有电热元件）和铜头组成。按铜头的不同受热方式，电烙铁分为内热式和外热式两种。电烙铁的规格以其消耗的电功率来

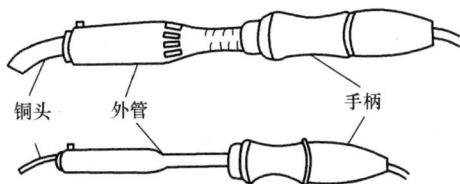

图 12-1-12　电烙铁

表示，通常在 20～500W 之间。

电烙铁的使用注意事项如下：

（1）电烙铁金属外壳必须接地。

（2）使用中的电烙铁不可搁置在木板上，而要放置在专用烙铁架上。

（3）不可用烧死的电烙铁（烙铁头因氧化不吃锡）焊接，以免烧坏焊件。

（4）不准甩动使用中的电烙铁，以免锡珠溅击伤人。

（5）使用完毕应切断电源。

思考与练习

1. 如何使用低压验电笔？

2. 电工刀的使用有何注意事项？

3. 常用扳手有哪几种？如何正确使用活络扳手？

模块 2　常用安装工具的使用（GDSTY12002）

模块描述

本模块包含电钻、液化气喷火枪、压接钳、紧线器等常用安装工具的用途、结构、性能和使用方法等内容。通过概念描述、结构介绍、图解示意、要点归纳，掌握常用安装工具的使用。

模块内容

一、电钻

电钻是一种专用电动钻孔工具，主要分手枪电钻、手提电钻、冲击电钻和电锤。手枪电钻、手提电钻用于对金属、塑料或其他类似材料或工件进行钻孔；冲击电钻和电锤主要用于建筑安装时对建筑水泥预制砌块和砖墙材料或其他类似材料进行钻孔。

1. 手枪电钻、手提电钻

手枪电钻、手提电钻属于手提电动钻孔工具，如图 12-2-1、图 12-2-2 所示。

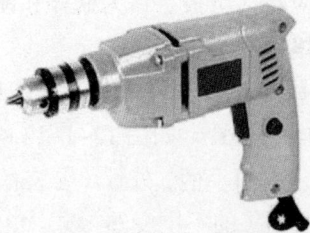

图 12-2-1　手枪电钻　　　　　　　　图 12-2-2　手提电钻

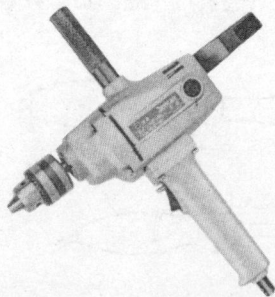

使用手枪电钻、手提电钻的注意事项如下：

（1）使用电钻前要用手转动电钻的夹头，检查一下是否灵活。再根据钻孔的直径选用合适的钻头，并用专用钻头夹具钥匙将钻头紧固在夹头上。

（2）在钻孔前应先通电空转试运行一段时间（一般不超过 60s），检查传动机构是否灵活，有无异常声音，钻头是否偏摆。如有异常声音应断电，找电工检查修理；钻头偏摆说明钻夹与钻头不同心或钻头变形，要重新夹直钻头或更换钻头。

（3）拆换钻头时，一定要用专用钻头夹具钥匙拆换，不允许用螺丝刀或其他工具敲打电钻钻头夹具，以免损坏。

（4）电源线和外壳接地线应用铜芯橡皮软电缆，若是金属外壳，外壳应可靠接地。停电休息或离开工作地点时，应立即切断电钻电源。

（5）电钻导线要保护好，严禁乱拖防止轧坏、割破，更不准把电线拖到油水中，防止油水腐蚀电线。

（6）开始使用时，不要手握电钻去接电源。应先将其放在绝缘物上再接电源，并要用验电笔检查外壳是否带电。按一下开关，让电钻空转一下，检查转动是否正常，还要再次验电。

（7）使用电钻时禁止操作人员戴线手套，一定要戴胶皮手套，或穿绝缘鞋。在潮湿的地方工作时，必须站在橡皮垫或干燥的木板上工作，以防触电。现场施工作业时，还应装设剩余电流动作保护器。

（8）在调整电钻钻头时，应先切断电源。在插接电源时，应检查一下电钻开关，使其处于断开位置。

（9）若是大电钻，在接通三相电源时，应检查钻的旋向是否正确，如为反向旋转，应调换三相电源线的任意两根电线以使转向正确。

（10）用电钻钻孔时，不宜用力过大，以免使电钻电动机过载。在钻金属时，注意即将钻通时要减轻用力，以免钻头卡死或伤手。若电钻转速异常降低，应立即减轻压力，突然卡钻时，要立即断开电源。

（11）在空间位置受限制的场所施钻时，可使用万向电钻。

（12）在加工件上钻孔时，应先用样冲打出定位坑。小工件应夹在虎钳上打孔。

（13）在空气中含有易燃、易爆、腐蚀性气体以及十分潮湿的特殊环境里，不能使用电钻作业。

（14）要经常在电钻的减速箱及轴承处添加润滑脂，保持电钻清洁干燥。如长时间不用，应存放在干燥无腐蚀性气体的环境中。

2. 冲击电钻

在结构上，冲击电钻和普通电钻一样，仅多了一个冲头，调节冲击电钻的冲击机构到"冲击"位置，可产生单一旋转或旋转带冲击的运动，它是一种旋转带冲击的钻孔工具。当调节按钮调到"冲击"位置时，装上镶有硬质合金的钻头，就可以在混凝土、砖墙及瓷砖等材料上不断冲击钻孔。当调节按钮到"旋转"位置时，装上普通麻花钻头，就可以在金属材料上钻孔。其外形如图 12-2-3 所示。

图 12-2-3 冲击电钻

使用冲击电钻的注意事项如下：

（1）新冲击电钻在使用前要检查是否漏电，检查冲击电钻的转动应灵活，接上电源后空转，并观察转动部分和冲击机构工作是否正常。

（2）根据钻孔材料不同，正确选用钻头及工作方式。当对金属、塑料、绝缘板、木板钻孔时，应选用普通麻花钻，并处于无冲击状态；当对砖、混凝土、瓷砖等钻孔时，应处于冲击状态。

（3）选用符合要求的钻头，其钻头应锋利，冲击时用力不要过猛，不得使冲击电钻超负荷工作。

（4）钻头应垂直顶在工件上再打钻，不得空打和顶死，也不得在钻孔中晃动。当在钢筋混凝土中进行施钻时，应避开钢筋钻孔。

（5）使用直径在 25mm 以上的冲击电钻，作业场地周围应设护栏。在地面以上操作时，应有稳固的平台。

（6）在钻孔中，如电钻转速急剧下降，要减少用力或立即断电查找原因。

（7）装卸钻头时，必须用钻头夹具钥匙，不能用其他工具来敲打夹头。

（8）携带时必须握住电钻本体，不得采用提拉橡皮软线等错误携带方法。

（9）电源线应采用铜芯橡皮护套软电缆，其截面积按载流量选择，但不小于 $1.0mm^2$。对具有金属外壳者，应可靠接地。

（10）工作时严禁戴纱线手套，应戴绝缘手套或穿绝缘鞋。

（11）现场施工作业时电源处必须装设有明显断开点的开关和短路保护装置，还应安装剩余电流动作保护器，以防触电，这种措施应根据电源系统形式确定。

（12）冲击电钻要存放在通风、干燥、清洁处，轴承减速箱的润滑脂要保持清洁，定期更换。

3. 电锤

电锤适用于各种脆性建筑构件（混凝土、砖石等），是一种具有旋转、冲击复合运动机构的电动工具，如图 12-2-4 所示。电锤的功能多，可用来在混凝土、砖石结构建筑物上钻孔、凿眼、开槽等，电锤冲击力比冲击钻高，不仅能垂直向下钻孔，而且能向其他方向钻孔。常用电锤钻头直径有 16、22、30mm 等规格。使用电锤时，握住两个手柄，垂直向下钻孔，无须用力，向其他方向钻孔也不能用力过大，稍加使劲

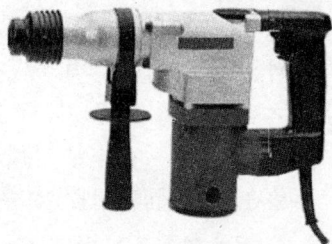

图 12-2-4 电锤

就可以。电锤工作时进行高速复合运动，要保证内部活塞和活塞转套之间良好润滑，通常每工作 4h 需注入润滑油，以确保电锤可靠地工作。

使用电锤的注意事项如下：

（1）电源线和外壳接地线应用橡套软线，外壳应可靠接地。

（2）新电锤在使用前要检查各部件是否紧固，转动部分是否灵活。使用前可通电空转一

下，检查是否漏电，观察其运转灵活程度，有无异常声音等。

（3）在使用电锤钻孔时，要选择没有暗配电线处，并应避开钢筋。对钻孔深度有要求时，应装上定位杆控制钻孔深度，从下向上钻孔时应装上防尘罩。

（4）施钻时应先将钻头顶在工作面上，然后再按下开关。钻孔时若发现冲击停止，可断开开关，重新顶住电锤，然后接通开关。

（5）使用电锤时严禁戴纱线手套，应戴绝缘手套或穿绝缘鞋，站在绝缘垫上或干燥的木板、木凳上，以防触电。

（6）携带时必须握住电锤本体，不得采用提橡皮软线等错误携带方法。配有工具箱者应装箱运输。

（7）现场施工作业时电源处必须装设有明显断开点的开关和短路保护装置，还应安装剩余电流动作保护器，以防触电，这种措施应根据电源系统形式而确定。

二、液化气喷火枪

液化气喷火枪是一种利用喷射火焰对工件进行加热的工具。在电工作业中，制作电力电缆终端头或中间接头及焊接电力电缆接头时，常使用液化气喷火枪。

1. 使用方法

（1）喷灯接头与液化瓶出口连接。

（2）检查喷灯开关是否关紧。

（3）点火前，打开液化气瓶总阀，然后边逐渐打开喷灯开关，边点燃。

（4）火焰的强弱由喷灯开关自由调节，温度在 800～1200℃。

（5）使用后，必须先将液化气瓶总阀关掉，再关紧喷灯开关。

2. 液化气喷火枪的使用注意事项

（1）发现燃气管有烫伤、老化、磨损，应及时更换。

（2）使用时离开液化气瓶 2m 以上。

（3）经常检查各部件，保持密封。

（4）不要使用劣质气体，若发现气孔堵塞，可松开开关前螺母，或喷嘴与导气管间螺母。

（5）火焰与带电部分的安全距离：电压在 10kV 及以下者，应大于 1.5m；电压在 10kV 以上者，应大于 3m。

三、压接钳

1. 手动导线压接钳

手动导线压接钳（也称冷压钳）是小截面单芯（可多股）铜、铝导线压接的专用工具，如图 12-2-5 所示。它常用作冷压连接铜、铝线的接头或封端。手动导线压接钳适用于截面积为 0.5～8mm² 的导线。

2. 机械式压接钳

机械式压接钳如图 12-2-6 所示，其压模可根据导线截面选用，适用于铝绞线或钢绞线进行压接连接。压接时，将连接的两根导线的端头穿入铝压接管中（导线端头露出管外部分，不得小于 20mm），按照压口数、钳压尺寸利用压接钳的压力使铝管变形，把导线挤住压紧。机械式压接钳适用于截面积为 16～185mm² 的导线。

3. 液压式压接钳

液压式压接钳主要依靠液压传动机构产生压力达到压接导线的目的。它适用于压接多股铝、铜芯导线做中间连接或封端，如图 12-2-7 所示，配有一定数量的压模，适用于截面积为 16～185mm² 的导线。电动液压式压接钳适用于大截面导线的压接。

图 12-2-5　手动导线压接钳　　图 12-2-6　机械式压接钳　　图 12-2-7　液压式压接钳

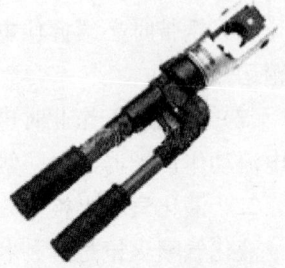

四、紧线器

紧线器是线路施工中用来拉紧导线的常用工具，如图 12-2-8 所示，主要由挂钩、滑轮、钢丝绳、手扳棘轮组成，右面挂钩与卡线器相连。

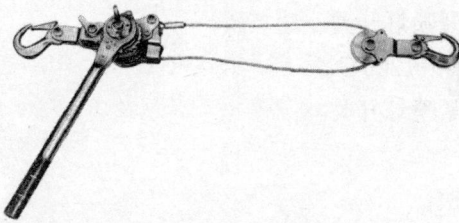

图 12-2-8　紧线器

卡线器主要有平口式和虎口式两种，如图 12-2-9 所示。使用时，一般应使用钢丝短千斤和卸扣将紧线器的一端挂钩挂置于横担或其他固定部位，用另一端与挂钩相连的卡线器夹住导线，用摇柄转动滑轮，使紧线器上的钢丝绳逐渐转入轮槽内，于是导线就会被拉紧。

1. 使用方法

先将手扳棘轮紧线器的卡舌转到松线的位置，将钢丝绳全部（或需要的长度）拉出，再把靠近手扳棘轮的挂钩挂在固定点上，然后将卡舌转到紧线位置，用与挂钩相连的卡线器放松夹住导线沿着导线向前伸，伸到适当的位置随即用力向自身方向收紧卡线器，此时用一只手转动紧线器的棘轮摇柄，使钢丝绳收紧受力，就可以慢慢收紧导线。用同样的方法也可收线拉线。

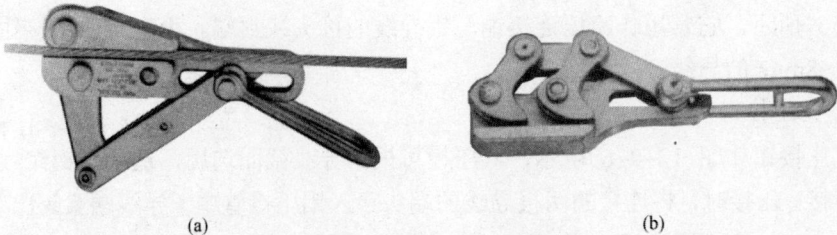

(a)　　　　　　　　　　　　　　　(b)

图 12-2-9　卡线器

（a）平口式卡线器；（b）虎口式卡线器

2. 紧线器的使用注意事项

（1）应理顺紧线器上的钢丝绳，不得将其扭曲，以免发生断绳事故。

（2）应使用专用摇柄。

（3）钳口与导线接触处适当采取防护措施，以免伤线。

（4）棘轮和棘爪应完好、灵活，不应有脱落现象，应定期加入润滑油。

（5）放松钢丝绳时，应控制摇柄，使放线速度慢而稳，不可突然放松。

（6）紧线器用完后，不可随便从高处扔下，以防损坏或伤人。

（7）闲置不用时，应将紧线器涂黄油防锈。

思考与练习

1. 电钻有哪几种类型？

2. 各类电钻各有什么主要用途？

3. 使用紧线器时，有哪些注意事项？

模块3　灭火器的使用（GDSTY12003）

模块描述

　　本模块包含灭火剂的分类、作用和应用范围，灭火器的使用及其注意事项等内容。通过概念描述、术语说明、要点归纳，掌握灭火器的使用以及电气火灾的扑救方法。

模块内容

一、灭火剂

1. 水

水是应用最广泛的天然灭火剂，它可以单独使用，也可以与不同的化学剂组成混合液使用。现有消防器材中，用水灭火的占很大比例。例如：作为重要灭火工具的消防车，多数是离不开水的；在固定灭火装置中，水喷淋系统使用的最多最广；对于泡沫灭火系统来说，泡沫混合液中就含有94%或97%的水。因此，不仅是现在，将来水也是重要的和不可缺少的灭火剂。冷却是水的主要灭火作用。

（1）冷却作用。当水与炽热的含碳可燃物接触时，还会发生化学反应，并吸收大量的热。

（2）窒息作用。水灭火时，遇到炽热燃烧物而汽化，产生大量水蒸气。

（3）乳化作用。用水喷雾灭火设备扑救油类等非水溶性可燃液体火灾时，由于雾状水射流的高速冲击作用，可减少可燃液体的蒸发量而使其难于继续燃烧。

（4）水力冲击作用。水在机械的作用下，密集的水流具有强大动能和冲击力，可达数十甚至数百吨每平方厘米。高压的密集水流强烈地冲击着燃烧物和火焰，使燃烧物冲散和减弱燃烧强度进而达到灭火目的。

2. 泡沫灭火剂

凡能够与水混溶，并可通过化学反应或机械方法产生灭火泡沫的灭火药剂，称为泡沫灭火剂。泡沫灭火剂一般由发泡剂、泡沫稳定剂、降黏剂、抗冻剂、助溶剂、防腐剂及水组成。

（1）泡沫灭火剂的分类。按照泡沫的生成机理，泡沫灭火剂可分为化学泡沫灭火剂和空气泡沫灭火剂。

（2）泡沫灭火剂的作用。通常使用的灭火泡沫，发泡倍数范围为2～1000，比重在0.001～0.5之间。由于泡沫的比重远远小于一般可燃液体的比重，因而可以漂浮于液体的表面，形成一个泡沫覆盖层。同时泡沫又有一定的黏性，可以黏附一般可燃固体的表面。其灭火作用表现在以下方面：

1）阻隔作用。灭火泡沫在燃烧物表面形成的泡沫覆盖层，可使燃烧表面与空气隔离。

2）冷却作用。泡沫析出的液体对燃烧表面有冷却作用。

3）释稀作用。泡沫灭火剂产生的泡沫受热蒸发，产生的水蒸气有稀释燃烧区氧气浓度的作用。

（3）化学泡沫灭火剂。化学泡沫是指由两种药剂的水溶液通过化学反应产生的灭火泡沫，这两种药剂称为化学泡沫灭火剂，泡沫中所含的气体为二氧化碳。

3. 干粉灭火剂

干粉灭火剂是一种干燥的、易于流动的固体粉末，一般借助于灭火器或灭火设备中的气体压力，将干粉从容器喷出，以粉雾形态扑救火灾。

（1）干粉灭火剂的分类。干粉灭火剂按使用范围可分为普通干粉（碳酸氢钠干粉）和多用干粉（磷酸铵盐）两大类。

1）普通干粉。普通干粉主要用于扑救可燃液体火灾、可燃气体火灾以及带电设备火灾。

2）多用干粉。多用干粉不仅适用于扑救可燃液体、可燃气体和带电设备的火灾，还适用于扑救一般固体物质火灾。

（2）干粉灭火剂的作用。干粉灭火剂灭火时，主要是抑制作用。燃烧反应是一种联锁反应。燃烧在高温作用下，吸收了活化能而被活化，产生了大量的活性基团，它们与燃烧分子作用，不断生成新的活化基团和氧化物，同时放出大量的热量维持燃烧，联锁反应继续进行。当大量干粉以雾状形式喷向火焰时，可以大大吸收火焰中的活性基团，使其数量急剧减少，中断燃烧的联锁反应，从而使火焰熄灭。

（3）干粉灭火剂的应用范围。

1）普通干粉灭火剂一般装于手提式、推车式灭火器及干粉消防车中使用，主要用于扑救各种非水溶性及水溶性可燃、易燃烧体的火灾，以及天然气和液化石油气等可燃气体火灾和一般带电设备的火灾。

2）多用干粉灭火剂除与普通干粉灭火剂一样，除能有效地扑救易燃、可燃液（气）体和电气设备火灾外，还可用于扑救木材、纸张、纤维等A类固体可燃物质的火灾。一般装于手提式和推车式灭火器中使用。

4. 二氧化碳灭火剂

二氧化碳是一种不燃烧、不助燃的惰性气体，而且价格低廉、易于液化，便于灌装和储存，是一种常用的灭火剂。

（1）二氧化碳灭火剂的作用。二氧化碳灭火剂主要的灭火作用是窒息作用。此外，对火焰还有一定冷却作用。

二氧化碳灭火剂平时以液态的形式储存在灭火器或压力容器中，灭火时从灭火器或设备中喷出，当二氧化碳喷出时，汽化吸收本身热量，使部分二氧化碳变为固态的干冰，干冰汽化时要吸收燃烧物的热量，对燃烧物有一定冷却作用，但这种冷却作用远不能扑灭火焰，不是二氧化碳的主要灭火作用。

（2）二氧化碳灭火剂的应用范围。二氧化碳来源广泛，无腐蚀性，灭火时不会对火场环境造成污染，灭火后能很快逸散，不留痕迹。它适用于扑救各种易燃液体火灾，以及一些怕污染、怕损坏的固体火灾。另外，二氧化碳不导电，可用于扑救带电设备的火灾。

5. 卤代烷灭火剂

卤代烷灭火剂是以卤原子取代烷烃分子中的部分氢原子或全部氢原子后得到的一类有机化合物的总称。一些低级烷烃的卤代物具有不同程度的灭火作用，这些具有灭火作用的低级卤代烷统称为卤代烷灭火剂。

（1）卤代烷灭火剂的作用。卤代烷灭火剂主要通过抑制燃烧的化学反应过程，使燃烧中断，从而达到灭火目的。卤代烷灭剂具有灭火效率高、灭火迅速、用量省、汽化性强，热稳定性和化学稳定性好，对环境和设备不会造成污染，长期储存不变质（有效储存使用期达 5 年以上）等特点。

（2）卤代烷灭火剂的应用范围。卤代烷灭火剂可用于扑救可燃气体、可燃液体火灾，可燃固体的表层火灾，带电设备火灾，特别适宜扑救电子计算机、通信设备等精密仪器火灾。

（3）卤代烷灭火剂的安全要求。

1）卤代烷灭火剂一般都是以液化气的形式充装在压力容器中的，因此充装时要遵守压力容器的安全充装规定。

2）使用时不能直接接触气体，以防冻伤。

3）在室内使用卤代烷灭火剂扑救火灾后，要立即打开门窗，防止中毒。

4）卤代烷灭火剂应保存在 -20～55℃的范围内，注意防止泄漏。

5）由于卤代烷对大气臭氧层破坏严重，为了保护大气臭氧层，美国等一些国家于 1987 年在加拿大签订了控制破坏大气臭氧层物品的协定，协定中破坏性物品包括"1211"和"1301"灭火剂。因此，卤代烷灭火剂在全世界范围内已逐步停止生产和禁止使用。

6. 烟雾灭火剂

烟雾灭火剂由硝酸钾、木炭、硫磺、三聚氰胺和碳酸氢钾组成，是呈深色粉状的混合物。它是在发烟火药的基础上加以改进而研制成的一种新型灭火剂。其典型配比为销酸钾 50.5%、木炭 12.5%、硫磺 3%、三聚氰胺 26% 和碳酸氢钾 8%。

（1）烟雾灭火剂的作用。烟雾是灭火剂燃烧反应的气态产物及浮游于其中的固体颗粒。用它扑救油罐火灾时，这些烟雾从发烟器喷嘴喷出，能迅速充满油罐内空间，排挤罐内的其他气体，阻止外界空气流入罐内，大大稀释了罐内的氧气和可燃气体浓度，从而使燃烧窒息。

（2）烟雾灭火剂的应用范围。烟雾灭火剂具有灭火速度快，设备简单、投资少，不用水、不用电、节省人力物力，灭火后杂质少、对油品污染小等特点，特别适用于缺水、交通不便、油罐少而分散的偏远地区。烟雾灭火剂主要用于扑救 2000m³ 下的柴油、原油、重油等小型的钢质油罐火灾，对直径 3m 以下的酮、酯、醇的储罐火灾，也有较好的灭火效果。

二、灭火器

由于灭火器内充装的灭火剂量有限，喷射时间一般都较短，因此，掌握各类灭火器的正确使用对尽快控制火灾非常重要。灭火器的使用应严格按照产品说明来操作，这里仅就一般使用方法加以介绍。

1. 手提式灭火器

手提式灭火器包括清水灭火器、空气泡沫灭火器、二氧化碳灭火器、卤代烷灭火器和干粉灭火器。使用这类灭火器灭火时，可手提式灭火器的提把或提圈，迅速奔跑至距燃烧处约 5m 的地方（清水灭火器约 10m 的地方），放下灭火器，拔出保险销，一只手握住灭火器的开启压把，另一只手握住喷射软管前端的喷嘴处（二氧化碳灭火器应握住手柄）或灭火器底圈，对准火焰根部，用力压下开启压把并紧压不松开，这时灭火剂即喷出，操作者由近而远左右扫射，直至将火焰全部扑灭，操作步骤如图 12-3-1 所示。清水灭火器的开启有所不同，它是用手掌拍击开启杆顶端，刺破二氧化碳储气瓶的密封片，灭火器随之开启。

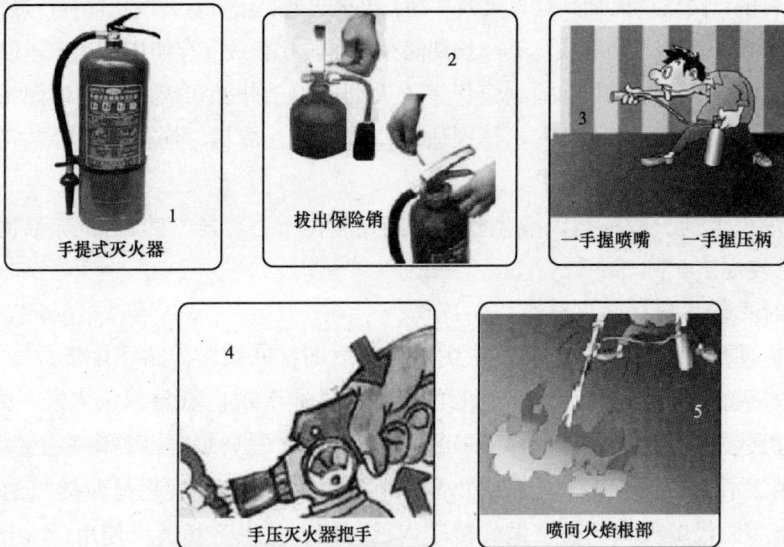

图 12-3-1 手提式灭火器操作步骤

2. 推车式灭火器

推车式灭火器一般需两个人配合操作，火灾时，快速将灭火器推至距燃烧处约 10m 的地方。一人迅速展开软管并握紧喷枪对准燃烧物做好喷射准备；另一人开启灭火器，并将手轮开至最大部位。灭火方式也是由近而远、左右扫射，对准燃烧最猛烈处，并根据火情调整位置，确保将火焰彻底扑灭，使其不能复燃。推车式灭火器如图 12-3-2 所示。

3. 背负式干粉灭火器

使用背负式干粉灭火器时，先撕去铅封，拉保险销，然后背起灭火器，手持喷枪，迅速奔跑到燃烧现场，在距燃烧处约 5m 处即可喷粉。当第一组灭火器筒体内干粉喷完后，快速将喷枪扳机左侧的突出轴向右推动 8mm 左右即限位，然后再钩动扳机，第二组灭火器即可喷粉。背负式干粉灭火器如图 12-3-3 所示。

图 12-3-2　手推式灭火器　　　　　　　　图 12-3-3　背负式干粉灭火器

三、操作灭火器注意事项

（1）在携带灭火器奔跑时，酸碱灭火器和化学泡沫灭火器不能横置，要保持竖直以免提前混合发生化学反应。

（2）有些灭火器在灭火操作时，要保持竖直不能横置，否则驱动气体短路泄漏，不能将灭火剂喷出。这类灭火器有"1211"灭火器、干粉灭火器、二氧化碳灭火器、空气泡沫灭火器、清水灭火器等。

（3）扑救容器内的可燃液体火灾时，要注意不能直接对着液面喷射，以防止可燃液体飞溅，造成火势扩大，增加扑救难度。

（4）扑救室外火灾时，应站在上风方向。

（5）使用清水灭火器、酸碱灭火器和泡沫灭火器时，不能直接灭带电设备火灾，应先断电再灭火，以防止触电。

（6）灭 A 类火（固体物质着火）时，随着火势减小，操作者可走到近处灭火，此时可不采用密集射流而改用喷洒，将手指放在喷嘴的端部就可实现。若为深位火灾，应将阴燃或炽热燃烧部分彻底浇湿，必要时，将燃烧物踢散或拨开，使水流入其内部。

（7）使用二氧化碳灭火器和"1301"灭火器时，要注意防止对操作者产生冻伤危害，不得直接用手握灭火器的金属部位。

四、电气火灾的扑救

电力线路或电气设备发生火灾时，由于是带电燃烧，因此蔓延迅速。如果扑救不当，可能会引起触电事故，扩大火灾事故范围，加重火灾损失。

1. 切断电源灭火

电力线路或电气设备发生火灾后，应该沉着果断，设法切断电源，然后组织扑救。如果没有及时切断电源，会使扑救人员身体或所持器械可能触及带电部分而造成触电事故。因此应该特别强调的是，在没有切断电源时千万不能用水冲浇，而要用沙子或四氯化碳灭火器灭火。只有在切断电源后才可用水灭火。

在切断电源时应该注意做到以下几点：

（1）火灾发生后，由于受潮或烟熏，开关设备绝缘强度降低，因此拉闸时应使用适当的绝缘工具操作。

（2）有配电室的单位，可先断开主断路器；无配电室的单位，先断开负载断路器，后拉开隔离开关。

（3）切断用磁力启动器启动的电气设备时，应先按"停止"按钮，再拉开隔离开关。

（4）切断电源的地点要选择恰当，防止切断电源后影响火灾的扑救。

（5）剪断电线时，应穿绝缘靴和戴绝缘手套，用绝缘胶柄钳等绝缘工具将电线剪断。不同相电线应在不同部位剪断，以免造成线路短路，剪断空中电线时，剪断的位置应选择在电源方向的支持物上，防止电线剪断后落地造成短路或触电伤人事故。

（6）如果线路上带有负载，应先切除负载，再切断灭火现场电源。

2. 带电灭火

有时为了争取时间，防止火灾扩大蔓延，来不及切断电源，或因生产需要及其他原因无法断电，则需要带电灭火。

带电灭火应注意做到以下几点：

（1）选用适当的灭火器。在确保安全的前提下，应用不导电的灭火剂，如二氧化碳、四氯化碳、"1211""1301""红卫912"或干粉灭火剂进行灭火。应指出的是，泡沫灭火机的灭火剂（水溶液）有一定的导电性，而且对电气设备的绝缘强度有影响，不应用于带电灭火。

（2）在使用小型二氧化碳、"1211""1301"、干粉等灭火器灭火时，由于其射程较近，故人体、灭火器的机体及喷嘴与带电体应有一定的安全距离。

（3）用水进行带电灭火的优点是价格低廉，灭火效率高。但水能导电，用于带电灭火时会危害人体。因此，灭火人员在戴绝缘手套和穿绝缘靴，水枪喷嘴安装接地线情况下，可使用喷雾水枪灭火。

（4）对架空线路等空中设备灭火时，人体位置与带电体之间仰角不应超过45℃，以免导线断落伤人。

（5）如遇带电导线断落地面，应划出警戒区，防止跨入。扑救人员需要进入灭火时，必须穿绝缘靴。

（6）在带电灭火过程中，人应避免与水流接触。

（7）没有穿戴保护用具的人员，不应接近燃烧区，防止地面水渍导电引起触电事故。

（8）火灾扑灭后，如设备仍有电压，任何人员不得接近带电设备和水渍地区。

3. 充油电气设备的火灾扑救

（1）变压器、油断路器、电容器等充油电气设备的油，闪亮点大都在130～140℃之间，有较大的危害性。如果只是容器外面局部着火，而设备没有受到损坏，可用二氧化碳、四氯化碳、"1211""红卫912"、干粉灭火剂带电灭火。如果火势较大，应先切断起火设备和受威胁设备的电源，然后用水扑救。

（2）如果容器设备受到损坏，喷油燃烧，火势很大时，除切断电源外，有事故储油坑的应设法将油放进储油坑，坑内和地面上的油火应用泡沫灭火剂扑灭。

（3）要防止着火油料流入电缆沟内。如果燃烧的油流入电缆沟而顺沟蔓延时，沟内的油火只能用泡沫覆盖扑灭，不宜用水喷射，防止火势扩散。

（4）灭火时，灭火剂和带电体之间应保持足够的安全距离。用四氯化碳灭火时，扑救人员应站在上风方向以防中毒，同时灭火后要注意通风。

4. 旋转电动机的火灾扑救

在扑救旋转电动机火灾时，为防止设备的轴和轴承变形，可令其慢慢转动，用喷雾水灭火，并使其均匀冷却；也可用二氧化碳、四氯化碳、"1211""红卫 912"灭火剂扑灭，但不宜用干粉、沙子、泥土灭火，以免增加修复的困难。

在消防重点部位或场所以及禁止明火区需要动火作业时，应严格遵守《国家电网公司电力安全工作规程（线路部分）》中关于动火工作的规定。

思考与练习

1. 电气设备火灾时应采用什么灭火器？如何灭火？
2. 充油电气设备火灾时如何扑救？
3. 操作灭火器时，有哪些注意事项？

模块 4　常用电气安全工器具的使用（GDSTY12004）

模块描述

本模块包含常用电气安全工器具的分类、用途、结构、使用方法和注意事项、试验标准和试验周期等内容。通过概念描述、术语说明、结构说明、图解示意、要点归纳，掌握常用电气安全工器具的使用。

模块内容

一、电气安全工器具的作用及分类

1. 电气安全工器具的作用

在生产活动中，电业工作人员要经常使用各种电气安全工器具，这些用具不仅对完成工作任务起一定作用，而且对保护人身安全起着重要作用。

人体应该与带电体保持一定的距离，不能直接触及带电导体，否则将会遭到电击伤害。另外，对运行的电气设备安全地进行巡视，改变运行方式、检修试验等，也需利用电气安全工器具来实现。如在带电的电气设备上或邻近带电设备的地方工作时，为了防止工作人员触电或被电弧灼伤，须使用绝缘安全工器具；在线路施工中，在杆、塔上作业时需使用安全带、保险绳等。

电气安全工器具是防止触电、电弧灼伤、高处坠落等人身伤害事故，保障作业人员人身安全的专用工器具，电力企业应按规定配备充足的、合格的电气安全工器具，每位从业人员都必须学会正确使用。

2. 电气安全工器具的分类

电气安全工器具通常分为基本安全工器具、辅助安全工器具和防护安全工器具。

（1）基本安全工器具。基本安全工器具是绝缘程度足以承受电气设备的工作电压，能直接用来操作带电设备或接触带电体的工器具。属于这一类安全工器具的有高压绝缘棒、绝缘夹钳、验电器、高压核相器等。

（2）辅助安全工器具。辅助安全工器具是指绝缘强度不足以承受电气设备的工作电压，只是用来加强基本安全工器具的保安作用，用来防止接触电压、跨步电压、电弧灼伤等对操作人员造成伤害的用具，如绝缘手套、绝缘靴、绝缘垫、绝缘台、绝缘绳、绝缘隔板和绝缘罩等。因此，不能用辅助安全工器具直接接触高压电气设备的带电部分。

（3）防护安全工器具。防护安全工器具是指那些本身没有绝缘性能，但可以起到作业中防护工作人员免遭伤害作用的安全工器具。防护安全工器具分为：

1）人体防护工器具。这类安全防护工器具主要是保护人身安全，当工作人员穿戴必要的防护工器具时，可以防止遭到外来物的伤害。人体防护工器具有安全帽、护目镜、防护面罩、防护工作服等。

2）安全技术防护工器具。安全技术防护工器具主要是根据《国家电网公司电力安全工作规程》有关保证安全技术措施的要求制作的工器具。例如采取防止检修设备突然来电，防止工作人员走错隔间，误登带电设备，保证人与带电体之间的安全距离以及防止向检修设备误送电等措施使用的工器具。这类安全工器具有携带型接地线、临时遮栏及各种标示牌等。

3）登高作业安全工器具。登高作业安全工器具是在登高作业及上、下过程中使用的专用工器具，或高处作业时，为防止高处坠落制作的防护用具，如安全带、竹（木）梯、软梯、踩板、脚扣、安全绳和安全网等。

二、基本安全工器具

在人体不接触的带电的电气设备上或邻近带电设备的地方工作时，为了保证安全，防止工作人员触电或被电弧灼伤，除应做好安全措施外，还必须根据现场环境的条件和《国家电网公司电力安全工作规程》的要求，使用相应的绝缘安全工器具。

绝缘基本安全工器具包括绝缘棒、绝缘夹钳、高压验电器、高压核相器和钳型电流表等。绝缘工器具的质量直接关系到作业中人身和设备的安全。因此，除应配备质量合格的绝缘工器具外，对绝缘工器具的保管和存放也应规范化。绝缘工器具必须有存放的专用库房，绝缘工器具应与金属工具分开存放，在潮湿严重地区的工具房内，还应备有去湿设备，务必使室内经常保持干燥。重点介绍以下几种绝缘安全工器具。

1. 绝缘棒

（1）用途。绝缘棒又称绝缘杆、操作杆。它的主要作用是接通或断开高压隔离开关、跌落熔断器，安装和拆除携带型接地线以及带电测量和试验工作。

（2）结构。绝缘棒的结构主要由工作部分、绝缘部分和握手部分构成。工作部分一般为金属或玻璃钢制成的钩子，绝缘部分和握手部分是用浸过绝缘漆的木材、硬塑料、胶木等制成。绝缘棒的绝缘部分须光洁无裂纹或硬伤，握手部分和绝缘部分之间有明显的分界线，即由护环隔开。各部分的长度按其工作需要、电压等级和使用场合而定，工作部分一般不太长，约为 5~8cm，太长容易在操作时造成相间或接地短路。为了便于携带，一般在制作时，将其分段制成，每段端头用金属螺钉镶接或用其他方式连接，使用时将各段接上或拉出即可。

（3）使用方法和注意事项。

1）使用绝缘棒时，工作人员应戴绝缘手套和穿绝缘靴，以加强绝缘棒的保护作用。

2）在下雨、下雪或潮湿天气，在室外使用绝缘棒时，应装有防雨的伞形罩，以使伞下部分的绝缘棒保持干燥。

3）使用绝缘棒时要注意防止碰撞，以免损坏表面的绝缘层。

4）绝缘棒应存放在干燥的地方，防止受潮，一般应放在特制的架子上或垂直悬挂在专用挂架上，以防变形弯曲。

5）绝缘棒不得直接与墙或地面接触，以防碰伤其绝缘表面。

6）绝缘棒应定期进行绝缘试验，一般每年试验一次，试验周期与标准参见有关标准。

2. 高压验电器

验电器又称测电器、试电器或电压指示器。验电器可分为高压和低压两类。根据使用的工作电压，高压验电器一般制成 10kV 或 35kV 两种。

（1）结构。高压验电器的本体是用绝缘材料制成的一根空心管子，管子上装有用金属制成的工作触头，里面装有氖管，电容器手柄绝缘部分用胶木或硬橡胶制成。氖管由两个金属电极和一个圆筒形玻璃管组成，氖管因通过电容电流而发光。为了防止使用时手握到柄外绝缘部分，在绝缘部分和握柄之间装有一个比提柄直径稍大的隔离护环。

目前常用的高压验电器主要有声、光型和回转带声、光型两种。

1）声、光型验电器。当声、光型验电器的金属电极接触带电体时，验电器流过的电容电流，会发出声、光报警信号。

2）回转带声、光型验电器。它是利用带电导体尖端放电产生的电风来驱使指示器叶片旋转，同时发出声、光信号。

（2）使用注意事项。

1）使用验电器前，应先检查验电器的工作电压与被测设备的额定电压是否相符，验电器是否超过有效试验期。

2）利用验电器的自检装置，检查验电器的指示器叶片是否旋转以及声、光信号是否正常。

3）验电时，工作人员必须戴绝缘手套，并且必须握在绝缘棒护环以下的握手部分，不得超过护环。

4）在验电时，应将验电器的金属接触电极逐渐靠近被测设备，一旦验电器开始正常回转，且发出声、光信号，即说明该设备有电，应立即将金属接触电极离开被测设备，以保证验电器的使用寿命。

5）验电时，若指示器的叶片不转动，也未发出声、光信号，则说明验电部位已确无电压。

6）在停电设备上验电前，应先在有电设备上验电，验证验电器功能正常。

7）在停电设备上验电时，必须在设备进出线两侧各相分别验电，以防在某些意外情况下，可能出现一侧或其中一相带电而未被发现。

8）验电时，验电器不应装接地线，除非在木梯子上验电，不接地不能指示者，才可装接地线。

9）验电器应按电压等级统一编号，每个电压等级的验电器现场至少保证2支。

10）每次使用完毕，在收缩绝缘棒装匣或放入包装袋之前，应将表面尘埃拭净，再存放在柜内，保持干燥，避免积灰和受潮。

（3）检查与试验。

1）验电器在每次使用前都必须认真检查，主要检查绝缘部分有无污垢、损伤、裂纹；检查声、光信号是否正常。

2）高压验电器应每年进行一次预防性试验，试验标准见表12-4-1。

表 12-4-1   高压验电器的试验标准

电压等级（kV）	周期	交流耐压（kV）	时间（min）	备　　注
10	1年	45	1	启动电压不高于额定电压的40%，不低于额定电压的15%
35		95		

三、辅助安全工器具

1. 绝缘手套、绝缘靴（鞋）

（1）绝缘手套。绝缘手套可使人的双手与带电设备绝缘。因此，可作为在高压电气设备上操作的辅助安全工器具，在低压带电设备上工作时，又可作为基本安全工器具使用。绝缘手套由特种橡胶制成。绝缘手套应有足够的长度，戴上后应超过手腕10cm，另外对绝缘手套有严格的电气要求，故普通的或医疗、化学用的手套不能代替绝缘手套。

（2）绝缘靴（鞋）。绝缘靴（鞋）在任何电压等级的电气设备上工作，均可作为与地保持绝缘的辅助安全工器具，同时，可作为防护跨步电压的基本安全工器具。绝缘靴（鞋）也由特种橡胶制成，绝缘靴通常不涂漆，这点和涂有光泽黑漆的橡胶水靴在外观上有所不同。

（3）使用注意事项。

1）绝缘靴（鞋）不得当作雨鞋或其他用，同时，其他非绝缘靴（鞋）也不能代替绝缘靴（鞋）使用。

2）每次使用前应进行外部检查，要求表面无损伤、磨损或破漏、划痕等，有砂眼漏气的禁止使用。检查绝缘手套的方法是：将手套向手指方向卷曲，当卷到一定程度时，内部空气因体积减小、压力增大，手指鼓起而不漏气者，即为良好。

3）使用绝缘手套时，最好里面戴上一双棉纱手套，这样夏天可防止出汗操作不便，冬季可以保暖。戴手套时，应将外衣袖口放进手套的伸长部分。

4）为了使用方便，一般现场至少应配备大号和中号绝缘靴（鞋）各一双，以方便使用。

5）绝缘靴（鞋）的使用期限应以大底磨光为限，即当大底露出黄色面胶（绝缘层）时，就不能再穿了。

（4）绝缘手套和绝缘靴（鞋）的保存。

1）绝缘手套和绝缘靴（鞋）使用后应擦净、晾干，绝缘手套还应洒上一些滑石粉，以免黏连。

2）绝缘手套和绝缘靴（鞋）应放在干燥通风的处所，即放在专用的橱、柜内，并与其他工具分开存放，上面不得准压任何物件。

3）不得与石油类的油脂接触，合格的与不合格的绝缘手套、绝缘靴（鞋）不能混放在一起，以免使用时拿错。

（5）绝缘手套、绝缘靴（鞋）的试验要求。绝缘手套、绝缘靴（鞋）应每半年试验一次。

2. 绝缘胶垫、绝缘台

（1）绝缘胶垫。绝缘胶垫又称绝缘胶板，也是一种辅助安全工器具，一般铺在配电装置室等地面上，以便带电操作开关时，增强操作人员的对地绝缘，同时可以用来防止接触电压和跨步电压对人体的伤害。在低压配电室地面上铺绝缘胶垫，操作时可代替绝缘手套和绝缘鞋，起到绝缘作用。因此在 1kV 及以下时，绝缘胶垫可作为基本安全工器具。绝缘胶垫是用特种橡胶制成的，为了防滑，常在其表面制有条纹。绝缘垫的规格有厚为 4、6、8、10、12mm 五种，宽度均为 1m，长度均为 5m。

1）使用注意事项。

a. 在使用过程中，要保持绝缘胶垫干燥、清洁，注意防止与酸、碱及各种油类物质接触，以免受腐蚀后老化、龟裂或变黏，降低其绝缘性能。

b. 应避免与热源接触（如取暖炉等）或距热源太近，以防止绝缘胶垫急剧老化变质，破坏其绝缘性能。

c. 使用过程中要经常检查绝缘胶垫有无裂纹、划痕等，发现有问题要立即禁用，并及时更换。

d. 绝缘胶垫应每半年用低温肥皂水清洗一次。

2）试验标准。绝缘胶垫每一年试验一次。在 1kV 及以上场所使用的绝缘垫，试验电压不低于 15kV。试验电压依其厚度的增加而增加，试验标准见表 12-4-2。使用在 1kV 以下场所的绝缘垫，其试验电压为 5kV，试验时间为 1min。

表 12-4-2　　　　　　　　绝 缘 垫 的 试 验 标 准

绝缘胶垫的厚度（mm）	4	6	8	10	12
试验电压（kV）	15	20	25	30	35
时间（min）	1	1	1	1	1

（2）绝缘台。绝缘台也可用在任何电压等级的电力装置中，是带电工作的辅助安全工器具。绝缘台可代替绝缘垫或绝缘靴。绝缘台的台面用干燥的木板或木条做成，四脚用绝缘子做台脚。为了便于移动或检视台脚绝缘子是否损坏，台面不宜太大，一般不大于 1.5m×1.0m；

台面板条间距不大于 2.5cm，以免鞋跟陷入，绝缘子高度不小于 10cm。

1）使用注意事项。

a. 绝缘台多用于变电站和配电室内，用于户外时，应将其置于坚硬的地面，不应放在松软的地面或泥草中，以防陷入而降低其绝缘性能。

b. 绝缘台的台脚绝缘子应无裂纹、破损，木质台面要保持干燥清洁。

c. 绝缘台使用后应妥善保管，不得随意登、踩或作板凳坐用。

2）试验标准。绝缘台一般每三年试验一次。绝缘台试验标准与使用电压等级无关，一律加交流电压 40kV，持续时间为 2min。

四、一般防护安全工器具

1. 安全带

（1）安全带的作用。安全带是防止高空作业工人高空坠落的工器具。在建筑、电力、煤炭和机械等行业中，均广泛应用安全带。在架空线路杆、塔上和变电站户外构架上进行安装、检修、施工时，防止作业工人从高空摔跌，必须用安全带予以防护，否则就可能出事故，属于违章作业。

目前，我国确定用锦纶材料制造安全带的带、绳，它具有强度大、耐磨损、耐虫蛀、耐碱、老化慢的特点，并有较好的延伸性、回弹性，是制作安全带的理想材料。

安全带的质量标准主要是破断强度，即要求安全带在一定静拉力试验时不破断。双保险安全带如图 12-4-1 所示。

《国家电网公司电力安全工作规程（线路部分）》中规定："在杆塔上作业时，应使用有后备绳或速差自锁器的双控背带式安全带，当后保护绳超过 3m 时，应使用缓冲器。安全带和保护绳应分挂在杆塔不同部位的牢固构件上。后备保护绳不准对接使用。"双控背带式安全带如图 12-4-2 所示。

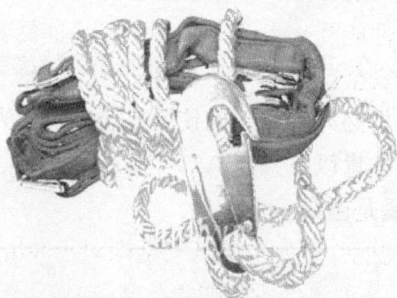

图 12-4-1　双保险安全带　　　　图 12-4-2　双控背带式安全带

（2）使用注意事项。

1）使用前，必须作一次外观检查，如发现破损、变质及金属配件有断裂，禁止使用。平时也应一个月作一次外观检查。

2）安全带应高挂低用或水平围挂，切忌低挂高用，并应将活梁卡子系紧。

3）安全带在使用和存放时，应避免接触 120℃以上的高温、明火和酸类物质，以及有锐角的坚硬物体和化学药物。

4）安全带可放入低温水内，用肥皂轻轻擦洗，再用清水漂干净，然后晾干，不允许浸入热水中，以及在日光下暴晒或用火烤。

（3）试验标准。具体试验标准参见《国家电网公司电力安全工作规程（配电部分）》相关要求。

2. 安全帽

安全帽是对人体头部受外力伤害起防护作用的安全工器具，由帽壳、帽衬、下颏带和后箍等组成，如图 12-4-3 所示。它在电力系统的发电、供电、基建、施工等企业被广泛采用。

安全帽和其他防护安全工器具一样，在使用时，难免使人的操作行为受到约束。如果没有经过一定的安全教育，没有具备良好的安全意识，在作业中存在侥幸心，麻痹大意，在工作场所不戴安全帽，就可能发生人身伤害事故。

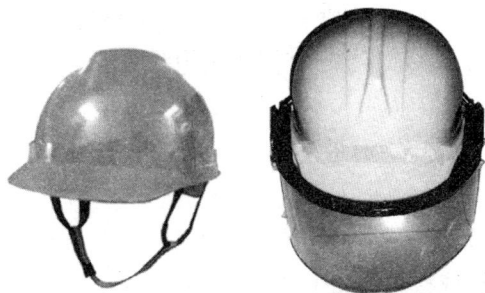

图 12-4-3　安全帽

（1）安全帽的作用。安全帽的防护作用大体分为：

1）对飞来物体击向头部时的防护。

2）当工作人员从 2～3m 以上高处坠落时头部的防护。

3）当工作人员在沟道内行走，障碍物碰到头部时的防护，或从交通工具上甩出时对头部的防护。

4）对头部触电或电击时的防护。

为了有效防止对工作人员头部的伤害，安全帽必须具备一定的条件，因此，安全帽在设计制作上必须结构合理，技术上必须达到有关的规定，同时必须正确使用和很好地维护。

（2）安全帽的技术性能。对安全帽的技术性能要求有两个方面，即基本要求和其他有关要求。具体试验标准参见《国家电网公司电力安全工作规程（线路部分）》相关要求。

（3）安全帽的使用与维护。每一个作业人员必须学会正确使用安全帽，因为如果戴法和使用不正确，就不能起到充分的防护作用。应注意以下几点：

1）安全帽帽衬是起缓冲作用的，帽衬松紧是由带子调节的。

2）安全帽必须戴正，不要把安全帽歪戴在脑后，否则会降低安全帽对于冲击的防护作用。

3）使用时，要把安全帽的下颏带系结实，否则可能发生在物体坠落时，由于安全帽掉落而起不到防护作用。

4）安全帽在使用过程中，要爱护，不要在休息时坐在上边，以免使其强度降低或损坏。

5）使用安全帽前应仔细检查有无龟裂、下凹、裂痕和磨损等情况，千万不要使用有缺陷的帽子。

6）对于近电报警式安全帽，还应注意以下几点：

a. 每次使用前，把灵敏开关置于高挡或低挡，然后按一下安全帽的自检开关，若能发出音响信号，即可使用。

b. 头戴或手持近电报警安全帽接近检修架空电力线路或用电设备时，在报警距离范围（每种近电报警安全帽的开始报警距离不同，具体数据见厂家说明书）内，若发出报警声音，表明线路带电，否则不带电。

c. 近电报警安全帽不能代替验电器。

d. 当发现自检报警声音降低时，表明电池已快耗尽，应及时更换电池。同时要注意近电报警安全帽的保管，将其放置于室内干燥、通风和固定位置。

当进行架空线路检修、杆塔施工作业和在变电构件等处工作时，为防止在杆塔上的工作人员因与工具器材、构架相互碰撞而受伤，或杆塔、构架上工作人员失落工具和器材时，击伤地面人员，高处作业人员及地面上配合人员都应戴安全帽。

3. 个人保安线

（1）个人保安线的作用。使用个人保安线的目的是防止感应电压伤人。工作地段如有邻近、平行、交叉跨越及同杆塔架设线路时，为防止停电检修线路上感应电压伤人，在需要接触或接近导线工作时，应使用个人保安线。使用前必须确认所登杆塔是停电线路，且是待检修线路，并已挂好接地线。

（2）个人保安线的结构。个人保安线应使用带有透明护套的多股软铜线，截面积不得小于 16mm²，且应带有绝缘手柄或绝缘部件。个人保安接地线如图 12-4-4 所示。

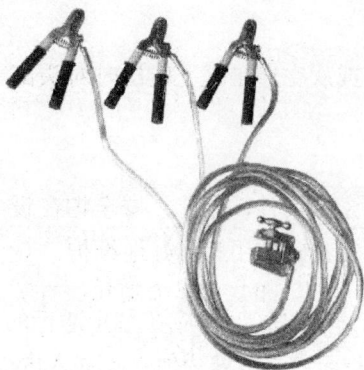

图 12-4-4 个人保安接地线

（3）个人保安线的使用方法。个人保安线应在杆塔上接触或接近导线的作业开始前挂接，作业结束脱离导线后拆除。装设时，应先接接地端，后接导体端，且应接触良好，连接可靠。拆个人保安线的顺序与此相反。原则是谁装谁拆，专人负责。

（4）使用注意事项。

1）严禁以个人保安线代替三相短路接地线。因为两者的作用和地位不同。三相短路接地线主要是用来限制入侵电压的幅值，防止意外来电包括感应电造成人身伤害，其截面积要满足装设地点短路电流的要求，且不得小于 25mm²。必须以三相短路接地线为主要措施，以个人保安线为辅助措施，不能主次颠倒，不能以个人保安线代替三相短路接地线。

2）在杆塔或横担接地通道良好的条件下，个人保安线接地端允许接在杆塔或横担上。

3）个人保安线的直流电阻试验周期不超过 5 年。

4. 遮栏

（1）遮栏的作用。遮栏是用来防护工作人员意外碰触或过分接近带电部分而造成人身事故的一种安全防护用具，也可作为在检修时，工作位置与带电设备之间安全距离不够时的隔离用具。

（2）遮栏的结构。遮栏有一般遮栏、绝缘挡板和绝缘罩三种。一般遮栏用干燥的木材或其他坚韧的绝缘材料制成，不能用金属材料制作，高度至少应有 1.7m，应安置牢固妥当。绝

224

缘挡板一般与带电部分离得很近，需用绝缘压板、云母板或有机玻璃等材料制作，且经过电气耐压试验合格后，方可使用。绝缘罩是在不能用遮栏的情况下，安装在带电设备上面并将其罩住，因此要求绝缘罩由具有高绝缘性、耐火、坚固的材料制成，安装时应特别小心，操作人员应戴绝缘手套，站在绝缘台上，并有人在旁监护。

（3）遮栏的使用。一般遮栏上应注有"止步、高压危险"的字样或悬挂其他标示牌，以提醒工作人员注意。绝缘挡板和绝缘罩也同其他绝缘工具一样，要定期进行绝缘试验，一般每年一次。

5. 标示牌

标示牌由安全色、几何图形和图形符号构成，用以表达特定的安全信息。安装标示牌是保证电气工作人员安全的重要技术措施。

（1）标示牌的作用。在电气设备上悬挂标示牌，用于警告作业人员不得接近设备的带电部分，提醒作业人员在工作地点应采取安全措施，并指明应检修的工作地点，以及警示值班人员禁止向检修处的设备合闸送电等。

（2）标示牌的制作及分类。标示牌用木材或绝缘材料制作，不得用金属板制作。标示牌根据用途可分为警告类、允许类、提示类和禁止类四类共 8 种，每种标示牌的式样及悬挂处所具体要求参见《国家电网公司电力安全工作规程（线路部分）》。

（3）标示牌的使用和维护。电气用标示牌有 8 种，每一种都有其用途，而且有的要制作成两种尺寸规格，使用时一定要正确选择。另外，在有的场合，标示牌和临时遮栏要配合使用。使用标示牌时应注意以下几点：

1）在一经合闸即可送电到工作地点的断路器和隔离开关的操作把手上，均应悬挂"禁止合闸，有人工作"的标示牌，对同时能进行远方和就地操作的隔离开关，还应在隔离开关就地操作把手上悬挂标示牌。

2）当线路有人工作时，则应在线路断路器和隔离开关的操作把手上悬挂"禁止合闸，线路有人工作"的标示牌，以提醒值班人员线路有人工作，以防向有人工作的线路合闸送电。

3）在室内高压设备上工作时，应在工作地点的两旁间隔和对面间隔的遮栏上悬挂"止步，高压危险"的标示牌，以防止检修人员误入带电间隔。在进行电气试验时，应在禁止通行的过道上设围栏或临时遮栏，并向外悬挂"止步，高压危险"的标示牌，以警戒他人不许入内。

同一排的两组母线（工作与备用母线或分支母线），当一组母线检修时，应在两组母线分界处的检修侧设临时遮栏，并悬挂"止步，高压危险"的标示牌，以防误触带电母线。

4）室外设备检修时，应在临时围栏四周向内悬挂适当数量的"止步，高压危险"的标示牌。

5）在检修工作地点悬挂"在此工作"的标示牌，当一张工作票的工作有几个工作地点时，均应悬挂"在此工作"的标示牌，标示牌应悬挂在检修间隔的遮栏上、室外变电站停电设备和外壳上；隔离开关检修时，"在此工作"的标示牌应悬挂在隔离开关操作把手或隔离开关支架上。检修的隔离开关则悬挂"禁止合闸，有人工作"标示牌。

6）在室外架构上工作时，应在工作地点邻近带电部分的横梁上悬挂"止步，高压危险"的标示牌。在工作人员上下的架构梯子上悬挂"由此上下"标示牌，标示牌一定要布置正确，并不得任意移动和拆除。

7）标示牌用完以后，应妥善地分类保管在专用地点，如有损坏或数量不足时应及时更换或补充。

6. 携带型接地线

（1）携带型接地线的作用。当高压设备停电检修或进行其他工作时，为了防止停电检修设备突然来电和邻近高压带电设备所产生的感应电压对人体的危害，同时为了放尽断电电气设备的剩余电荷，携带型接地线是必不可少的安全工器具。

（2）携带型接地线的结构。携带型接地线由三相短路线、接地线、专用夹头三部分组成，如图 12-4-5 所示。

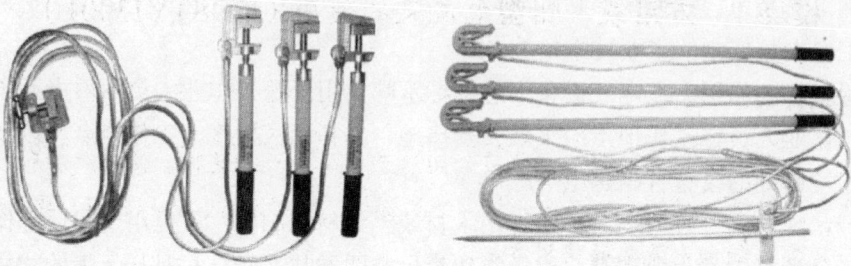

图 12-4-5　携带型接地线

（3）使用注意事项。

1）携带型接地线装拆顺序的正确与否是很重要的。挂接地线时，应先接好接地端，后挂导线端；拆除时，应先取下导线端线夹，再拆除接地端，接地棒插入地以下不少于 0.6m。

2）接地线的连接器（线夹或线卡）装上后应接触良好，并有足够的夹持力，以防止短路电流幅值较大时，由于接触不良而熔断或在电动力作用下脱落。

3）应检查接地铜线和短路铜线的连接是否牢固，一般应由螺钉紧固后，再加焊锡，以防熔断，导线截面积不应小于 $25mm^2$。

4）携带型接地线有统一编号，存放在固定的位置，以免在较复杂的系统中进行部分停电检修时，发生因误拆或忘拆携带型接地线而造成的事故。

五、常用电气安全工器具的电气试验周期和标准

常用电气安全工器具的电气试验周期和标准参见《国家电网公司电力安全工作规程（线路部分）》。

思考与练习

1. 电气安全工器具是如何分类的？
2. 防护安全工器具有哪些？
3. 绝缘基本安全工器具有哪些？
4. 如何正确使用高压验电器？
5. 使用安全带的注意事项有哪些？
6. 携带型接地线的装拆顺序有哪些规定？

第13章

常用仪表使用

模块1 万用表、钳型电流表的使用（GDSTY13001）

模块描述

本模块包含万用表、钳型电流表的用途、基本原理和结构、使用方法和注意事项等内容。通过概念描述、原理分析、结构剖析、图解示意、流程介绍、要点归纳，掌握万用表、钳型电流表的使用方法。

模块内容

一、万用表、钳型电流表的用途和结构

1. 用途

万用表一般可用来测量直流电压、直流电流、交流电压、交流电流和电阻，是电气设备检修、试验和调试等工作中常用的测量工具。

钳型电流表是维修电工常用的一种电流表，可在不切断电源的情况下进行电流测量，使用方便。

2. 基本原理和结构

（1）指针式万用表。指针式万用表由表头、测量电路及转换开关等主要部分组成。

1）表头。它是一只高灵敏度的磁电式直流电流表，万用表的主要性能指标基本上取决于表头的性能。表头的灵敏度是指表头指针满刻度偏转时流过表头的直流电流值，这个值越小，表头的灵敏度越高。测电压时的内阻越大，其性能就越好。

2）测量线路。测量线路是用来把各种被测量转换到适合表头测量的微小直流电流的电路，它由电阻、半导体元件及电池组成，能将各种不同的被测量（如电流、电压、电阻等）及不同量程，经过一系列的处理（如整流、分流、分压等）统一变成一定量程的微小直流电流送入表头进行测量。

3）转换开关。其作用是用来选择各种不同的测量线路，以满足不同种类和不同量程的测量要求。图 13-1-1 所示为 MA1H 型指针式万用表外形。

（2）数字式万用表。数字式万用表主要由视窗、功能按钮、转换开关和接线插孔等组成，内部为集成电路、电源。如图 13-1-2 所示为 VC9801A 型数字万用表外形。

图 13-1-1 MA1H 型指针式万用表外形

图 13-1-2 VC9801A 型数字式万用表外形

数字式测量仪表目前广泛应用，有取代模拟式仪表的趋势。与模拟式仪表相比，数字式仪表灵敏度高，准确度高，显示清晰，过载能力强，便于携带，使用更简单。

（3）钳型电流表。钳型表电流表主要由一只电磁式电流表和穿心式电流互感器组成。穿心式电流互感器铁芯制成活动开口，且成钳型，故名钳型电流表。穿心式电流互感器的二次绕组缠绕在铁芯上且与交流电流表相连，它的一次绕组即为穿过互感器中心的被测导线。旋钮实际上是一个量程选择开关，扳手的作用是开合穿心式互感器铁芯的可动部分，以便使其钳入被测导线。

测量电流时，按动扳手，打开钳口，将被测载流导线置于穿心式电流互感器的中间，当被测导线中有交变电流通过时，交流电流的磁通在互感器二次绕组中感应出电流，该电流通过电磁式电流表的线圈，使指针发生偏转，在表盘标度尺上指出被测电流值。目前，钳型电流表也有指针式和数字式两种，数字式钳型电流表产品很多，功能多样，用法大同小异，使用时以具体的表计型号型式为准，参照说明书使用。

指针式钳型电流表使用方法示意图如图 13-1-3 所示。

二、使用方法和步骤

1. 指针式万用表的使用方法和步骤

（1）使用方法和步骤。

1）熟悉表盘上各符号的意义及各个旋钮和选择开关的主要作用。

2）进行机械调零。

3）根据被测量的种类及大小，选择转换开关的挡位及量程，找出对应的刻度线。

4）选择表笔插孔的位置。

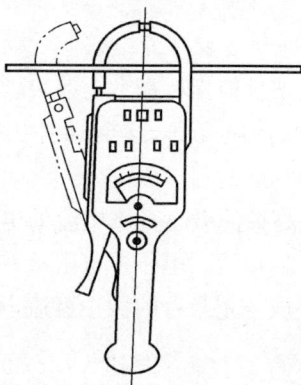

图 13-1-3 指针式钳型电流表
使用方法示意图

5）测量电压。测量电压（或电流）时要选择好量程，如果用小量程去测量大电压，则会有烧表的危险；如果用大量程去测量小电压，那么指针偏转太小，无法读数。量程的选择应尽量使指针偏转到满刻度的 2/3 左右。如果事先不清楚被测电压的大小，应先选择最高量程挡，然后逐渐减小到合适的量程。

a. 交流电压的测量。将万用表的一个转换开关置于交、直流电压挡，另一个转换开关置于交流电压的合适量程上，万用表两表笔和被测电路或负载并联即可。

b. 直流电压的测量。将万用表的一个转换开关置于交、直流电压挡，另一个转换开关置于直流电压的合适量程上，且"+"表笔（红表笔）接到高电位处，"–"表笔（黑表笔）接到低电位处，即让电流从"+"表笔流入，从"–"表笔流出。若表笔接反，表头指针会反方向偏转，容易撞弯指针。

6）测量电流。测量直流电流时，将万用表的一个转换开关置于直流电流挡，另一个转换开关置于 50μA～500mA 的合适量程上，电流的量程选择和读数方法与电压一样。测量时必须先断开电路，然后按照电流从"+"到"–"的方向，将万用表串联到被测电路中，即电流从红表笔流入，从黑表笔流出。如果误将万用表与负载并联，则因表头的内阻很小，会造成短路而烧毁仪表。

7）测量电阻。用万用表测量电阻时，应按下列方法操作：

a. 选择合适的倍率挡。万用表欧姆挡的刻度线是不均匀的，所以倍率挡的选择应使指针停留在刻度线较稀的部分为宜，且指针越接近刻度尺的中间，读数越准确。一般情况下，应使指针指在刻度尺的 1/3～2/3 之间。

b. 欧姆调零。测量电阻之前，应将两个表笔短接，同时调节"欧姆（电气）调零"旋钮，使指针刚好指在欧姆刻度线右边的零位。如果指针不能调到零位，说明电池电压不足或仪表内部有问题。每换一次倍率挡，都要再次进行欧姆调零，以保证测量准确。

c. 读数。表头的读数乘以倍率，就是所测电阻的电阻值。

（2）注意事项。

1）在测电流、电压时，不能带电换量程。

2）选择量程时，要先选大的，后选小的，尽量使被测值接近于量程。

3）测电阻时，不能带电测量。因为测量电阻时，万用表由内部电池供电，如果带电测量则相当于接入一个额外的电源，可能损坏表头。

4）使用完毕，应使转换开关在交流电压最大挡位或空挡上。

5）日常维护事项。注意妥善保管，检查绝缘，定期校验。

2. 数字式万用表的使用方法步骤

（1）使用方法和步骤。

1）使用前，应认真阅读有关的使用说明书，熟悉电源开关、量程开关、插孔、特殊插口的作用。

2）将电源开关置于"ON"位置。

3）交、直流电压的测量。根据需要将量程开关拨至"DCV"（直流）或"ACV"（交流）的合适量程，红表笔插入"V/Ω"孔，黑表笔插入"COM"孔，并将表笔与被测线路并联，读数即显示。

4）交、直流电流的测量。将量程开关拨至"DCA"（直流）或"ACA"（交流）的合适量程，红表笔插入"mA"孔（<200mA 时）或"10A"孔（>200mA 时），黑表笔插入"COM"孔，并将万用表串联在被测电路中即可。测量直流量时，数字万用表能自动显示极性。

5）电阻的测量。将量程开关拨至"Ω"的合适量程，红表笔插入"V/Ω"孔，黑表笔插入"COM"孔。如果被测电阻值超出所选择量程的最大值，万用表将显示"1"，这时应选择更高的量程。测量电阻时，红表笔为正极，黑表笔为负极，这与指针式万用表正好相同。因此，测量晶体管、电解电容器等有极性的元器件时，必须注意表笔的极性。

（2）注意事项。

1）如果无法预先估计被测电压或电流的大小，则应先拨至最高量程挡测量一次，再视情况逐渐把量程减小到合适位置。测量完毕，应将量程开关拨到最高电压挡，并关闭电源。

2）满量程时，仪表仅在最高位显示数字"1"，其他位均消失，这时应选择更高的量程。

3）测量电压时，应将数字万用表与被测电路并联。测电流时应与被测电路串联，测直流量时不必考虑正、负极性。

4）当误用交流电压挡去测量直流电压，或者误用直流电压挡去测量交流电压时，显示屏将显示"000"，或低位上的数字出现跳动。

5）禁止在测量高电压（220V 以上）或大电流（0.5A 以上）时换量程，以防止产生电弧，烧毁开关触点。

6）当显示 "BATT"或"LOW BAT"时，表示电池电压低于工作电压。

3. 钳型电流表的使用方法和步骤

（1）使用方法和步骤。

1）测量前，应先检查钳型铁芯的橡胶绝缘是否完好无损。钳口应清洁、无锈，闭合后无明显的缝隙。

2）测量时，应先估计被测电流大小，选择合适量程。若无法估计，可先选较大量程，然后逐挡减小，转换到合适的挡位。转换量程挡位时，必须在不带电或者在钳口张开情况下进行，以免损坏仪表。

3）测量时，被测导线应尽量放在钳口中部，钳口的结合面如有杂声，应重新开合一次，若仍有杂声，应处理结合面，以使读数准确。另外，不可同时钳住两根导线。

4）测量 5A 以下电流时，为得到较为准确的读数，在条件许可时，可将导线多绕几圈，放进钳口测量，其实际电流值应为仪表读数除以放进钳口内的导线根数。

（2）注意事项。

1）钳型电流表不得测高压线路的电流，被测线路的电压不得超过钳型电流表所规定的额定电压，只限于被测电路的电压不超过 600V，以防绝缘击穿和人身触电。

2）测量前应估计被测电流的大小，选择合适的量程，不可用小量程挡测大电流。在测量过程中不得切换量程挡，以免产生高压伤人和损坏设备。钳型电流表是利用电流互感器的原理制成的，电流互感器二次侧不准开路。

3）每次测量只能钳入一根导线。测量时应将被测导线钳入钳口中央位置，以提高测量的准确度。测量结束应将量程开关扳到最大量程位置，以便下次安全使用。

4）测量 5A 以下小电流时，为得到准确的读数，可将被测导线多绕几圈穿入钳口进行测量，实际电流数值应为钳型电流表读数除以放进钳口内的导线根数。

5）测量时应注意相对带电部分的安全距离，以免发生触电事故。

6）测量时应注意钳口夹紧，防止钳口不紧造成读数不准。

7）日常维护事项。应妥善保管，定期检查校验。维修时不要带电操作，以防触电。

思考与练习

1. 为什么用万用表测量电阻时不能带电进行？

2. 测量 5A 以下电流时应注意什么？

3. 为什么不能用万用表的欧姆挡测量电气设备的绝缘电阻？

模块 2　绝缘电阻表的使用（GDSTY13002）

模块描述

　　本模块包含绝缘电阻表的用途、基本原理和结构、使用方法和注意事项等内容。通过概念描述、原理分析、结构剖析、图解示意、流程介绍、要点归纳，掌握绝缘电阻表的使用方法。

模块内容

一、用途

绝缘电阻表俗称兆欧表，又称摇表，是用来测量大阻值电阻和绝缘电阻的专用仪器，其外形如图 13-2-1 所示。

二、基本原理和结构

绝缘电阻表由一个手摇发电机和一个磁电式比率表两大部分构成，手摇发电机提供高电压测量电源，电压范围为 500～5000V，磁电式比率表是测量两个电流比值的仪表，由电磁力产生反作用力矩来测量电器设备的绝缘电阻值。根据绝缘电阻表测量结果，可以简单地鉴别电气设备绝缘的好坏。常用的绝缘电阻表额定电压为 500、1000、2500V 等几种。它的标度尺单位是兆欧（MΩ）。

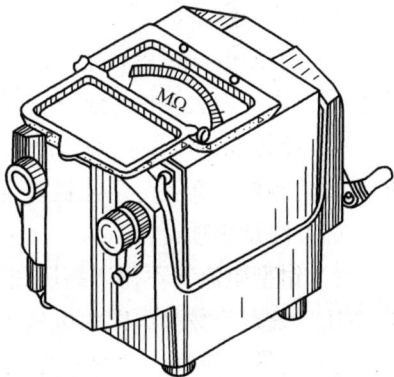

图 13-2-1　绝缘电阻表外形

绝缘电阻表有三个接线端子：① 标有"线路"或"L"的端子（也称相线），接于被测设备的导体上；② 标有"地"或"E"的端子，接于被测设备的外壳或接地；③ 标有"屏蔽"或"G"的端子，接于测量时需要屏蔽的电极。

三、具体操作步骤

1. 绝缘电阻表的选择

要根据所测量的电气设备选用绝缘电阻表的最高电压和测量范围。测量额定电压在 500V 以下的设备时，宜选用 500～1000V 的绝缘电阻表；测量额定电压在 500V 以上的设备时，应选用 1000～2500V 的绝缘电阻表。

2. 绝缘电阻表使用方法

（1）使用前要检查指针的"0"与"∞"位置是否正确。检查方法是：先使"L""E"两接线端开路，将绝缘电阻表放在适当的水平位置，摇动手柄至发电机额定转速（一般为120r/min）后，指针应指在"∞"位置上。如不能达到"∞"，说明测试用引线绝缘不良或绝缘电阻表本身受潮。应用干燥清洁的软布，擦拭"L"端与"E"端子间的绝缘，必要时将绝缘电阻表放在绝缘垫上，若还达不到"∞"值，则应更换测试引线。然后再将"L""E"两端子短路，轻摇发电机，指针应指在"0"位置上。如指针不指零，说明测试引线未接好或绝缘电阻表有问题。

（2）绝缘电阻表的测试引线应选用绝缘良好的多股软线："L""E"两端子引线应独立并分开，避免缠绕在一起，以提高测试结果的准确性。

（3）在摇测绝缘时，应使绝缘电阻表保持额定转速，一般为120～150r/min。测试开始时先将"E"端子引线与被测设备外壳与地相连接，待转动摇柄至额定转速后再将"L"端子引线与被测设备的测试极相碰接，待指针稳定后（一般为 1min），读取并记录电阻值。在整个测试过程中摇柄转速应保持匀速，避免忽快忽慢。测试结束后，应先将"L"端子引线与被测设备的测试极断开，再停止摇柄转动。这样做主要是为了防止被测设备的电容对绝缘电阻表反充电而损坏表针。

3. 绝缘电阻表测量绝缘电阻的接线和操作方法

（1）测量导线的对地绝缘电阻示意图如图 13-2-2 所示，"E"接线端可靠接地，"L"接线端与被测线路相连。

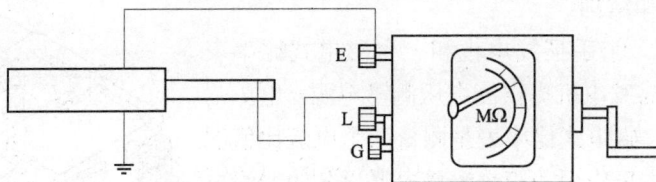

图 13-2-2　测量导线的对地绝缘电阻示意图

（2）测量电动机的绝缘电阻时，将绝缘电阻表的"E"接线端接机壳，"L"接线端接电动机的绕组，如图 13-2-3 所示，然后进行摇测。

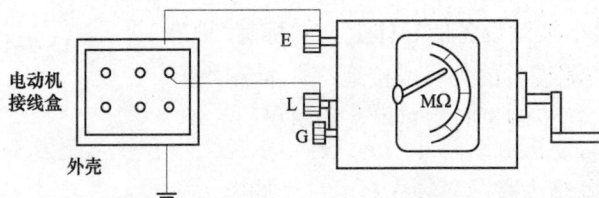

图 13-2-3　测量电动机导线对外壳、对地的绝缘电阻示意图

（3）测量电缆的线芯和外壳的对地绝缘电阻时，除将外壳接"E"接线端、线芯接"L"

接线端外，中间的屏蔽层还需和"G"接线端相接，如图13-2-4所示。

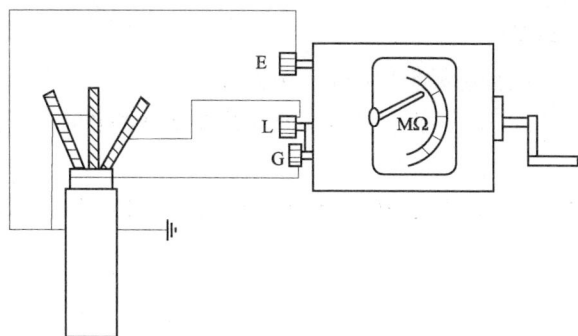

图 13-2-4 测量电缆的线芯和外壳的对地绝缘电阻示意图

测量时，转动手柄要平稳，应保持120r/min的转速。电气设备的绝缘电阻随着测量时间的长短而有所不同，通常以1min后的指针指示为准，测量中如果发现指针指零，应停止转动手柄，以防表内线圈过热而烧坏。在绝缘电阻表停止转动和被测设备放电以后，才可拆除测量连线。

（4）绝缘电阻表记录读数时，应同时记录当时的环境温度和湿度，便于比较不同时期的测量结果，分析测量误差的原因。

（5）绝缘电阻表接线柱的引线，应采用绝缘良好的多股软线，同时各软线不能绞在一起。

四、注意事项

（1）绝缘电阻表的发电机电压等级应与被测物的耐压水平相适应，以避免被测物的绝缘击穿。

（2）禁止摇测带电设备，当摇测双回路架空线路或母线时，若一路带电，不得测量另一路的绝缘电阻，以防高压的感应电危害人身和仪表的安全。

（3）严禁在有人工作的线路上进行测量工作，以免危害人身安全。雷电时禁止用绝缘电阻表在停电的高压线路上测量绝缘电阻。

（4）在绝缘电阻表没有停止转动或被测设备没有放电之前，切勿用手去触及被测设备或绝缘电阻表的接线柱。

（5）使用绝缘电阻表摇测设备绝缘时，应由两人进行。

（6）摇测用的导线应使用绝缘线，两根引线不能绞在一起，其端部应有绝缘套。

（7）在带电设备附近测量绝缘电阻时，测量人员和绝缘电阻表的位置必须选择适当，保持与带电体的安全距离，以免绝缘电阻表引线或引线支持物触碰带电部分。移动引线时，必须注意监护，防止工作人员触电。

（8）摇测电容器、电力电缆、大容量变压器、电机等设备时，绝缘电阻表必须在额定转速状态下，方可将测量笔接触或离开被测设备，以免因电容放电而损坏仪表。

（9）测量电器设备绝缘时，必须先断电，经放电后才能测量。

五、日常维护事项

要妥善保管绝缘电阻表，定期检验，不合格不得再使用。

1. 绝缘电阻表的用途是什么？

2. 用绝缘电阻表可以进行绝缘材料的哪些试验？

3. 测量额定电压在 500V 以下的设备时，宜选用多大规格的绝缘电阻表？

模块 3 接地电阻测试仪的使用（GDSTY13003）

模块描述

本模块包含接地电阻测试仪的用途、基本原理和结构、使用方法和注意事项等内容。通过概念描述、原理分析、结构剖析、图解示意、流程介绍、要点归纳，掌握接地电阻测试仪的使用方法。

模块内容

一、用途

接地电阻测试仪是专门用于测量电气接地装置和避雷接地装置的接地电阻大小的仪器，又称接地摇表，一般有 0～10Ω 和 0～1000Ω 两种量程规格。

图 13-3-1 ZC-8 型接地电阻测试仪外形

二、基本原理和结构

接地电阻测量仪与绝缘电阻表一样，在结构上由高灵敏的检流计和手摇发电机、电流互感器及滑线电阻组成。ZC-8 型接地电阻测试仪外形如图 13-3-1 所示。

三、具体操作步骤

1. 测量接线

图 13-3-2（a）所示为三端钮接地电阻测量接线方式，将被测接地极 E′ 与端钮 E 相连，电位探测棒 P′ 和电流探测棒 C′ 分别与端钮 P、C 连接后，将电位探测棒 P′、C′ 沿直线各相距 20m 插入地中。

如采用四端钮测量仪时，应将端钮 C2、P2 的短接片打开，分别用导线接到被测接地体上，并使端钮 P2 接在靠近接地极的一侧，如图 13-3-2（b）所示。

在使用小量程接地电阻测试仪测量小于 1Ω 的接地电阻时，应将四端钮中的 C2 与 P2 间的短接片打开，且分别用导线连接到被测接地体上，如图 13-3-3 所示。这样，可以消除测量时连接导线电阻引起的误差影响。

2. 操作步骤

测量线路接地电阻时的具体步骤如下：

（1）拆开接地干线与接地体的连接点，或拆开接地干线上所有接地支线的连接点。

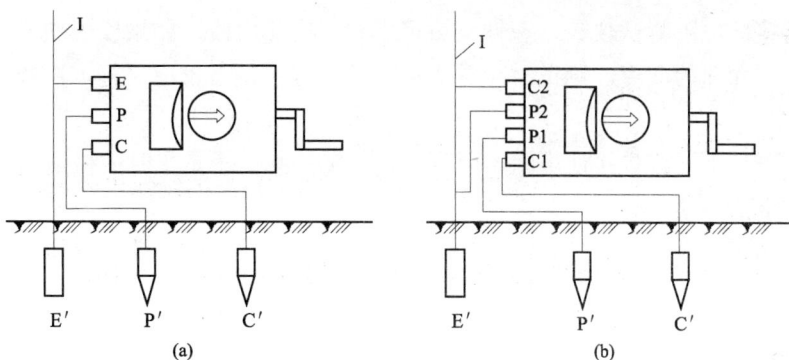

图 13-3-2　接地电阻仪测量接线图

（a）三端钮接地电阻测量接线；（b）四端钮接地电阻测量接线

E′—被测接地极；P′—电位探测棒；C′—电流探测棒；I—接地引下线

（2）对拆开的接地线断开处装设临时接地线。

（3）将 2 支测量接地棒分别插入离接地体 20m 与 40m 远的地下，注意，均应垂直插入地面以下 400mm 处。

（4）将接地电阻测试仪放在接地体附近平整的地方，然后进行接线，接线方法如图 13-3-2（a）所示。

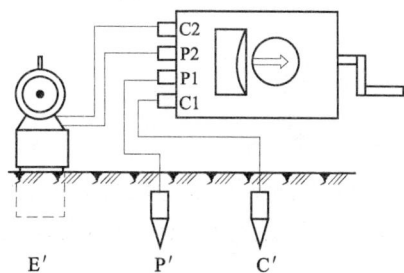

图 13-3-3　测量小于 1Ω 电阻的接线

E′—被测接地极；P′—电位探测棒；C′—电流探测棒

1）用一根短的 5m 连接线连接表上端钮 E 和接地装置的接地体。

2）用一根长的连接线连接表上端钮 C 和 40m 远处的接地棒。

3）用一根较长的连接线连接表上端钮 P 和 20m 远处的接地棒。

4）根据被测接地体的电阻要求，调节好粗调旋钮（接地电阻测试仪上有三挡可调范围）。

5）以约 120r/min 的转速均匀摇动手柄，当表针偏离中心时，边摇动手柄边调节细调拨盘，直至表针居中并稳定后为止。

6）以细调拨盘的读数×粗调定位倍数，其结果便是被测接地体的接地电阻值。如细调拨盘指到 0.3，粗调定位倍数是 10，则测得接地电阻为 0.3×10=3（Ω）。

（5）测完后，拆除接地电阻表测量接线，恢复接地干线与接地体的连接点，拆除临时接地线。

四、注意事项

（1）测量前应将接地装置与被保护的电气设备断开，不准带电测试接地电阻。

（2）测量前仪表应水平放置，然后调零。

（3）接地电阻测试仪不准开路摇动手柄，否则将损坏仪表。

（4）将倍率开关放在最大倍率挡，慢慢摇动发电机手柄，同时调整"测量标度盘"，当指针接近中心红线时，再加快发电机的转速使其达到稳定值（120r/min），此时继续调整"测量标准盘"，直至检流计平衡，使指针稳定地指在红线位置。此时"测量标度盘"所指示的数值乘以"倍率标度盘"指示值，即为接地装置的接地电阻值。

（5）使用接地电阻测试仪时，探针应选择土壤较好的地段，如果仪表的表针指示不稳，可适当调整电位探棒的深度。测量时尽量避免与高压线或地下管道平行，以减少环境对测量的干扰。

（6）刚下雨后不要测量接地电阻，因为这时所测的数值不是平时的接地电阻值。

五、日常维护事项

接地电阻测试仪日常存放时要注意避免受潮和重力摔碰，要定期检查和校验。

思考与练习

1. 接地电阻测试仪的用途是什么？
2. 接地电阻测试仪的组成是什么？
3. 画出接地电阻测试仪测量接地电阻的接线图。

第 14 章

优　质　服　务

模块 1　优质服务工作的意义（GDSTY14001）

模块描述

本模块包含服务宗旨、电力市场、企业形象、电力员工、企业效益、和谐社会六个方面，通过定义描述与要点讲解，掌握优质服务工作的意义。

模块内容

优质服务工作的意义如下：

（1）有利于服务宗旨的落实。在供电所开展优质服务，就是围绕"优质、方便、规范、真诚"的供电服务方针，真诚对待客户，恪守承诺，为客户所想，急客户所急，向客户提供优质、高效的服务，及时、快速地为客户解除用电之难，切实把"人民电业为人民"的服务宗旨落到实处。

（2）有利于电力市场的开拓。面对日益激烈的市场竞争，谁能赢得客户，谁就占领了市场，谁就能拥有发展企业的主动权。在电力企业开展优质服务，就是要通过讲奉献、讲诚信、服务到位，维护客户与供电企业的共同利益，赢得客户信赖，增强企业的市场份额，从而开拓市场，促进发展。

（3）有利于企业形象的树立。供电所的员工，直接面对广大的电力客户，其日常的言行和工作行为都代表着企业的形象。通过开展优质服务，要求供电所的员工发扬团队精神，维护企业的整体形象，相互配合，团结协作，规范各种办事程序，提高办事效率。同时，教育广大员工，文明礼貌，严格遵守企业的各项规章制度，用良好的职业道德标准来规范约束自己的行为，从而展示出企业良好的社会形象。

（4）有利于规范电力员工的言行。提倡优质服务，就是要讲职业道德，讲文明礼貌，做到仪表仪容美观大方，经常使用文明用语。要求广大员工遵章守纪，廉洁自律，着装统一、整洁，服务热情、真诚、快捷、周到，遇事不能推诿，说话不能粗俗。通过这些举措，不仅有利于企业文化的培育与提升，而且还有利于规范供电所员工的言行，提高供电所员工的整体素质。

（5）有利于企业效益的提升。在开展优质服务活动中，正确认识和处理服务与效益的关系。有的人误认为开展优质服务要加大投入，增加成本。其实不然，只要我们严格履行服务承诺，快速排除电网故障，减少停电时间，从而达到增供扩销的目的。

（6）有利于和谐社会的建设。电力工业是国民经济的重要基础产业，是生产、生活的必需品，是经济发展的源动力，对于社会的稳定起着非常重要的作用。在社会主义现代化建设的今天，国家电网公司提出了"四个服务"，即服务党和国家的工作大局，服务电力客户，服务发电企业，服务经济社会发展。电力企业生存发展需要优质服务，电能服务是消费与生产同时进行的。电力企业为市场及广大人民提供其所需的电能传输服务，同时还要努力开发新产品，开拓新业务，从而让市场及广大人民群众享受更高质量的服务。电力企业要面向市场，深化改革，强化服务，牢固树立"以发展为主线，优质服务为宗旨"的管理理念，创造更加优质的服务，培育最佳的企业形象，努力开拓市场，谋求发展。

由此可见，优质服务在电力企业的发展中发挥着不可替代的作用，能够更好地保障电力企业良好的市场前景，是打造电力品牌的根本途径。国家电网公司牢固树立以科学发展、和谐发展、安全发展为主线，优质服务为宗旨的管理理念，提出了实施"塑文化、强队伍、铸品质"供电服务提升工程，充分表明开展供电优质服务进入了一个新的时期。新时期决定了新任务，新任务就有新要求。因此，搞好供电所的优质服务意义极其深远。

思考与练习

1. 优质服务工作的意义主要有哪些？
2. 为何优质服务工作有助于企业良好形象的树立？
3. 如何看待和谐社会开展优质服务工作的重要性？

模块 2 优质服务工作的内容与任务（GDSTY14002）

模块描述

本模块包含了国家电网公司"三个十条"优质服务工作的内容和向客户提供优质电源、业务咨询、排除故障等主要任务。通过定义描述与要点讲解，掌握优质服务的工作内涵。

模块内容

一、优质服务工作的内容

1. 国家电网公司供电服务"十项承诺"

（1）城市地区：供电可靠率不低于 99.90%，居民客户端电压合格率 96%；农村地区：供电可靠率和居民客户端电压合格率，经国家电网公司核定后，由各省（自治区、直辖市）电力公司公布承诺指标。

（2）提供 24h 电力故障报修服务，供电抢修人员到达现场的时间一般不超过：城区范围 45min；农村地区 90min；特殊边远地区 2h。

（3）供电设施计划检修停电，提前 7 天向社会公告。对欠电费客户依法采取停电措施，提前 7 天送达停电通知书，费用结清后 24h 内恢复供电。

（4）严格执行价格主管部门制定的电价和收费政策，及时在供电营业场所和网站公开电价、收费标准和服务程序。

（5）供电方案答复期限：居民客户不超过 3 个工作日，低压电力客户不超过 7 个工作日，高压单电源客户不超过 15 个工作日，高压双电源客户不超过 30 个工作日。

（6）装表接电期限：受电工程检验合格并办结相关手续后，居民客户 3 个工作日内送电，非居民客户 5 个工作日内送电。

（7）受理客户计费电能表校验申请后，5 个工作日内出具检测结果。客户提出抄表数据异常后，7 个工作日内核实并答复。

（8）当电力供应不足，不能保证连续供电时，严格按照政府批准的有序用电方案实施错避峰、停限电。

（9）供电服务热线"95598" 24h 受理业务咨询、信息查询、服务投诉和电力故障报修。

（10）受理客户投诉后，1 个工作日内联系客户，7 个工作日内答复处理意见。

2．员工服务"十个不准"

（1）不准违规停电、无故拖延送电。

（2）不准违反政府部门批准的收费项目和标准向客户收费。

（3）不准为客户指定设计、施工、供货单位。

（4）不准违反业务办理告知要求，造成客户重复往返。

（5）不准违反首问负责制，推诿、搪塞、怠慢客户。

（6）不准对外泄露客户个人信息及商业秘密。

（7）不准工作时间饮酒及酒后上岗。

（8）不准营业窗口擅自离岗或做与工作无关的事。

（9）不准接受客户吃请和收受客户礼品、礼金、有价证券等。

（10）不准利用岗位与工作之便谋取不正当利益。

3．调度交易服务"十项措施"

（1）规范《并网调度协议》和《购售电合同》的签订与执行工作，坚持公开、公平、公正调度交易，依法维护电网运行秩序，为并网发电企业提供良好的运营环境。

（2）按规定、按时向政府有关部门报送调度交易信息，按规定、按时向发电企业和社会公众披露调度交易信息。

（3）规范服务行为，公开服务流程，健全服务机制，进一步推进调度交易优质服务窗口建设。

（4）严格执行政府有关部门制定的发电量调控目标，合理安排发电量进度，公平调用发电机组辅助服务。

（5）健全完善问询答复制度，对发电企业提出的问询能够当场答复的，应当场予以答复；不能当场答复的，应当自接到问询之日起 6 个工作日内予以答复；如需延长答复期限的，应告知发电企业，延长答复的期限最长不超过 12 个工作日。

（6）充分尊重市场主体意愿，严格遵守政策规则，公开透明组织各类电力交易，按时准确完成电量结算。

（7）认真贯彻执行国家法律法规，严格落实小火电关停计划，做好清洁能源优先消纳工作，提高调度交易精益化水平，促进电力系统节能减排。

（8）健全完善电网企业与发电企业、电网企业与用电客户沟通协调机制，定期召开联席会，加强技术服务，及时协调解决重大技术问题，保障电力可靠有序供应。

（9）认真执行国家有关规定和调度规程，优化新机并网服务流程，为发电企业提供高效优质的新机并网及转商运服务。

（10）严格执行《国家电网公司电力调度机构工作人员"五不准"规定》和《国家电网公司电力交易机构服务准则》，聘请"三公"调度交易监督员，省级及以上调度交易设立投诉电话，公布投诉电子邮箱。

二、优质服务工作的任务

1. 向客户提供优质可靠的电源保证

作为供电公司的首要任务是供好电。对供电所来说，最主要的任务就要让客户有电用，并且用好电。因此，优质服务的首要任务就是要想方设法为客户提供优质可靠的电源保证。

2. 为客户提供用电业务咨询

供电公司通过"95598"供电服务电话，为客户提供信息查询、事故抢修、服务投诉、业务受理等多项服务。在供电所的营业窗口，应设兼职的用电咨询岗，为客户提供用电业务与有关方面的政策咨询。

3. 随时为用电客户排忧解难

供电所在开展优质服务过程中，要建立健全事故抢修与值班制度，主动为各类客户服务，并坚持24h值班制，方便客户，随时为用电客户排忧解难。

4. 及时办理客户的投诉与举报事件

在供电所建立健全监督机制，聘请社会监督员；建立供电所客户座谈会和走访客户制度；对客户的来信、来访与投诉举报，供电所要做好登记，按规定认真进行调查、处理，在规定期限内给予回复。

5. 快速排除电网故障

供电所要加强对设备的维护，一旦出现事故与故障，必须限时赶到现场，以最快的速度恢复供电。

6. 为政府与企业当好参谋

在开展优质服务活动过程中，要主动向当地政府汇报服务工作，沟通情况，提出建议，当好用电方面的参谋；同时，与企业之间建立良好的关系，坚持"公开、公平、公正"的原则，定期披露用电信息，使企业组织好避峰填谷，搞好合理用电。

为了做好优质服务工作，供电所应建立相关的工作制度，规范工作行为和服务行为，并配备必要交通、通信工具，随时提供应急服务，不断提高服务质量。

思考与练习

1. 国家电网公司供电服务"十项承诺"有哪些？
2. 员工服务"十个不准"有哪些？
3. 优质服务工作任务有哪些？

模块 3　行为规范和工作标准基本知识（GDSTY14003）

模块描述

本模块包含优质服务行为规范、工作标准基本知识及服务标准等内容。通过概念描述、术语说明、要点归纳，掌握优质服务行为规范、工作标准基本知识及服务标准等内容。

模块内容

一、基本道德和技能规范

（1）严格遵守国家法律、法规，诚实守信、恪守承诺，爱岗敬业，乐于奉献，廉洁自律，秉公办事。

（2）真心实意为客户着想，尽量满足客户的合理要求。对客户的咨询、投诉等不推诿，不拒绝，不搪塞，及时、耐心、准确地给予解答。

（3）遵守国家的保密原则，尊重客户的保密要求，不对外泄露客户的保密资料。

（4）工作期间精神饱满，注意力集中。使用规范化文明用语，提倡使用普通话。

（5）熟知本岗位的业务知识和相关技能，岗位操作规范、熟练，具有合格的专业技术水平。

二、现场服务内容

（1）客户侧计费电能表电量抄见。

（2）故障抢修。

（3）客户侧停电、复电。

（4）客户侧用电情况的巡查。

（5）客户侧用电报装工程的设施安装、验收、接电前检查及设备接电。

（6）客户侧计费电能表现场安装、校验。

三、现场服务纪律

（1）对客户的受电工程不指定设计单位，不指定施工队伍，不指定设备材料采购。

（2）到客户现场服务前，有必要且有条件的，应与客户预约时间，讲明工作内容和工作地点，请客户予以配合。

（3）进入客户现场时，应主动出示工作证件，并进行自我介绍。进入居民室内时，应先按门铃或轻轻敲门，主动出示工作证件，征得同意后，穿上鞋套，方可入内。

（4）到客户现场工作时，应遵守客户内部有关规章制度，尊重客户的风俗习惯。

（5）到客户现场工作时，应携带必备的工具和材料。工具、材料应摆放有序，严禁乱堆乱放。如需借用客户物品，应征得客户同意，用完后先清洁再轻轻放回原处，并向客户致谢。

（6）如在工作中损坏了客户原有设施，应尽量恢复原状或等价赔偿。

（7）在公共场所施工，应有安全措施，悬挂施工单位标志、安全标志，并配有礼貌用语。在道路两旁施工时，应在恰当位置摆放醒目的告示牌。

（8）现场工作结束后，应立即清扫，不能留有废料和污迹，做到设备、场地清洁。同时应向客户交待有关注意事项，并主动征求客户意见。电力电缆沟道等作业完成后，应立即盖好所有盖板，确保行人、车辆通行。

（9）原则上不在客户处住宿、就餐，如因特殊情况确需在客户处住宿、就餐的，应按价付费。

四、供电方案答复及送电时限

（1）已受理的用电报装，供电方案答复时限：居民客户不超过 3 个工作日；低压非居民客户不超过 7 个工作日；高压单电源客户不超过 15 个工作日；高压双电源客户不超过 30 个工作日。若不能如期确定供电方案时，供电企业应向客户说明原因。

（2）装表接电期限：受电工程检验合格并办结相关手续后，居民不超过 3 个工作日内送电，其他客户不超过 5 个工作日内送电。

五、装表、接电及现场检查服务规范

（1）供电企业在新装、换装及现场校验后应对电能计量装置加封，并请客户在工作凭证上签章。如居民客户不在家，应以其他方式通知其电表底数。拆回的电能计量装置应在表库至少存放 1 个月，以便客户提出异议时进行复核。

（2）对客户受电工程的中间检查和竣工检验，应以有关的法律法规、技术规范、技术标准、施工设计为依据，不得提出不合理要求。对检查或检验不合格的，应向客户耐心说明，并留下书面整改意见。客户改正后予以再次检验，直至合格。

（3）用电检查人员依法到客户用电现场执行用电检查任务时，必须按照《用电检查管理办法》的规定，主动向被检查客户出示"用电检查证"，并按"用电检查工作单"确定的项目和内容进行检查。

（4）用电检查人员不得在检查现场替代客户进行电工作业。

（5）供电企业应按规程规定的周期检验或检定、轮换计费电能表，并对电能计量装置进行不定期检查。发现计量装置失常时，应及时查明原因并按规定处理。

（6）发现因客户责任引起的电能计量装置损坏，应礼貌地与客户分析损坏原因，由客户确认，并在工作单上签字。

（7）客户对计费电能表的准确性提出异议，并要求进行校验的，经有资质的电能计量技术检定机构检定，在允许误差范围内的，校验费由客户承担；超出允许误差范围的，校验费由供电企业承担，并按规定向客户退补相应电量的电费。

六、停、复电服务规范

（1）因故对客户实施停电时，应严格按照《供电营业规则》规定的程序办理。

（2）引起停电的原因消除后应及时恢复供电，不能及时恢复供电的，应向客户说明原因。

思考与练习

1. 基本道德和技能规范有哪些内容？
2. 停、复电服务有哪些规范？
3. 现场服务包括哪些内容？

模块4　95598业务知识（GDSTY14004）

模块描述

本模块包含95598业务支撑原则和处置过程中遵循的相关制度及标准，95598各项业务分类、定义、处理流程和相关要求。通过概念描述、分类说明、要点归纳，熟悉95598各项基础知识。

模块内容

95598业务是指国网客服中心通过统一的95598服务热线、95598服务网站等渠道，受理的信息查询、业务咨询、故障报修、投诉、举报、建议、意见、表扬、服务申请等业务。

一、95598业务原则

95598业务支撑应遵循"统一管理、分级负责、真实准确、及时发布"的原则。统一管理是指公司总部相关职能部门对95598业务支撑进行归口管理；分级负责是指省、地市、县供电企业按照职责对95598业务支撑分级负责；真实准确、及时发布是指省、地市、县供电企业对各类95598业务支撑信息发布更新应真实、准确、及时。

二、95598业务处置相关制度及标准

各单位在95598业务处理过程中应严格执行公司《供电服务规范》《供电服务"十项承诺"》《员工服务"十个不准"》《配网故障抢修管理规定》《配网抢修指挥工作管理办法》等制度和技术标准。

三、95598业务分类及定义

1. 95598业务分类

95598业务包括信息查询、业务咨询、故障报修、投诉、举报、建议、意见、表扬、服务申请等，除表扬业务外，各项业务流程实行闭环管理。

2. 各类业务定义

（1）投诉。投诉是指公司经营区域内（含控股、代管营业区）的电力客户，在供电服务、营业业务、停送电、供电质量、电网建设等方面，对由于供电企业责任导致其权益受损表达不满，要求维护其权益而提出的诉求业务。客户投诉包括服务投诉、营业投诉、停送电投诉、供电质量投诉、电网建设投诉五类。

（2）故障报修。故障报修是指国网客服中心通过95598电话、网站等渠道受理的故障停电、电能质量或存在安全隐患须紧急处理的电力设施故障诉求业务。故障报修类型分为高压故障、低压故障、电能质量故障、客户内部故障、非电力故障、计量故障六类。

（3）业务咨询。业务咨询是指客户对各类供电服务信息、业务办理情况、电力常识等问题的业务询问。咨询内容主要包括计量装置、停电信息、电费抄核收、用电业务、用户信息、法规制度、服务渠道、新兴业务、电网改造、企业信息、用电常识、特色业务等。

（4）举报。举报是指客户对供电企业内部存在的徇私舞弊、吃拿卡要等行为或外部人员存在的窃电、破坏和偷窃电力设施等违法行为进行检举的诉求业务，主要包括违章窃电、违约用电、破坏和偷盗电力设施等。

（5）建议。建议是指客户对供电企业在电网建设、供电服务、服务质量等方面提出积极的、正面的、有利于供电企业自身发展的诉求业务。

（6）意见。意见是指客户对供电企业在供电服务、供电业务等方面存在不满而提出的诉求业务。

（7）表扬。表扬是指客户对供电企业在优质服务、行风建设等方面提出的表扬请求业务。

（8）服务申请。服务申请是指客户向供电企业提出协助、配合或需要开展现场服务的诉求业务。

四、95598各项业务的主要流程、处理时限要求

国网客服中心受理客户诉求后，应落实"首问负责制"，可立即办结的业务应直接答复客户并办结工单；不能立即办结的业务，派发至责任单位处理，各单位处理完毕后将工单反馈至国网客服中心，由国网客服中心回复（回访）客户。

1. 投诉业务主要流程及时限

国网客服中心受理客户投诉诉求后20min内派发工单。省公司，地市、县供电企业相关业务部门应在国网客服中心受理客户诉求后1个工作日内联系客户（保密工单除外），6个工作日内处理、答复客户并审核、反馈处理意见，国网客服中心应在接到回复工单后1个工作日内回访客户。

2. 故障报修业务主要流程及时限

国网客服中心受理客户故障报修诉求后，2min内派发工单。省公司，地市、县供电企业提供24h电力故障抢修服务，抢修到达现场时间应满足公司对外的承诺要求。具备远程终端或手持终端的单位，抢修人员到达故障现场后5min内将到达现场时间录入系统，抢修完毕后5min内抢修人员填单向本单位调控中心反馈结果，调控中心30min内完成工单审核、回复工作；不具备远程终端或手持终端的单位，抢修人员到达故障现场后5min内向本单位调控中心反馈，暂由调控中心在5min内将到达现场时间录入系统，抢修完毕后5min内抢修人员向本单位调控中心反馈结果，暂由调控中心在30min内完成填单、回复工作。国网客服中心应在接到回复工单后24h内回访客户。

3. 业务咨询主要流程及时限

国网客服中心受理客户咨询诉求后，未办结业务20min内派发工单，省公司，地市、县供电企业应在国网客服中心受理客户诉求后 4 个工作日内进行业务处理、审核并反馈结果，国网客服中心应在接到回复工单后 1 个工作日内回复客户。

4. 举报、建议、意见主要流程及时限

国网客服中心受理客户举报、建议、意见业务诉求后，20min 内派发工单。省公司，地市、县供电企业应在国网客服中心受理客户诉求后 9 个工作日内处理、答复客户并审核、反馈处理意见，举报工单国网客服中心应在接到回复工单后 1 个工作日内回访客户，建议、意见工单国网客服中心应在接到回复工单后 1 个工作日内回复客户。

5. 表扬业务主要流程及时限

国网客服中心受理客户表扬诉求后，未办结业务 20min 内派发工单，处理部门应根据工单内容核实表扬。

6. 服务申请业务主要流程及时限

国网客服中心受理客户服务申请诉求后，20min 内派发工单。省公司，地市、县供电企业应在国网客服中心受理客户诉求后在规定的时限内处理、答复客户并审核、反馈处理意见，国网客服中心应在接到回复工单后 1 个工作日内回访客户。

服务申请各子类业务处理时限要求：

（1）已结清欠费的复电登记业务 24h 内为客户恢复送电，送电后 1 个工作日内回复工单。

（2）电器损坏业务 24h 内到达故障现场核查，业务处理完毕后 1 个工作日内回复工单。

（3）电能表异常业务 4 个工作日内处理并回复工单。

（4）抄表数据异常业务 6 个工作日内核实并回复工单。

（5）其他服务申请类业务 5 个工作日内处理完毕并回复工单。

五、95598 业务处理的相关要求和注意事项

95598 客户服务流程各环节工作人员应按照规定的流程和有关规章制度处理工单。

1. 工单受理及填写要求

处理部门回复工单时，应做到规范、全面、真实，按照统一模板规范填报，针对工单受理内容，全面回复客户诉求，真实回复调查内容。

2. 工单传递要求

省公司，地市、县供电企业按照规定的流程和要求传递、处理工单，跟踪处理进度并将督办、审核确认后的处理意见反馈国网客服中心。对于重大服务事件、重大投诉事件，各单位可通过电话、短信方式传递信息，及时处置，最大限度降低服务风险，事后应按照要求完善相关流程。

3. 工单合并要求

（1）除故障报修工单外，其他工单不允许合并。

（2）工单流转各环节均可以对工单进行合并，在对工单进行合并操作时，要经过核实，不得随意合并。

（3）合并后的工单处理完毕后，国网客服中心将回复（回访）所有工单。

1. 投诉业务主要流程及时限是什么？

2. 已结清欠费的复电登记业务应在多少时间内为客户恢复送电？

3. 简述95598业务处理的相关要求和注意事项。

模块5　故障报修服务技巧（GDSTY14005）

模块描述

　　本模块包含故障抢修服务规范、电力故障报修常见问题与解答等内容。通过概念描述、术语说明、要点归纳，掌握故障抢修服务技巧。

模块内容

一、故障抢修服务规范

（1）提供24h电力故障报修服务，对电力报修请求做到快速反应、有效处理。

（2）加快故障抢修速度，缩短故障处理时间。有条件的地区应配备用于临时供电的发电车。

（3）接到报修电话后，故障抢修人员到达故障现场的时限：城区45min、农村90min、边远地区2h，特殊边远地区根据实际情况合理确定。

（4）因天气等特殊原因造成故障较多不能在规定时间内到达现场进行处理的，应向客户做好解释工作，并争取尽快安排抢修工作。

二、电力故障报修常见问题与解答

1. 哪些设备出现的故障属于供电企业负责维护管理的范围？

按照用电客户与供电企业签订的供用电合同约定，双方以产权分界点为界，原则上产权分界点电源侧的电气设备由供电企业负责维护管理，分界点负荷侧的电气设备由客户负责维护管理。

2. 故障报修途径有哪些？

95598供电服务热线24h受理供电故障报修，当您遇到故障停电时，请您拨打95598供电服务热线向供电企业报修（暂时未开通95598服务的地区，请您与当地供电企业公布的故障报修服务电话进行联系）。您也可以通过登录国家电网公司网上客户服务中心http://www.sgcc.com.cn/进行报修。我们的工作人员会对您的保修给予及时、快速的响应。

3. 报修时有哪些注意事项？

（1）发生故障停电时为确保安全，请不要擅自处理，以防止人身触电，设备损坏或电气火灾事故。

（2）拨通报修电话后，请您提供报修人姓名、联系电话、故障地点（路名及邻近标志性建筑物）、故障情况（停电范围及明显的故障现象）。您提供的信息越详细，就越有助于我们

抢修人员尽快到达现场抢修和排除故障。

（3）报修后，请您保持电话畅通，以便抢修人员与您联系，第一时间到故障现场处理故障。

4. 关于抢修服务承诺时限有多长？

国家电网公司供电服务承诺，国家电网公司对供电企业管理的供电设施提供 24h 电力故障报修服务。自接到报修之时起，供电抢修人员到达现场的时间一般不超过：城区范围 45min；农村地区 90min；特殊边远地区 2h。如因天气、交通等特殊原因无法在规定时限内到达现场的，我们工作人员会向您作出解释，希望得到您的谅解。当故障排除后，我们会尽快为您恢复供电。

5. 报修前要注意什么问题？

当您拨打"95598"供电服务热线报修前，请您花一点时间了解停电原因。

（1）居民客户遇到停电，请先看看左右邻居是否有电，确定停电范围。

（2）若您一户停电，邻居均有电，建议您请有证电工对您家中用电线路进行以下检查：

1）您家的电表出线总开关装有负荷开关，请检查负荷开关是否跳闸，如果负荷开关跳闸，您应减少用电负荷，再行合闸。

2）您家中安装刀闸的，请检查瓷插核刀闸的熔丝部分是否完好，若更换后合闸再次熔断，则需对家中线路进行全面检查。

3）周围邻居均停电时，请您先了解是否属于已公告了的计划检修停电（或限电），如不属于计划停（限）电范围，则可能属于故障停电，请您及时向供电企业报修。计划停（限）电的时间、范围等相关信息，您可通过当地报纸、电视台等相关媒体、"95598"供电服务热线或登录国家电网公司网上客户服务中心进行查询。

思考与练习

1. 故障抢修服务规范有哪些？
2. 报修前要注意什么问题？
3. 哪些设备出现的故障属于供电企业负责维护管理的范围？

第15章

职 业 道 德

模块 1 管理人员行为规范（GDSTY15001）

模块描述

本模块介绍了爱岗敬业、知人善用、公正廉洁、严于律己、模范表率、团结同志等内容。通过条文分析，了解科学管理的基本理论与方法，熟悉管理人员行为规范的内容和要求。

模块内容

国家电网公司管理人员行为规范：

政治坚定，忠诚企业；

公正廉洁，知人善用；

团结同志，联系群众；

顾全大局，乐于奉献；

以身作则，模范表率；

作风民主，科学管理。

一、案例简介

供电公司工作人员互换角色，互查问题，以客户为中心，以服务接触体验为关键，修改《停电通知书》内容，增进对客户的人文关怀。

为进一步提升优质服务水平，某供电公司创新开展"流程穿越"活动，让不同部门、不同岗位、部门主管与普通职工之间相互转换角色，相互体验感受，查找对方和自身系统协作环节中存在的不足，并结合以"客户为中心"的服务理念，制定相应整改措施，按照量、质、期的要求组织落实。

2014 年 7 月 10 日，供电公司营销部张主任，以一名普通抄表员的身份走进某居民小区开始了一天的抄表工作。在抄表过程中他了解到，供电公司下达的"停电通知书"中的语言描述生硬，居民对部分用语存有意见。当天工作结束后，他连夜给抄表催费班提出了整改意见。7 月 13 日一张温馨的"续交电费通知书"就印制了出来。

停电通知书一改过去单调、生硬的语言，变成更有人情味，令客户感到被关怀、被尊重的服务性用语，使客户收到通知书后，不快感觉减淡，既提高了企业的服务形象，也加深了客户对企业的理解和信任，真正体现出了"优质、方便、规范、真诚"的供电服务方针和国家电网公司"真诚服务，共谋发展"的服务理念。

二、案例分析

在和客户接触的服务过程中，令客户感受到温馨的人文关怀，淡化客户对于催费或停电的抱怨情绪，进而增强和提高客户满意度。

"停电催费"是供电企业服务过程中客户抱怨和投诉多发的环节，在坚持规范服务的同时，做到准时告知、友善、提醒、温馨关怀，是感动客户、让客户满意的关键因素。本案例中，供电服务人员虽然只是做了修改停电通知书这么一件小事儿，却反映出他们心中实实在在重视客户感受的这种大精神。建议进一步针对各个服务环节、各类与客户接触有关的表单、协议等文书，以"依法服务""关怀客户"的立场对相关内容表述进行修订。

思考与练习

1. 国家电网公司管理人员行为规范有哪些？
2. "停电催费"应当如何规范服务？
3. 在与客户接触的服务过程中应注意哪些？

模块 2　国家电网公司员工职业道德规范（GDSTY15002）

模块描述

本模块介绍了国家电网公司员工职业道德规范，包含爱国守法、诚实守信、敬业爱岗、遵章守纪、团结协作、优质服务、文明礼貌、关爱社会等职业道德规范。通过条文分析，掌握各项职业道德规范的内容和要求。

模块内容

一、爱国守法

（1）热爱祖国。了解中华民族悠久历史，继承优良传统文化，懂得国旗、国徽的内涵，会唱国歌；牢固树立中华民族自尊、自信、自强的精神和祖国利益至上的意识；艰苦奋斗，奋发图强，为把中国建设成为富强、民主、文明的社会主义国家作贡献。

（2）奉公守法。学习《宪法》和国家基本法律，遵守国家法律法规，依法行使权利和履行义务；不参加非法组织和非法活动，不搞封建迷信，自觉抵制黄、赌、毒的侵害，敢于同违法行为和邪恶势力作斗争，维护社会和企业的稳定。

（3）依法经营。熟悉社会主义市场经济基本法律法规，认真执行电力法律法规和相关法律政策，严格遵守电力市场秩序，依法办电，依法治企，自觉维护国家利益和正常的经济秩序，维护企业自身和用户的合法权益。

二、诚实守信

（1）诚信做人。以诚实守信为基本准则，说老实话，办老实事，做老实人，表里如一；对自己，加强修养，完善人格，扬善惩恶，光明磊落；对工作，求真务实，恪守职责，坚持真理，修正错误，以诚实的劳动创造财富、获取报酬。

（2）办事公道。按原则和政策办事，对外办理业务坚持公开、公平、公正的原则，秉公办事，一视同仁，不徇私情；处理事务实事求是，言行一致，客观公正。

（3）守承诺。在社会经济交往和工作关系中，守信用、讲信誉、重信义，认真履行合同、契约和社会服务承诺；珍重合作关系，不任意违约，不制假售假，做到互帮、互让、互惠、互利。

三、敬业爱岗

（1）热爱本职。了解电力发展史和现状，明确电网公司在社会发展中肩负的责任，树立强烈的事业心和责任感；立足本职，不断进取，做到干一行、爱一行、专一行，为企业改革发展稳定勇挑重担，乐于奉献。

（2）钻研业务。努力学习政治、业务和科学文化知识，熟练掌握本职业务和工作技能，不断学习新知识，掌握新技术，努力提高思想道德素质、专业技术素质和实际工作能力，做本专业的行家能手。

（3）追求卓越。有强烈的市场意识、竞争意识和创新意识，认真履行岗位职责，勤奋工作、勇于创新、精益求精，高标准、高质量地完成自己承担的各项任务，努力创造一流成果和突出业绩。

四、遵章守纪

（1）服从大局。牢固树立"全网一盘棋"思想，听从上级指挥，做到令行禁止，雷厉风行，局部服从全局，个人服从整体；坚决贯彻"安全第一、预防为主"的方针，严格执行电网调度指令，自觉维护电网正常、稳定的运营秩序。

（2）严守规章。严格遵守企业的各项规章制度，认真执行工作标准、岗位规范和作业规程。

（3）保守秘密。严格遵守保密法规和保密纪律，不泄露国家秘密和企业商业秘密，妥善保管涉密文件和资料，不传播、不复制机密信息和文件，不携带机密资料出入公共场所，自觉维护国家安全和企业利益。

五、团结协作

（1）紧密配合。大力弘扬集体主义精神和团队精神，正确处理开展竞争与团结协作的关系；上下班次互相负责，上下工序互相把关，单位部门之间紧密配合，不各自为政，不推诿扯皮，不搞内耗，齐心协力干好工作。

（2）同心同德。上下级互相尊重，领导支持下级工作，维护职工民主权利，关心群众疾苦，自觉接受群众监督；下级服从上级管理，对工作勇于负责，创造性地完成领导交办的任务，维护企业整体利益和形象。

（3）团结友善。同事间和睦相处，互相帮助，相互支持，善待他人；一切以工作为重，求同存异，不计较个人恩怨得失，做到处事宽容、大度，善于理解和谅解别人，努力营造心情舒畅、温暖和谐的工作氛围。

六、优质服务

（1）恪守宗旨。坚持"人民电业为人民"的服务宗旨，坚持"客户至上、服务第一"的价值观念，忠实履行电网企业承担的义务和责任，满腔热情地为社会、为客户和发电企业服务，做到让政府放心、客户满意。

（2）真挚服务。坚持"优质、方便、规范、真诚"的服务方针，认真执行供电规范化服务标准和文明服务行为规范，自觉接受社会监督，虚心听取客户意见，做到服务态度端正、服务行为规范、服务纪律严明、服务语言文明。

（3）讲求质量。牢固树立以质量求生存、求发展的思想，做到办理业务认真，抢修事故及时，执行政策严格，不断提高服务质量和服务技术水平，保证客户用上安全、优质、可靠、经济的电能。

七、文明礼貌

（1）仪容端庄。仪容自然大方、端庄，修饰文雅；衣着整洁、协调，工作岗位穿职业装，岗位标识佩戴规范；举止稳健，言行得体，态度谦和，精神饱满。

（2）文明待人。与他人交往中，以礼相待，与人为善，亲切诚恳，宽宏大度；发生矛盾互谅互让，参加活动守时守约，交谈时和颜悦色，出行时互相礼让；待人礼貌热情，使用文明用语和普通话，不讲脏话。

（3）家庭和睦。增强家庭伦理观念，自觉履行赡养老人、孝敬父母的义务，自觉承担抚养、教育子女的责任；夫妻之间平等相待、互敬互爱，实行计划生育；家庭生活精打细算，勤俭持家；邻里之间相互帮助，和睦相处。

八、关爱社会

（1）倡导文明。提倡健康文明的生活方式，积极参加创建文明行业、文明单位、文明城市、文明村镇、文明社区等活动；自觉遵守社会公约、条例、守则等有关规定，带头移风易俗，做文明公民，树行业新风。

（2）助人为乐。增强社会责任感、正义感，热心公益事业，关心帮助他人，踊跃参与社会扶贫济困活动，致力于建立相互友爱的人际关系；见义勇为，敢于挺身而出与违法犯罪行为作斗争，勇于制止损害公共利益和公共秩序的不良行为。

（3）保护环境。增强环境保护意识，自觉遵守环保法规，善待自然，绿化、净化、美化生活环境，讲究公共卫生，爱护花草树木、人文景观，努力节约资源。

思考与练习

1. 国家电网公司员工职业道德规范的内容和要求有哪些？
2. 简述如何做到诚实守信。
3. 简述如何做到文明礼貌。

模块3　国家电网公司"三公"调度"十项措施"（GDSTY15003）

模块描述

本模块介绍了国家电网公司"三公"调度"十项措施"的主要内容。通过归纳分析，掌握"十项措施"的内容和要求。

模块内容

"三公"调度"十项措施"是公司坚持开放透明、依法经营，正确处理与合作伙伴关系的基本准则。公司主动接受监管和监督，依法合规经营，不断提高服务发电企业水平。

（1）坚持依法公开、公平、公正调度，保障电力系统安全稳定运行。

（2）遵守《电力监管条例》，每季度向有关电力监管机构报告"三公"调度工作情况。

（3）颁布《国家电网公司"三公"调度工作管理规定》，规范"三公"调度管理。

（4）严格执行购售电合同及并网调度协议，科学合理安排运行方式。

（5）统一规范调度信息发布内容、形式和周期，每月10日统一更新网站信息。

（6）建立问询答复制度，对并网发电厂提出的问询必须在10个工作日内予以答复。

（7）完善网厂联系制度，每年至少召开两次网厂联席会议。

（8）聘请"三公"调度监督员，建立外部监督机制。

（9）建立责任制，严格监督检查，将"三公"调度作为评价调度机构工作的重要内容。

（10）严肃"三公"调度工作纪律，严格执行《国家电网公司电力调度机构工作人员"五不准"规定》。

一、案例简介

供电公司积极采取相关应对措施，化解依法停电后可能引发的各种矛盾。

因企业改制遗留问题未能得到妥善解决、安置款项未能及时发放等原因，某县一大型国有破产企业家属居民区三年来共拖欠总表电费43万元，拒绝任何单位人员进入该家属区内抄收电表、水表，供电公司按照县政府清算组、临时管理办公室批复对生产、生活区实施用电分离改造工程，也因遭到家属区上百人的数次围攻而被迫停止，依法停电催费在居民的围攻下更是难以开展。为保护国有资产不受损失，县供电公司在向市县各级政府部门汇报后，争取到政府部门的支持，决定依法采取强制停电措施。为了避免引发恶性冲突，巧妙地将停电时间安排在凌晨，主管副市长派市经委、市国资委的领导到该县坐镇，协同县公安局进行了周密部署，防止发生暴力事件。此外，供电公司提前介入，采取三项措施积极应对停电后可能引起的居民情绪激化：一是不论对方如何恶语相加，一律笑脸相迎，做好政策解释工作；二是停电的同时，继续实施"两电分离"前的线路改造；三是提供温馨服务，为每户居民送上了两支蜡烛。在按照正常手续审判、通知客户后，当日凌晨2:30，停电顺利实施。由于事先准备工作充分，停电没有引起混乱和冲突。停电第二天，该公司按计划出动356人次加班加点对线路进行改造；同时派工作人员每天下午挨家挨户上门给客户送两支蜡烛，并对客户解释和宣传电力政策。正是这两支小小的蜡烛深深打动了居民用户的心扉，其中一居民说："我们欠了你们那么多电费，你们停电也是理所当然，但是没想到你们还为我们考虑得这么仔细周到。"三天后，线路改造全部到位，市国资委有关部门考虑到改制职工确有实际困难，从改制资金中替家属区垫交了所欠电费，供电公司当即进行了复电。家属区 435 户居民也放下了对企业改制不满的怨气，主动与该供电公司签订了《供用电合同》和《安全用电协议》，按电表计量收费。该家属区用电交费步入了正常轨道。

二、案例分析

（1）停电工作得以顺利进行，改造工程顺利完成，欠费问题得到彻底解决。

（2）维护了电力企业的合法权益，产生了良好的社会舆论效应，树立了良好的企业形象。

（3）赢得了地方政府的肯定和赞誉，当地政府向供电公司承诺以后改制企业不会再出现类似情况，拖欠电费现象绝不会再次发生。

（4）周密的安排避免了恶性冲突事件发生，营造了和谐的供用电关系。

依法停电催费是不得已而为之的措施，对供用电双方都不利，容易引发客户抱怨，甚至酿成不良事件。本案例中，供电公司对服务风险充分预计，对停电行动巧妙策划，依靠政府的支持，采取了积极稳妥的措施，部署周密，实施合理，有理有度，表达了供电企业"客户至上"的态度，得到了客户的理解，用爱心把"两败"变成"双赢"。"两支蜡烛"不仅仅点亮了停电后的居民小区，更点亮了整个小区居民的心！

思考与练习

1. 国家电网公司"三公"调度"十项措施"的内容有哪些？
2. 试分析依法停电催费工作有何优劣？

模块 4　国家电网公司员工服务行为"十个不准"和"十项承诺"（GDSTY15004）

模块描述

本模块介绍了国家电网公司员工服务行为"十个不准"和国家电网公司供电服务"十项承诺"。通过归纳分析，熟悉"十个不准"和"十项承诺"的主要内容。

模块内容

一、员工服务"十个不准"

员工服务"十个不准"是公司对员工服务行为规定的底线、不能逾越的"红线"。

（1）不准违反规定停电、无故拖延送电。

（2）不准自立收费项目、擅自更改收费标准。

（3）不准为客户指定设计、施工、供货单位。

（4）不准对客户投诉、咨询推诿塞责。

（5）不准为亲友用电谋取私利。

（6）不准对外泄露客户的商业秘密。

（7）不准收受客户礼品、礼金、有价证券。

（8）不准接受客户组织的宴请、旅游和娱乐活动。

（9）不准工作时间饮酒。

（10）不准利用工作之便谋取其他不正当利益。

二、供电服务"十项承诺"

供电服务"十项承诺"是公司对客户作出的庄严承诺。公司视信誉为生命，弘扬宗旨，信守承诺，不断提升客户满意度，持续为客户创造价值。

（1）城市地区：供电可靠率不低于 99.90%，居民客户端电压合格率不低于 96%；农村地区：供电可靠率和居民客户端电压合格率，经国家电网公司核定后，由各省（市、区）电力公司公布承诺指标。

（2）供电营业场所公开电价、收费标准和服务程序。

（3）供电方案答复期限：居民客户不超过 3 个工作日，低压电力客户不超过 7 个工作日，高压单电源客户不超过 15 个工作日，高压双电源客户不超过 30 个工作日。

（4）城乡居民客户向供电企业申请用电，受电装置检验合格并办理相关手续后，3 个工作日内送电。

（5）非居民客户向供电企业申请用电，受电工程验收合格并办理相关手续后，5 个工作日内送电。

（6）当电力供应不足，不能保证连续供电时，严格执行政府批准的限电序位。

（7）供电设施计划检修停电，提前 7 天向社会公告。

（8）提供 24h 电力故障报修服务，供电抢修人员到达现场的时间一般不超过：城区范围 45min；农村地区 90min；特殊边远地区 2h。

（9）客户欠电费需依法采取停电措施的，提前 7 天送达停电通知书。

（10）电力服务热线"95598"24h 受理业务咨询、信息查询、服务投诉和电力故障报修。

三、案例 1：欠费停电太随意，客户不满引纠纷

1. 案例提要

某供电公司抄表员在欠费停电过程中未能严格履行手续，与居民发生纠纷，造成不良社会影响。

2. 事件过程

由于历史原因，某居民小区采用总表计量收费，小区居民向物业公司交纳电费，物业公司按总表向供电公司交纳电费。一天上午，供电公司抄表员来到该居民小区催收电费，在催收无果的情况下，未按照履行停电通知手续，即对小区实施停电。停电过程中，居民们反映他们已向物业公司交纳电费，应该只对那些没有交费的居民停电。抄表员解释，供电公司只能根据总表计费电量催收电费，坚持进行停电操作，双方随即发生纠纷。停电后，居民不准抄表员离开现场，并向当地媒体投诉，抄表员无奈之下拨打 110 报警，才得以脱身。

3. 造成影响

事件发生现场引起群众围观，引发当地媒体关注和报道，对供电服务形象造成负面影响。

4. 应急处理

事件发生后，供电公司采取了应急措施，事态得到了较好控制。

（1）当天，供电公司立刻恢复了小区供电，有关负责人主动找到小区物业管理负责人进行了解释，对抄收人员未按程序停电向居民道歉，并按规定下发了停电通知。

（2）主动与当地媒体联系说明情况，避免出现负面报道。

5. 违规条款

本事件违反了以下规定：

（1）《供电营业规则》第六十七条："在停电前 3～7 天内，将停电通知送达用户，对重要用户的停电，应将停电通知报送同级电力管理部门；在停电前 30min，将停电时间再通知用户一次，方可在通知规定时间实施停电。"

（2）《国家电网公司员工服务"十个不准"》第一条："不准违反规定停电、无故拖延送电。"

6. 暴露问题

（1）供电公司对居民供电服务重视程度不够，在采取停电催费措施之前，未能了解小区居民用电和交费的实际情况，对停电后可能造成的不利影响预估不足。

（2）抄收人员工作制度执行不严格，抄表员停电催费未办理《电费欠费停电通知书》，未提前通知客户，未对客户进行停电公告或通知，客观上造成客户不理解的后果。

（3）工作人员缺乏灵活的解决问题技巧。

7. 案例点评

居民总表供电的情况还普遍存在，由于涉及居民、物业公司、政府房产管理、供电公司等多个利益主体，供电问题比较复杂，处理不当极易引起纠纷，造成不良社会影响。此类问题的处理应特别慎重。试想，如果你是这个小区的客户，每月都按时交纳了电费，却因为别人没有交纳电费而被停电，你会满意吗？对涉及居民多、影响范围大的欠费停电工作要严格执行国家相关规定，不可随意采取停电措施。要加强与相关部门和单位的协调和沟通，尽早通过实施"一户一表"改造彻底解决类似问题。

四、案例2：装表接电违承诺，客户投诉没商量

1. 案例提要

一低压动力客户竣工验收并办理完相关营业手续后，装表人员 5 个工作日内未装表接电，引起客户投诉。

2. 事件过程

2008 年 5 月 30 日，客户王先生向供电公司申请低压动力用电。供电公司业扩报装人员当日组织了现场勘察，并确定了供电方案。6 月 3 日，施工完毕并经验收合格。办理完相关手续后，装表人员于 6 月 6 日领表出库，但由于工作疏忽，6 月 18 日方完成装表接电工作。客户王先生对此表示不满，6 月 19 日将投诉电话打进当地"阳光热线"进行投诉。

3. 造成影响

未履行服务承诺，导致客户晚用电，引起媒体关注，对供电服务形象造成负面影响。

4. 应急处理

供电公司领导高度重视，立即安排专人负责调查落实，了解到情况与客户投诉相符；随即安排有关人员向客户王先生解释并道歉，取得了客户的谅解；同时与媒体沟通，消除不良影响。

5. 违规条款

本事件违反了以下规定：

（1）《国家电网公司供电服务规范》第十八条供电方案答复及送电时限之（三）："受理居民客户申请用电后，5 个工作日内送电；其他客户在受电装置验收合格并签订供用电合同后，5 个工作日内送电。"

（2）《国家电网公司供电服务"十项承诺"》第 5 条："非居民客户向供电企业申请用电，受电工程验收合格并办理相关手续后，5 个工作日内送电。"

6. 暴露问题

业扩报装流程各环节时限监控不到位。

装表人员工作责任心不强，服务意识淡薄，未能按承诺时限完成装表工作。

7. 案例点评

客户的各种手续都办完了，却用不上电，何来客户满意？向社会公开承诺的事情却得不到很好的兑现，何来诚信可言？供电服务人员要时刻牢记自己的一言一行都体现着供电企业的服务形象，在为客户提供服务过程中，要严格执行《国家电网公司业扩报装管理规定》及"十项承诺"等规定，本着客户至上的原则，严格控制各个环节时限，提供工作效率，为客户提供快捷的"一条龙"服务。同时要不断完善服务监督机制，在工作中由系统或专人进行业扩工作超时提醒，防止环节超时现象发生；强化员工职业道德教育，严格服务考核制度，增强员工服务意识，不断提高供电服务水平。

思考与练习

1. 国家电网公司员工服务"十个不准"内容有哪些？
2. 国家电网公司供电服务"十项承诺"内容有哪些？

模块 5　廉政教育（GDSTY15005）

模块描述

本模块介绍了当前供电所党风廉政建设的现状及供电所党风廉政建设的关键问题所在，通过讲解，了解如何进一步加强供电所党风廉政建设。

模块内容

基层供电所是供电企业服务于广大客户的基本单元，供电所党风廉政建设的好坏关系到供电企业的发展前景，关系到千家万户的用电问题；加强其党风廉政建设既是党的建设的重要组成部分，也是科学发展观在基层党建工作中的具体体现。在国家电网公司深入推进"三集五大"体系建设，实现"两个转变"，加快创建"两个一流"的现时代，加强供电所党风廉政建设、增强党员领导干部和供电服务人员的廉洁自律意识，尤其具有紧迫性和重要意义。

一、当前供电所党风廉政建设的现状

（1）员工存在认识上的误区。谈到党风廉政建设和反腐败工作，就会想到那是领导们的事，特别是针对掌握权力的一把手而言的，只有这些人才有可能搞腐败。基层供电所是最基层，谈腐败是危言耸听，在思想上产生厌烦情绪，认为纪检监察是只打苍蝇不打老虎，在行动上对开展基层供电所纪检监察不配合。

（2）制约机制跟不上。在基层供电所层面上，制度建设不够完善，工作流程不够规范，有的即使制定了制度，执行力也差，缺乏有效的约束力，导致有的制度形同虚设。

（3）供电所所长缺乏民主意识，家长制作风严重。供电所所长在当地任职工作时间长，人员关系复杂。由于监督机制跟不上，个别供电所所长是独断专行，利用职权为亲朋好友谋利益，从中接受对方的直接或间接的好处。

（4）员工思想观念的多元化和现实化。社会生活的丰富多彩和不断改革开放的新形势，使员工接受新生事物的能力不断增强、程度不断加快，思想变得越来越现实，关注自身利益使他们感到尤为迫切，趋利避害的人生态度表现明显。对自己有好处的、有利的，自然就心甘情愿地接受；对己不利或者关系不大的，就持抵制、排斥或者敬而远之的态度。

二、供电所党风廉政建设的关键

供电所党风廉政建设应抓住的关键环节主要是关键的人、关键的岗位和关键的流程。

（1）抓好所长、四大员、班组长的选拔任用。用对人是关键，所长是供电所的龙头，廉政的执行情况直接影响到整个供电所的廉洁情况，要选拔自我廉洁自律要求高的人到所长的位置上。四大员和班组长是供电所的中流砥柱，他们的廉洁自律情况直接影响到一个专业口的廉洁，是供电所中不可忽视的关键人。

（2）抓好重要工作执行中的关键岗位。随着农网建设投入不断加大，要求供电所实施或验收的农网项目逐年增加，这些工程中的物资统一由上级公司配送。落实到供电所，就要求预决算编制人员（技术员）、施工现场管理人员（运维班班长）、物资管理员、现场验收人员（营销员、技术员）对农网建设进行高要求的精细化管理，他们的廉洁自律情况也是需要重点关注的对象。

（3）抓好供电服务中的两个关键流程。营销服务流程能否规范执行直接决定了供电服务工作的质量，所以营业窗口的工作人员从受理到执行各项营销服务的流程中是否廉洁，直接影响到供电形象。各供电所的抢修施工队伍，为客户的抢修施工过程是否急用户之所急，廉腐的形象直接关系到供电人的形象，所以必须规范抢修施工流程。

三、进一步加强供电所党风廉政建设

（1）加强供电所日常廉政教育，形成廉洁文化氛围。抓好员工职业道德教育，引导广大员工树立正确的价值观，以实际行动践行"干事、干净"的廉洁文化理念。对重点岗位人员进行预防职务犯罪、遵守廉洁从业规定的教育。进一步改进党风廉政教育的方式方法，运用以案说法增强感性认识。每月开展党支部廉政教育；每季度供电所集中观看警示教育片；每年所长、四大员、班组长对全所员工进行述职述廉。

充分利用公司内部刊物、网络等宣传媒体及员工文化活动场所、广告宣传橱窗等各种文化设施，建立廉洁文化宣传教育阵地。针对不同岗位人员的思想、工作实际，组织开展层次分明、针对性强的反腐倡廉教育活动。邀请反腐败专业人员给员工进行警示教育和预防职务犯罪讲座，同时开展廉洁警句征集活动，撰写学廉心得，评选勤廉先进个人等，让廉政之风吹进供电所的每个角落，使广大员工在潜移默化中接受教育，受到熏陶，使廉洁理念入脑入心。

（2）加强供电所廉政制度建设，形成廉洁行为规范。完善供电所党风廉政制度，建立健全所务公开、固定资产、财务、物资、车辆、招待费、工程预算、质量管理、营销稽查、违约窃电处理、私接工程、岗位禁令、教育培训等制度。开展供电所集中排查整治活动，针对发现的新危险点不断充实和完善廉政制度体系。

加强内部管理制度建设。一是供电所全体员工工作时间内实行"四统一"管理，即统一上班、统一工作、统一中午就餐、统一下班。杜绝员工上下班迟到早退、干私活、中午饮酒等现象。二是严格执行国家电网公司员工新"三个十条"，加强"三不指定"管理，严禁员工私自承包用户工程。三是用户工程实行集体勘察，确定收取费用。照明户由营业班长、抄表班长两人查勘；动力户由所长、技术员、营销员、营业班长四人以上共同查勘，确定收取费用。四是收入支出实行"收支两条线"管理，严禁私设小金库、账外账。实行"阳光管理"，每月将收入支出情况在所务公示栏公开，重大费用集体研究报支。

加强内部考核制度执行。每月对供电所全体员工廉政、行风工作进行检查考核。其内容包括：执行抢修任务情况，业扩新装及建房施工用电、收费情况，有无指定地点购买材料、设备行为，有无发生吃、拿、卡、要行为，有无无票或持收据收费行为，有无违反电价、电费回收政策行为，执行"收支两条线"规定，为客户服务、办实事以及存在问题及处理结果。

（3）加强人事制度监督，形成立体化监督。严格选拔和任用供电所负责人，坚持供电所负责人考评、考核制度，异地交流制度和责任追究制度，加强供电所负责人的离任审计和年度经营审计制度。进一步完善选聘办法，确保公开、公平、公正，按照民主推荐、测评考核、资格审查、组织考察、领导面试五个环节，形成综合评定，确定聘用人选。

在抓好各级干部"一岗双责"的同时，重点加强供电所所长的廉政责任分工。坚持供电所党支部集体领导与个人分工相结合制度，凡重大事项决策，必须经集体讨论作出决定，避免出现供电所长权力过于集中现象。对供电所长廉政责任进行"定责""明责"；通过检查供电所党支部建设情况，检查所长廉政责任的"履责""尽责"情况；通过定期的供电所长会议，对所长廉政责任情况进行"问责"，进而抓好员工的思想动态、工作态度和行业作风的建设，增强他们党风廉政的责任感和紧迫感，不断加大督促、检查、考核的力度，严肃追究违纪违规案件，切实把党风廉政建设责任制落到实处。

加强供电所内部考核监督。明确供电所所长、书记为内部考核的第一责任人。深入各班组，掌握全所员工工作的真实情况，务求实效。到农村、企业、用户和每个台区了解员工服务抢修是否及时，有无乱收费现象以及便民服务等情况，并公布供电所投诉和监督电话，发现问题及时整改，并按二次考核的规定严格考核。对弄虚作假或不按文件制度办理的要视情节进行考核，并作为年终考核评比的重要依据，情节严重的依据相关条款追究当事人的责任。

供电所党风廉政建设是一项长期工作，必须坚持持续改进。紧紧围绕工作中出现的细节问题，通过全员参与、齐抓共管，促使建设向目标化、日常化、制度化发展，使供电所党风廉政建设更加贴近电力企业的特点和实际。供电所只有加强党风廉政建设，在单位形成"以廉为荣、以廉为美、以廉为善、以廉为乐"的良好工作氛围，才能促进供电所和员工的共同健康发展，为地方经济社会的"进位赶超"做出供电人应有的贡献。

思考与练习

1. 供电所党风廉政建设的关键是什么？
2. 如何进一步加强供电所党风廉政建设？

第 16 章

企 业 文 化

模块 1　企业文化的功能（GDSTY16001）

模块描述

本模块介绍了企业文化的主要功能。通过要点介绍，了解企业文化的功能、建设途径和方法，了解企业文化与思想政治工作、科学管理和精神文明建设的关系。

模块内容

一、企业文化的导向功能

1. 经营哲学和价值观念的指导

经营哲学决定了企业经营的思维方式和处理问题的法则，这些方式和法则指导经营者进行正确的决策，指导员工采用科学的方法从事生产经营活动。企业共同的价值观念规定了企业的价值取向，使员工对事物的评判形成共识，有着共同的价值目标，企业的领导和员工为着他们所认定的价值目标去行动。美国学者托马斯·彼得斯和小罗伯特·沃特曼在《寻求优势》一书中指出："我们研究的所有优秀公司都很清楚他们的主张是什么，并认真建立和形成了公司的价值准则。事实上，一个公司缺乏明确的价值准则或价值观念不正确，我们则怀疑它是否有可能获得经营上的成功。"

2. 企业目标的指引

企业目标代表着企业发展的方向，没有正确的目标就等于迷失了方向。完美的企业文化会从实际出发，以科学的态度去制立企业的发展目标，这种目标一定具有可行性和科学性。企业员工就是在这一目标的指导下从事生产经营活动。

二、企业文化的约束功能

企业文化的约束功能主要是通过完善管理制度和道德规范来实现。

1. 有效规章制度的约束

企业制度是企业文化的内容之一。企业制度是企业内部的法规，企业的领导者和企业职工必须遵守和执行，从而形成约束力。

2. 道德规范的约束

道德规范是从伦理关系的角度来约束企业领导者和职工的行为。如果人们违背了道德规范的要求，就会受到舆论的谴责，心理上会感到内疚。

三、企业文化的凝聚功能

企业文化以人为本，尊重人的感情，从而在企业中形成了一种团结友爱、相互信任的和睦气氛，强化了团体意识，使企业职工之间形成强大的凝聚力和向心力。共同的价值观念形成了共同的目标和理想，职工把企业看成是一个命运共同体，把本职工作看成是实现共同目标的重要组成部分，整个企业步调一致，形成统一的整体。这时"厂兴我荣，厂衰我耻"成为职工发自内心的真挚感情，"爱厂如家"就会变成他们的实际行动。

四、企业文化的激励功能

共同的价值观念使每个职工都感到自己存在和行为的价值，自我价值的实现是人的最高精神需求的一种满足，这种满足必将形成强大的激励。在以人为本的企业文化氛围中，领导与职工、职工与职工之间互相关心、互相支持。特别是领导对职工的关心，职工会感到受人尊重，自然会振奋精神，努力工作。另外，企业精神和企业形象对企业职工有着极大的鼓舞作用，特别是企业文化建设取得成功，在社会上产生影响时，企业职工会产生强烈的荣誉感和自豪感，他们会加倍努力，用自己的实际行动去维护企业的荣誉和形象。

五、企业文化的调适功能

调适就是调整和适应。企业各部门之间、职工之间，由于各种原因难免会产生一些矛盾，解决这些矛盾需要各自进行自我调节；企业与环境、与顾客、与企业、与国家、与社会之间都会存在不协调、不适应之处，这也需要进行调整和适应。企业哲学和企业道德规范使经营者和普通员工能科学地处理这些矛盾，自觉地约束自己。完美的企业形象就是进行这些调节的结果。调适功能实际也是企业能动作用的一种表现。

六、案例：开发商电力未配套，供电人和谐巧处理

1. 案例简介

某小区的数百户居民长期深受用电问题的困扰。开发商在小区配套设施尚未健全的情况下，将小区居民用电接到施工临时电源上，并且长期拖欠电费。临时电源的容量远远不能满足居民的正常用电，造成小区居民多年来生活上的极大不便，时常因用电负荷过大造成长时间停电，给当地居民留下用电安全隐患，也给供电公司造成很大损失。

供电公司积极配合地方政府解决小区居民用电问题，在城市转供电工程中发挥主观能动性，积极与区建委、当地居委会、业主委员会等相关部门联系，起到承上启下的作用。

供电公司组织工作人员利用公休日深入小区对居民提出的使用正式电源、安装一户一表的疑问进行咨询和解答。个别客户因曾受开发商欺骗，在安装一户一表的问题上心存疑虑。为消除这些客户的疑虑，工作人员逐户进行走访沟通了解，并耐心解释，使其免除后顾之忧。

为尽快地解决小区居民用电问题，工作人员将申请表及需要办理的相关手续送到每位客户手中，及时与负责人联系，上门把客户填好的资料收回，并及时送回相关部门，为业扩报装的程序流转赢得了时间，保证了工程进度。

正式送电后，小区居民代表送来了锦旗和慰问信，感谢供电公司主动上门服务，解决了困扰居民多年的用电难题。

2. 案例分析

城市转供电工程的完成，解决了客户用电难题，同时也为供电公司自己解决了遗留已久

的欠费难题，赢得客户对供电服务的认可，展现了供电公司的良好企业形象。

这又是一个体现国家电网公司"真诚服务，共谋发展"服务理念的典型案例。本案例中，供电公司克服畏难情绪，主动出击，加强与有关部门的沟通与协调，为客户提供优质、方便、规范、真诚的供电服务，解决了客户的用电难题，取得了客户的认可和信任，根本解决了客户长期欠费问题，达到了互利共赢的效果，值得学习和借鉴。

思考与练习

1. 企业文化的主要功能有哪些？
2. 简述企业文化的激励功能。

模块 2 核心价值观（GDSTY16002）

模块描述

本模块介绍国家电网公司基本价值理念。通过要点介绍，熟悉国家电网公司的企业愿景、企业使命、企业宗旨、核心价值观和企业精神。

模块内容

一、企业愿景：建设世界一流电网，建设国际一流企业

"建设世界一流电网，建设国际一流企业"的企业愿景是公司的奋斗方向，是国家电网人的远大理想，是公司一切工作的目标追求。

建设世界一流电网：从我国国情、能源资源状况和电网发展规律的实际出发，坚持以科学发展观为指导，坚持自主创新，赶超世界先进水平，充分利用先进的技术和设备，按照统一规划、统一标准、统一建设的原则，建设以特高压电网为骨干网架，各级电网协调发展，具有信息化、自动化、互动化特征的坚强智能电网。

建设国际一流企业：坚持以国际先进水平为导向，以同业对标为手段，推进集团化运作、集约化发展、精益化管理、标准化建设，把公司建设成为具有科学发展理念、持续创新活力、优秀企业文化、强烈社会责任感和国际一流竞争力的现代企业。

二、企业使命：奉献清洁能源，建设和谐社会

"奉献清洁能源，建设和谐社会"的企业使命是公司生存发展的根本意义，是公司事业的战略定位，是公司工作的深刻内涵和价值体现。

电网不仅是连接电源和用户的电力输送载体，更是具有网络市场功能的能源资源优化配置载体。国家电网公司是国家能源战略布局的重要组成部分和能源产业链的重要环节，在中国能源的优化配置中扮演着重要角色。充分发挥电网功能，保障更安全、更经济、更清洁、可持续的电力供应，促使发展更加健康、社会更加和谐、生活更加美好是国家电网公司的神圣使命。

三、企业宗旨：服务党和国家工作大局、服务电力客户、服务发电企业、服务经济社会发展

"四个服务"的企业宗旨体现了公司政治责任、经济责任和社会责任的统一，是公司一切工作的出发点和落脚点。

服务党和国家工作大局：公司作为关系国家能源安全、国民经济命脉的国有重要骨干企业，承担着确保国有资产保值增值、增强国家经济实力和产业竞争力的重要责任。公司坚持局部利益服从全局利益，把维护党和国家的利益作为检验工作成效和企业业绩的根本标准。

服务电力客户：公司作为经营范围遍及全国 26 个省（自治区、直辖市），供电人口超过 10 亿的供电企业，承担着为电力客户提供安全、可靠、清洁的电力供应和优质服务的基本职责。公司坚持服务至上，以客户为中心，不断深化优质服务，持续为客户创造价值。

服务发电企业：公司作为电力行业中落实国家能源政策、联系发电企业和客户、发挥桥梁作用的经营性企业，承担着开放透明、依法经营的责任。公司遵循电力工业发展规律，科学规划建设电网，严格执行"公开、公平、公正"调度，与合作伙伴共同创造广阔发展空间。

服务经济社会发展：公司作为国家能源战略的实施主体之一，承担着优化能源资源配置、满足经济社会快速增长对电力需求的责任。公司坚持经济责任与社会责任相统一，保障电力安全可靠供应，服务清洁能源开发，推进节能降耗，保护生态环境，履行社会责任，服务社会主义和谐社会建设。

四、核心价值观：诚信、责任、创新、奉献

"诚信"，是企业立业、员工立身的道德基石。

每一位员工、每一个部门、每一个单位，每时每刻都要重诚信、讲诚信，遵纪守法、言行一致，忠诚国家、忠诚企业。这是公司履行职责，实现企业与员工、公司与社会共同发展的基本前提。

"责任"，是勇挑重担、尽职尽责的工作态度。

公司在经济社会发展中担负着重要的政治责任、经济责任和社会责任。每一位员工都要坚持局部服从整体、小局服从大局，主动把这种责任转化为贯彻公司党组决策部署的自觉行动，转化为推进"两个转变"的统一意志，转化为推动工作的强劲动力，做到对国家负责、对企业负责、对自己负责。

"创新"，是企业发展、事业进步的根本动力。

公司发展的历程就是创新的过程，没有创新就不可能建成世界一流电网、国际一流企业。需要大力倡导勇于变革、敢为人先、敢于打破常规、敢于承担风险的创新精神，全面推进理论创新、技术创新、管理创新和实践创新。

"奉献"，是爱国爱企、爱岗敬业的自觉行动。

企业对国家、员工对企业都要讲奉献。在抗冰抢险、抗震救灾、奥运保电、世博保电等急难险重任务面前，公司员工不计代价、不讲条件、不怕牺牲，全力拼搏保供电，这就是奉献；在应对国际金融危机、缓解煤电油运紧张矛盾、落实国家宏观调控措施等重大考验面前，公司上下坚决贯彻中央的决策部署，积极承担社会责任，这也是奉献；广大员工在平凡的岗位上恪尽职守、埋头苦干，脚踏实地做好本职工作，同样是奉献。坚持在奉献中体现价值，在奉献中赢得尊重，在奉献中提升形象。

五、企业精神：努力超越、追求卓越

"努力超越、追求卓越"的企业精神是公司和员工勇于超越过去、超越自我、超越他人，永不停步，追求企业价值实现的精神境界。

"努力超越、追求卓越"的本质是与时俱进、开拓创新、科学发展。公司立足于发展壮大国家电网事业，奋勇拼搏，永不停顿地向新的更高的目标攀登，实现创新、跨越和突破。公司及员工以党和国家利益为重，以强烈的事业心和责任感，不断向更高标准看齐，向更高目标迈进。

六、案例1：齐心协力"铸"金牌，争分夺秒"抢"电量

1. 案例提要

供电公司对高成长性用电客户实施"一对一"跟踪服务，快速高效地为客户装表接电，赢得客户好评。

2. 服务过程

2008年4月6日，某化工企业向当地供电公司申请容量为17 600kVA的专线高压供电。该客户一期煤化工项目是该市一项重点工程，设计规模生产甲醇16万t/年，配电容量17 600kVA，是供电公司重点服务对象之一，也是2008年供电公司售电量重要增长点之一。供电公司将该项目列入公司高成长性用电服务对象，并指定专门人员对其实行"一对一"全过程跟踪服务。

供电服务人员多次到现场了解客户用电需求，并邀请客户商谈供电方案和双方配合问题，每项工作具体落实到人，在最短时间内确定了供电方案。同时负责此项目的客户经理全程负责协助客户协调工程进度，整个供电工程项目按计划顺利进行。

4月14日，客户申请竣工验收，并提出了18日供电的要求。由于工期紧张，客户的一些技术资料和设备说明书没有及时到位，无法进行定值计算。供电公司主动与客户委托的施工、设计公司联系，让供货厂家通过互联网发送电子版说明书和有关技术资料。17日晚，调度中心连续加班工作，完成定值计算并及时出具定值报告。4月18日上午，按照工作计划供用电双方顺利签订供用电合同和调度协议，18日下午供电公司进行竣工验收，17:30验收完毕，高压室具备投运条件。现场调度人员和生产技术部联系，请生产技术部工作人员携修试保护人员现场配合准备设备投运。20:23，调度开始下令进行设备操作。22:40，经过两个多小时的程序操作，投运工作圆满结束，在客户要求时间范围内完成送电工作，满足了客户的用电需求。客户对供电公司的服务非常满意，向供电公司赠送了锦旗和表扬信。

3. 取得效果

供电公司以强烈的市场意识和精心的市场准备，认真履行供电服务承诺，为供电企业赢得了客户好评。

4. 案例点评

"以客户为中心，以市场为导向"是供电营销服务工作的指导原则。供电公司凭借强烈的责任感和使命感，以超前的服务意识、真诚的服务行动赢得了客户赞誉。"时间赢得效益，责任铸就金牌"，供电公司正是本着"度电必争"和"争创金牌"的精神，以争分夺秒的工作态度，各部门通力合作，既树立了国家电网公司良好服务形象，又为企业赢得了新的电量增长点，取得了社会效益和经济效益的双丰收，用实际行动完美诠释了国家电网公司"真诚服务，共谋发展"的服务理念。

七、案例2：无私奉献，责任重于泰山

1. 案例过程

2009年4月19~20日两天时间内，由于发生强风伴随中雨的天气，某地东部城区的事故报修量陡然增加。仅在4月19日一天，就发生5起10kV电力线路跳闸，580余起低压电力报修。电力抢修中心的负责人王某，为了应对处理发生的事故，本应第二天休工休假，取消了正常的休假，带领全班全心投入事故抢修中。他早上6点多就赶到事故现场，同时为了加强抢修力量，积极协调2个抢修施工队，以及配电运行班共同参与事故抢修。18:55，95598告急，35kV某变电所10kV某线58号杆，315kVA配电变压器因树枝掉落线路短路一相烧坏，造成该地区水厂和部分用户大面积停水停电，接到报修后，他立即进行现场勘察，研究抢修方案，并及时组织人员，准备材料，连夜将烧坏的配电变压器更换，及时恢复了送电。次日8:00，95598再次告急，10kV某小区变失电，并造成中心地段部分居民及饭店宾馆停电，他忙完前一现场又赶到这个现场，查设备、查线路，通过排查找到了事故原因，恢复了供电。尽管当天由于事故量的爆增和抢修力量有限，导致无法第一时间到达每个故障现场排除，但是，他认真安排在岗值班人员积极做好对客户停电相关的解释工作，全天没有发生一起客户投诉。由于他在抢修过程中率先垂范，科学安排消缺，全体抢修人员工作虽然很累，但是大家还是感到抢修后的成就感。难以忘记在2009年的大年三十晚上，某区发生低压线路电缆故障，造成大约150余户居民停电，当时发生停电时间在晚上9点钟左右，正是居民们看春节联欢晚会的时间，由于故障的判断查找，以及备料处理等诸多环节，造成了该处居民停电时间较长，在工作现场引起了围观居民的不满。抢修当班负责人王某，一方面积极指挥现场故障查找，对故障原因的判断和抢修进展及时向领导汇报，同时积极向广大居民做好解释工作，消除广大居民的误解。通过大约4h的攻坚抢修，在凌晨1点左右恢复了电力供应。看到抢修人员一直不停忙碌的身影，遭受停电影响的居民逐渐由原先的不满转为了敬佩。现场一位老大爷感激地说："我们今晚虽然没有看全春节晚会，但是看到你们也没和家人一起过年，电力企业这样尽心尽力地为我们老百姓办实事，我们很感激！"

2. 案例点评

抢修人员以公司形象和客户需求为做人和工作第一准则。多年来，不管是刮风下雨，还是节假日；不管白天黑夜，只要是电网安全运行的需要，他们总是在接到命令第一时间赶到单位，或奔赴现场处理。这种忘我奉献的精神为公司树立了良好的社会形象，得到广大群众的赞颂。

思考与练习

1. 国家电网公司核心价值观是什么？
2. 国家电网公司企业精神是什么？

模块 3 发展战略（GDSTY16003）

模块描述

本模块介绍国家电网公司发展战略。通过要点介绍，熟悉国家电网公司的战略目标、战略途径、战略重点、战略保障。

模块内容

一、战略目标

把国家电网公司建设成为电网坚强、资产优良、服务优质、业绩优秀的现代公司（简称"一强三优"）。

（1）电网坚强：电网规划科学，结构合理，安全可靠，灵活高效，智能化水平高，技术装备和主要运行指标达到国际先进水平，公司经营区域实现全部联网。

（2）资产优良：资产结构合理、质量好，盈利和偿债能力强，内部资源配置效率高，金融和海外资产健康快速增长。

（3）服务优质：保障安全、经济、清洁、可持续的电力供应，服务规范、高效，品牌形象好，利益相关方综合满意度高，服务质量和效率在社会公共服务行业中处于领先地位。

（4）业绩优秀：安全、质量、效益指标在国内外同业中领先，经济、社会和环境综合价值高，企业健康发展，社会贡献大。

（5）现代公司：建立完善的现代企业制度和科学的集团管理体系，队伍素质好，自主创新能力和信息化水平高，企业软实力、社会影响力和国际竞争力强。

二、战略途径

转变公司发展方式、转变电网发展方式（简称"两个转变"）。

按照集团化运作、集约化发展、精益化管理、标准化建设（简称"四化"）要求，实施人力资源、财务、物资集约化管理，构建大规划、大建设、大运行、大生产、大营销（简称"三集五大"）体系，实现公司发展方式转变。

建设以特高压电网为骨干网架，各级电网协调发展，具有信息化、自动化、互动化特征的坚强智能电网，实现电网发展方式转变。

三、战略重点

坚持抓发展、抓管理、抓队伍、创一流（简称"三抓一创"）的工作思路，大力实施电网发展战略、经营管理战略、人才强企战略、科技发展战略、信息化战略、金融支撑战略、产业支撑战略、国际化战略、企业文化战略、品牌发展战略等，推动公司又好又快发展。

四、战略保障

全面加强党的建设、企业文化建设、队伍建设（简称"三个建设"）。

党的建设是"三个建设"的首要任务，各级领导班子建设是"三个建设"的重中之重，建设统一的优秀企业文化是"三个建设"的重要基础，提高全员素质是"三个建设"的根本着力点。

只有不断加强公司党的建设，才能保证公司始终沿着正确的方向前进，更好地服务党和国家工作大局；只有不断加强企业文化建设，才能为公司可持续发展提供强劲动力，实现基业长青；只有不断加强队伍建设，才能提高广大员工的能力素质，创造一流的工作业绩，实现员工与企业共同发展。

1. 案例简介

供电企业及时解决农民生产急需提水用电的难题，将优质服务送到田间地头，受到农民欢迎。

某市城南村里住着两个村民组约 70 户农民。该村农业用水靠临乡电灌站输送，提水路线长、水价高、负担重，每逢旱期，村民们都盯着无精打采的庄稼犯愁。最近又传来乡电灌站要改道的消息，这下更愁坏了村民们。

农田断水的消息很快就传到了负责该属地的城南供电所。供电所所长二话没说，当即组织供电服务人员赶到该村进行实地调查。来到村子里，村民们立刻围上来七嘴八舌倾倒着苦水，有的甚至指手画脚，言辞激烈："再没水插秧，我们就要集体上访，到乡里、市里要水去！"供电所所长认真地聆听着农民的倾诉，耐心地劝说着情绪激动者："老乡们，咱也是庄户人出身，庄稼是农民的心头肉，你们的苦处我能体会。这样吧，我们以最快的速度修建一条线路，安装一台公用变压器专供你们打水用。保证在一个星期内，让庄稼喝上'活命水'！"

供电所员工们立刻开始实地勘测丈量，根据实测数据，供电方案很快就制定完毕。供电所所长带领员工们突击施工，架杆搭线，顶着毒辣的日头挥汗如雨。一连几天，供电所员工们吃了不少苦头，一个个累得瘫坐在田边。可他们一看到农田里在烈日下打蔫的庄稼，心疼地直咧嘴，咬咬牙站起来接着忙活。四天过去了，长达 4km 的线路建成了，还新装了一座台区变压器。

"突突突……"小水泵的马达欢快地叫了起来，饥渴难耐的三百亩农田大口大口地喝着源源而至的甘冽河水，现场的上百名群众眼含感激的泪水，爆发出一阵阵热烈的欢呼声。

2. 案例分析

按照国家电网公司"新农村、新电力、新服务"的发展战略，供电企业认真研究分析农民的用电需求，筹集充足的人力、物力，有效解决农村发展、农民生活的用电问题，得到了农村客户发自心底的感激。

广大农村地区的生活水平还不高，对于许多农民来说，庄稼就是他们的命根子。本案例中，身处基层服务一线的供电所员工，用真诚服务搭建起沟通农民客户的桥梁，为他们排忧解难，主动帮助他们解决了最关心的农田浇水难的问题。农民眼中的热泪，表达着农民朋友对供电公司优质服务行动的信任和感动。面对这热泪，我们能不感到作为一名供电服务人员的责任与自豪吗？"尽心服务"，这是基层供电服务人员无论何时何地都要铭刻于心的服务理念；"尽力先行"，无论何时何地都应成为我们构建和谐电力、共建和谐社会的领航动力。

思考与练习

1. 国家电网公司的战略目标是什么？
2. 把国家电网公司建设成为"一强三优"现代公司的内涵是什么？

第 17 章

沟通技巧与团队建设

模块 1　沟通的过程（GDSTY17001）

模块描述

本模块介绍了沟通过程的要素和解析，包含五个要素，以及发送信息、接收信息和反馈信息三个环节，熟悉每个环节应注意的问题，掌握积极倾听的关键沟通技巧。

模块内容

沟通过程是指沟通主体对沟通客体进行有目的、有计划、有组织的思想、观念、信息交流，使沟通成为双向互动的过程。

一、沟通过程的要素

由界定来看，沟通过程应包括五个要素，即沟通主体、沟通客体、沟通介体、沟通环境、沟通渠道。

（1）沟通主体是指有目的地对沟通客体施加影响的个人和团体，诸如党、团、行政组织、家庭、社会文化团体及社会成员等。沟通主体可以选择和决定沟通客体、沟通介体、沟通环境和沟通渠道，在沟通过程中处于主导地位。

（2）沟通客体即沟通对象，包括个体沟通对象和团体沟通对象；团体的沟通对象还有正式群体和非正式群体的区分。沟通对象是沟通过程的出发点和落脚点，因而在沟通过程中具有积极的能动作用。

（3）沟通介体即沟通主体用以影响、作用于沟通客体的中介，包括沟通内容和沟通方法。沟通主体与客体间的联系，保证沟通过程的正常开展。

（4）沟通环境既包括与个体间接联系的社会整体环境（政治制度、经济制度、政治观点、道德风尚、群体结构），又包括与个体直接联系的区域环境（学习、工作、单位或家庭等），对个体直接施加影响的社会情境及小型的人际群落。

（5）沟通渠道即沟通介体从沟通主体传达给沟通客体的途径。沟通渠道不仅能使正确的思想观念尽可能全、准、快地传达给沟通客体，而且还能广泛、及时、准确地收集客体的思想动态和反馈的信息，因而沟通渠道是实施沟通过程、提高沟通功效的重要一环。沟通渠道很多，诸如谈心、座谈等。

二、沟通过程的解析

简单地说，沟通就是传递信息的过程。在这个过程中至少存在着一个发送者和一个接受者，即发出信息一方和接受信息一方。信息在二者之间的传递过程，一般经历七个环节。

（1）发送者需要向接受者传递信息或者需要接受者提供信息。这里所说的信息是一个广义的概念，它包括观点、想法、资料等内容。

（2）发送者将所要发送的信息译成接受者能够理解的一系列符号。为了有效地进行沟通，这些符号必须适应媒体的需要。例如，如果媒体是书面报告，符号的形式应选择文字、图表或照片；如果媒体是讲座，就应选择文字、投影胶片和板书。

（3）发送的符号传递给接受者。由于选择的符号种类不同，传递的方式也不同。传递的方式可以是书面的，如信、备忘录等；也可以是口头的，如交谈、演讲、电话等；甚至还可以通过身体动作来表述，如手势、面部表情、姿态等。

（4）接受者接受符号。接受者根据发送来的符号的传递方式，选择相应的接受方式。例如，如果发送来的符号是口头传递的，接受者就必须仔细地听，否则，符号就会丢失。

（5）接受者将接受到的符号译成具有特定含义的信息。由于发送者翻译和传递能力的差异，以及接受者接受和翻译水平的不同，信息的内容和含义经常被曲解。

（6）接受者理解被翻译的信息内容。

（7）发送者通过反馈来了解他想传递的信息是否被对方准确地接受。一般来说，由于沟通过程中存在着许多干扰和扭曲信息传递的因素（通常把这些因素称为噪声），这使得沟通的效率大为降低。因此，发送者了解信息被理解的程度也是十分必要的。

三、案例：客户沟通要及时主动服务要到位

1. 案例简介

五位居民客户申请分户接电，因供电公司未能与客户及时有效地进行沟通，遭到客户连续投诉。

2006 年 12 月底，五位居民客户委托张先生到当地供电公司营业厅申请分户。供电公司受理业务后，勘察人员现场勘察并确定材料单，客户交纳分户改造费用后，装表人员前去现场装表，但遭到五户中的一户反对，原因是在没有征得本人同意的情况下，不允许将表箱安装在此。现场工作人员未向客户解释就离开了现场。委托人赵先生拨打"95598"服务热线进行投诉：费用早已交清，供电公司迟迟没来安装。接 95598 工单后，工作人员再次来到现场，当安装人员完成施工进行接电前检查时发现，客户室内刀闸开关下桩头带电，原因是该五户内部线路共用中性线，存在安全隐患，需客户自行整改后才能送电。现场工作人员未向客户解释清楚就再次离开了现场，客户对此难以理解，又拨打"95598"服务热线进行投诉。接 95598 工单后，工作人员告知客户：室内线路产权属于客户，不属于供电公司维护范围，需客户自行将各户内部线路分割开，待内线整改到位后，即可接电。后经客户自行整改，满足接电条件后，供电公司完成了此项分户业务。

2. 案例分析

从客户申请到装表接电遭到客户两次投诉，工作人员的工作效率及业务水平在客户心中大打折扣，同时供电公司努力塑造的优质服务形象受到了严重影响。

第二次接到客户投诉后，公司领导当即与相关工作人员联系了解现场情况，与相关部门联系施工安排，并向客户解释原因并说明进展情况，协助客户现场解决问题，客户表示满意。

本事件违反了以下规定：《国家电网公司供电服务规范》第四条："真心实意为客户着想，尽量满足客户的合理要求。对客户的咨询、投诉等不推诿，不拒绝，不搪塞，及时、耐心、准确地给予解答。"

勘察人员在现场确定表位时没能与客户及时沟通，造成表位不能被客户接受，现场无法正常施工，延误接电时间。

现场安装人员对于现场出现内线隐患，没有对客户进行技术指导，也没有向现场客户详细说明应由客户自行整改。

工作人员对客户的焦灼情绪没有进行有效安抚。

现场工作人员没有将现场出现的突发情况及时告知业务处理人员，致使在处理时很被动。

一个简单的分户业务，却遭到客户的两次投诉，应该引起我们的深思。本案例中供电服务人员如果能够在装表方案确定时和客户深入沟通，在发现客户内部安全隐患时及时地对客户进行说明和指导，帮助客户尽早完成隐患整改工作，使客户尽早用上电，我们收到的还会是客户投诉吗？本案例充分说明部分供电服务人员服务意识的淡薄，更不要说服务热情了。国家电网公司"真诚服务，共谋发展"的服务理念，其核心在于"真诚"，只有从心里真心想为客户做好服务，才会在服务行动上体现出来，也才会真正树立起国家电网公司良好的服务形象。建议各供电企业不断提高现场工作人员的主动服务意识及业务水平，主动积极做好与客户的沟通，争取客户对供电企业的理解与支持，创造供电服务的良好工作氛围。

思考与练习

1. 沟通的过程包括哪些内容？
2. 沟通过程的要素有哪些？
3. 信息的传递有哪些环节？

模块 2　沟通的类型（GDSTY17002）

模块描述

本模块介绍了从沟通方法角度分类的几种常见类型。通过类型介绍、案例分析，了解书面、口头和非语言沟通的相关知识，掌握沟通的常用方法。

模块内容

一、言语沟通

语言是一定社会约定俗成的符号系统。人们运用语言符号进行信息交流，传递思想、情感、观念和态度，达到沟通目的的过程，叫做言语沟通。言语沟通是人际沟通中最重要的一种形式，大多数的信息编码都是通过语言进行的。言语沟通分为口语沟通和书面言语沟通。

在面对面的人际沟通中，人们多数采用口头言语沟通的方式，例如，会谈、讨论、演讲以及对话等。口头言语沟通可以直接及时地交流信息、沟通意见。这个过程取决于由"说"和"听"构成的言语沟通情境，说者在沟通过程中积极地对信息进行编码，然后输出信息。同时，听者也要积极地思考说者提供的信息，进行信息译码，从而理解信息源所发送的信息，将它们储存起来并对信息源做出反应。

在间接沟通过程中，书面言语用得比较多。书面言语沟通的好处是它不受时空条件的限制，还有机会修正内容，并便于保留，所以沟通的信息不容易造成失误，沟通的准确性和持久性都较高。同时，由于人们通过阅读接受信息的速度通常高于通过听讲接受信息的速度，因而在单位时间里的书面言语沟通的效率会较高。但是，书面言语沟通往往缺乏信息提供者的背景资料，所以对目标靶的影响力不如口头言语沟通的高。

二、非言语沟通

非言语沟通主要指说和写（语言）之外的信息传递，包括手势、身体姿态、音调（副语言）、身体空间和表情等。非言语沟通与言语沟通往往在效果上是互相补充的。有人认为，在人所获得的信息总量中，语词只占了 7%，声音占了 38%，而来自于身体语言，主要是面部语言的信息占了 55% 左右。

人们不仅通过他们说什么和怎么说进行沟通，而且还通过姿势、手势、面部表情、触摸，甚至他们站的与别人有多近进行沟通。言语与非言语信息并不一定要一致，有时它们是冲突的，所以要想知道哪个消息是"真的"是很难的。一般来说，人们能够很好地掌握信息的言语内容，但对非言语渠道的信息内容就很难掌握。例如，撒谎就可以通过非言语线索加以伪装。可见，要了解对社会敏感观点的潜在态度的确应该分析非言语线索。非言语渠道倾向于强调情感和形象状态的交流，以及它们对双方轮流谈话的整合。非言语沟通的类型主要有以下几种。

1. 表情

人类祖先为了适应自然环境，达到有效沟通的目的，逐渐形成了丰富的表情，这些表情随着人类的进化不断发展、衍变，成为非言语沟通的重要手段。人们通过表情来表达自己的情感、态度，也通过表情理解和判断他人的情感和态度，学会辨认表情所流露的真情实感，是人类社会化过程的主要内容。

2. 眼行为

俗话说，眼睛是心灵的窗户。可见，眼行为被认为是表达情感信息的重要方式。在人际沟通中，眼行为的作用是巨大而强烈的。目光接触往往能够帮助说话的人进行更好的沟通。彼此相爱的人和仇人的目光是完全不同的，前者含情脉脉，后者则怒目而视。当我们喜欢一个人的时候，我们就会与他有更多的目光接触。在一般交谈的情况下，相互注视约占 31%，单向注视约占 69%，每次注视的平均时间约为 3s，但相互注视约为 1s。长时间的注视会引起生理上和情绪上的紧张，对此人们通常会很快做出回避行为，以减少紧张。眼行为的功能主要有注意、劝说、调节和表达情感。

3. 身体语言或身体动作

在日常生活中，我们也经常采用身体姿势或身体动作来与别人交流信息，传达情感。比如，摆手表示制止或否定；搓手或拽衣领表示紧张；拍脑袋表示自责；耸肩表示不以为然或无可奈何；触摸也能表达一定的情感和信息，因而也常被人们用作沟通的方式。但是身体的接触或触摸是受一定社会规则和文化习俗限制的。

（1）象征。不同民族、不同文化背景的人们通常对身体语言有不同的理解，他们约定俗成的身体语言也具有不同的象征意义。例如，有的地方用点头表示不同意，用摇头表示同意，而大多数地区对此的象征意义则正好相反。

（2）说明。身体语言或身体动作常常作为言语沟通的补充说明。

（3）调节。身体语言或身体动作在沟通过程中能够调节沟通过程，强化或弱化沟通者传达的意义、节奏和情感。

（4）情感表露。在沟通中，沟通者的坐姿、站姿、走姿等也传达着很多的信息，特别是情感信息。例如，情感亲密的人坐在一起的时候就会面对面，形成一个包围的小圈子，以排除外来人的干扰或介入；而相互憎恨的人之间的动作则大大不同，他们往往会有更高的说话声调，动作会比较激烈等。

（5）服饰。我们从服装的质地、款式、新旧上往往可以看出一个人的身份、地位、经济条件、职业线索和审美品位等，这说明服饰也在为沟通者传达着信息，也可以起到交流的作用。

（6）讲话风格。有声语言包括许多社会符号，它在沟通过程中起着重要作用，它告诉我们在什么背景下什么人在对什么人说什么。例如，缓慢的、细心的讲话表示我们在与一个小孩子、一个老人或一个外国人说话。轻声小心的讲话（比如用升调，用加强的语气、闪烁其词，附加问题等）表示我们面前出现了一个高地位的人。社会符号也告诉我们许多有关群体成员关系的信息，例如社会阶层、种族、性别、年龄等。

（7）人际空间。人与人之间的距离也是表露人际关系的"语言"，也能传递大量的情感信息，通常亲密则相互之间具有较近的人际距离，疏远则相互之间具有较远的人际距离。人际距离传达的意义也具有文化特色，受环境的限制，有的民族喜欢双方保持近距离，而另一些民族则与之相反，通常陌生人之间的空间距离会较大，但在特定情况下则不一样，或在拥挤的公共汽车上或拥挤的电梯上，人们由于距离太近，会产生紧张感，会避免面对面或目光接触。虽然非言语符号在人际沟通中起着很大的作用，但是非言语符号系统在使用时具有较大的不确定性，它往往与沟通情境，沟通者的身份、年龄、性别、地位等有关，所以，非言语沟通符号在使用过程中一定要注意内容、气氛、条件等因素。一般情况下，非言语符号系统的使用总是与言语沟通交织在一起的。

三、案例：考虑欠周全，停电引不便

1. 案例简介

在查获某自来水公司违章用电后，因其拒绝停止违章用电行为并接受处理，供电公司对其依法采取停止供电措施，导致市区部分地区停水，引起媒体关注。

2014年7月9日，某供电公司用电检查人员发现某自来水公司在未按规定办理增容手续的情况下，私自将 630、355kW 的两台高压电机分别更换为 800、450kW 的高压电机，其用电容量与签订的《供用电合同》中约定容量相比，共计超出 265kVA（kW）。根据《供电营业规则》第 100 条之规定，此行为属违章用电，应首先拆除私自增容设备，并补交私增设备容量使用月数的基本电费，同时承担三倍私增容量基本电费的违约使用电费。现场用电检查人员将此情况口头告知自来水公司用电负责人。

7 月 13 日，供电公司与该客户进行交涉，并下达了《用电检查结果通知书》《违章用电通知书》，该客户用电负责人拒绝签字。7 月 16、17 日，该公司用电检查人员再次协调此事，该客户称工作人员无权处理，并称领导不在，协调无果。随后，用电检查人员在对其另一台私自增容电机进行取证时，遭到客户的拒绝和阻挠。

在多次接触协商没有结果后，供电公司向该客户用电负责人送达了《违章用电通知书》。之后于 7 月 24 日向客户送达了《停电通知书》，通知客户如若不停止违章用电行为并接受处理，将于 7 月 31 日上午 11 时对其停电。对此，该客户拒绝签字。

7 月 25 日，供电公司向当地市人民政府递交了《关于某自来水公司违章用电有关情况的报告》，汇报了该客户违章用电情况，以及拟于 7 月 31 日 11 时对该客户采取停止供电措施等事宜。

之后，虽经多次联系解决此事，该客户始终置之不理。7 月 31 日上午 8:13 和 8:19，供电公司两次电话通知客户，敦促处理此事，客户仍然拒绝接受处理。电力调度中心值班人员分别于 10:50 和 11:15 两次通知客户后，于 11:20 对其实施停电，停电 1 小时 42 分钟后，于 13:02 恢复了供电。

2. 案例分析

停电措施导致市区部分地区停水，影响了群众生产生活。

该事件引起媒体关注，给电网企业的社会形象造成了负面影响。

供电公司立即向当地市政府、电监办等部门汇报整个事件的过程，取得了电监办和市政府的理解和支持。

迅速启动新闻宣传应急机制，与各大媒体主动进行沟通，说明采取停电措施的原因、依法采取停电措施的做法，并做好向社会各界的宣传解释工作，维护电网企业的社会形象，防止事件被恶意炒作。

供电公司领导和有关部门主动与该自来水公司主要负责人联系沟通，表达了协商解决问题、共同消除负面影响的诚意。

政治敏锐性、大局观念不够强，在迎峰度夏的关键时期，未充分考虑到停电措施可能产生的社会影响。

停止供电的过程虽然符合有关程序规定，但在处理方法上过于简单、急躁，对可能由此引发的后果考虑不足。

新闻宣传工作中仍然存在漏洞，应急机制建设有待进一步加强。

因违章用电、恶意欠费等原因对客户实施停电措施，是我国现行法律法规赋予供电企业保护自身合法利益的一种手段。但停电措施毕竟会对客户生产生活造成不良影响，因此，必须采取谨慎态度，不到万不得已，不宜主动采取停电措施。特别是对于涉及国计民生的重要用户，在违章用电、窃电、欠费等问题的处理上，应及时向上级及有关主管部门汇报，尽量通过协商、沟通的方法处理问题，或者通过法律途径解决问题。工作方式方法不能过于简单急躁，尽可能不采取停电措施，以免造成工作被动，产生不良影响。不得已采取停电措施的，也要考虑充分由此可能引发的各种后果，要做好各种预案，以维护电网企业良好的社会形象。

思考与练习

1. 言语沟通可分为哪两种形式？
2. 非言语沟通的类型主要有哪些？
3. 简述书面言语沟通的优、缺点。

模块 3 有效沟通（GDSTY17003）

模块描述

本模块介绍了开展有效沟通的基本步骤。通过步骤介绍、案例分析，了解完成一次有效沟通必须经过的六大步骤，熟悉企业管理中有效沟通的几点要求，掌握沟通技巧。

模块内容

一、有效沟通的步骤

运用换位思考，可以使沟通更有说服力，同时树立良好的信誉。在工作中要完成一次有效的沟通，一般会经过以下六个步骤：

1. 事前准备

为了提高沟通的效率，要事前准备这样一些内容。

（1）设立沟通的目标。这非常的重要，我们在与别人沟通之前，心里一定要有一个目标，希望通过这次沟通达成什么样的一个效果。

（2）制订计划。有目标就要有实现目标的计划，即怎么与别人沟通，先说什么，后说什么。

（3）预测可能遇到的异议和争执。

（4）对情况进行分析。就是明确双方的优劣势，设定一个更合理的目标，大家都能够接受的目标。

那么在沟通的过程中，要注意第一点是事前准备，这是我们在沟通过程中第一个步骤；要准备目标，因为在工作中往往会不知道目标是什么，当我们在沟通之前有了一个目标时，对方肯定也会有一个目标，双方能够通过沟通达成一致协议。完成这个步骤一定要注意：在我们与别人沟通的过程中见到别人的时候，首先要说说我这次与你沟通的目的是什么。

2. 确认需求

（1）确认需求的三个步骤：

1）提问。

2）积极聆听。要设身处地地去听，用心和脑去听，为的是理解对方的意思。

3）及时确认。当你没有听清楚、没有理解对方的话时，要及时提出，一定要完全理解对方所要表达的意思，做到有效沟通。

沟通中，提问和聆听是常用的沟通技巧。我们在沟通过程中，首先要确认对方的需求是什么。如果不明白这一点就无法最终达成一个共同的协议。要了解别人的需求、了解别人的目标，就必须通过提问来达到。沟通过程中有三种行为：说、听、问。提问是非常重要的一种沟通行为，因为提问可以帮助我们了解更多更准确的信息，所以，提问在沟通中会常用到。在开始的时候会提问，在结束的时候也会提问：你还有什么不明白的地方？提问在沟通中用得非常得多，同时提问还能够帮我们去控制沟通的方向、控制谈话的方向。现在我们就看一下，在沟通中，我们问的问题应当怎样去区分。

（2）问题的两种类型。

1）开放式问题：是指没有设置任何备选答案或可供参考的提示，而是要求调查对象给出自己的回答。

例如：我能帮助你什么？你能给我哪些具体的例子？

2）封闭式问题：是指事先设计好的必选答案，受访者问题的回答被限制在备选答案中，即它们只要是从备选答案中挑选自己认同的答案。

例如：我能帮助你吗？你能举个简单的例子吗？

（3）两种类型问题的优劣比较与提问、聆听技巧。

1）封闭式问题的优点和劣势。

优点：封闭式问题可以节约时间，容易控制谈话的气氛。

劣势：封闭式的问题不利于收集信息，简单说封闭的问题只是确认信息，确认是不是、认可不认可、同意不同意，不足之处就是收集信息不全面。还有一个不好的地方就是用封闭式问题提问的时候，对方会感到有一些紧张。

2）开放式问题的优点和劣势。

优点：收集信息全面，得到更多的反馈信息，谈话的气氛轻松，有助于帮助分析对方是否真正理解你的意思。

劣势：浪费时间，谈话内容容易跑偏，就像在沟通的过程中，我们问了很多开放式的问题，结果谈到后来，无形中的话题就跑偏了，离开了最初我们的谈话目标。一定要注意收集信息要用开放式的问题，特别是确认某一个特定的信息适合用开放式问题。

封闭式与开放式提问的优势与风险见表 17-3-1。

表 17-3-1　　　　　　　　封闭式与开放式提问的优势与风险

类别	优势	风险
封闭式	节省时间，控制谈话内容	收集信息不全，谈话气氛紧张
开放式	收集信息全面，谈话氛围愉快	浪费时间，谈话不容易控制

3）提问技巧。在沟通中，通常是一开始时，我们就希望营造一种轻松的氛围，所以在开始谈话的时候问一个开放式的问题；当发现话题跑偏时可问一个封闭式的问题；当发现对方比较紧张时，可问开放式的问题，使气氛轻松。

在我们与别人沟通中，经常会听到一个非常简单的口头禅"为什么？"当别人问我们为什么的时候，我们会有什么感受？或认为自己没有传达有效的、正确的信息；或没有传达清楚自己的意思；或感觉自己和对方的交往沟通可能有一定的偏差；或沟通好像没有成功等，所以对方才会说为什么。实际上他需要的就是让你再详细地介绍一下刚才说的内容。

几个不利于收集信息的问题：

a. 少说为什么。在沟通过程中，我们一定要注意，尽可能少说为什么，用其他的话来代替。比如：你能不能再说得详细一些？你能不能再解释得清楚一些？这样给对方的感觉就会好一些。实际上在提问的过程中，开放式和封闭式的问题都会用到，但要注意，我们尽量要避免问过多的为什么。

b. 少问带有引导性的问题。难道你不认为这样是不对的吗？这样的问题不利于收集信息，会给对方不好的印象。

c. 多重问题。就是一口气问了对方很多问题，使对方不知道如何去下手。这种问题也不利于收集信息。

4）积极聆听技巧。

那么，积极聆听的技巧有哪些呢？下面介绍几种。

a. 倾听回应。就是当你在听别人说话的时候，你一定要有一些回应的动作。比如说："好！我也这样认为的""不错！"。在听的过程中适当地去点头，这就是倾听回应，是积极聆听的一种，也会给对方带来非常好的鼓励。

b. 提示问题。就是当你没有听清的时候，要及时去提问。

c. 重复内容。在听完了一段话的时候，你要简单地重复一下内容。

d. 归纳总结。在听的过程中，要善于将对方的话进行归纳总结，更好地理解对方的意图，寻找准确的信息。

e. 表达感受。在聆听的过程中要养成一个习惯，即要及时地与对方进行回应，表达感受"非常好，我也是这样认为的"，这是一种非常重要的聆听的技巧。

3. 观点——介绍 FAB 原则

阐述观点就是怎样把你的观点更好地表达给对方，这是非常非常重要的，就是说我们的意思说完了，对方是否能够明白，是否能够接受。那么在表达观点的时候，有一个非常重要的原则：FAB 原则。FAB 是一个英文的缩写：F 是 Feature，就是属性；A 是 Advantage，这里翻译成作用；B 是 Benefit，就是利益。在阐述观点的时候，按这样的顺序来说，对方能够听懂、能够接受。

4. 处理异议

在沟通中，有可能你会遇到对方的异议，就是对方不同意你的观点。在工作中你想说服别人是非常地难，同样别人说服你也是非常地困难。因为成年人不容易被别人说服，只有可能被自己说服。所以在沟通中一旦遇到异议之后就会产生沟通的破裂。

当在沟通中遇到异议时，我们可以采用的一种类似于借力打力的方法，叫做"柔道法"。你不是强行说服对方，而是用对方的观点来说服对方。在沟通中遇到异议之后，首先了解对方的某些观点，然后当对方说出了一个对你有利的观点的时候，再用这个观点去说服对方。即在沟通中遇到了异议要用"柔道法"，让对方自己来说服自己。

5．达成协议

沟通的结果就是最后达成了一个协议。一定要注意：是否完成了沟通，取决于最后是否达成了协议。

在达成协议的时候，要做到以下几方面：

（1）感谢。

1）善于发现别人的支持，并表示感谢。

2）对别人的结果表示感谢。

3）愿与合作伙伴、同事分享工作成果。

4）积极转达内外部的反馈意见。

5）对合作者的杰出工作给以回报。

（2）赞美。

（3）庆祝。

6．共同实施

在达成协议之后，要共同实施。达成协议是沟通的一个结果。但是在工作中，任何沟通的结果意味着一项工作的开始，要共同按照协议去实施，如果我们达成了协议，可是没有按照协议去实施，那么对方会觉得你不守信用，就是失去了对你的信任。一定要注意，信任是沟通的基础，如果你失去了对方的信任，那么下一次沟通就变得非常地困难，所以说作为一个职业人士在沟通的过程中，对所有达成的协议一定要努力按照协议去实施。

在沟通的过程中，如果按照这六个步骤去沟通，就可以使你的工作效率得到一个更大的提升。

二、案例：抢修中与交警发生矛盾产纠纷

1．案例简介

某供电公司抢修人员在抢修过程中与交警发生纠纷，造成不良社会影响。

2014 年 5 月 6 日上午 8:30 分左右，某供电公司线路抢修班人员接到抢修电话通知，去抢修一台高度倾斜的公用变压器。当抢修吊车快到工作地点时，几名交警拦车检查，发现吊车已超过两个月没有年检，交警对未年检吊车实施暂扣并将车拖走。为抓紧时间开展工作，抢修人员一边与交警交涉，一边派人对所需抢修的变压器进行停负荷、拉支线刀闸等工作。因为道路交通信号灯的电源恰好就接在该变压器上，停电工作致使信号灯熄灭。一个交警误认为这是一种报复行为，在未对抢修人员进行任何询问的情况下，突然用随身携带的"防狼器"，对实施停电的抢修人员进行袭击并致其轻伤，引发双方纠纷。

2．案例分析

事件发生后，当地多家新闻媒体对此进行了报道。某报刊焦点新闻版以"你扣我的车？我就断你电！"为题进行报道，新浪网以"供电部门被指报复交警掐灭信号灯"为题对事件进行转载报道。媒体各种言论观点不一，引发一定的社会议论，对供电公司造成较大负面影响。

事件发生后，该供电公司采取了应急措施，事态得到了较好控制。该供电公司就有关情况分别向当地市委、市政府有关领导汇报，并与交警部门进行进一步的沟通，化解矛盾，尽快妥善处理有关矛盾和问题。为防止影响进一步扩大，该公司积极与政府新闻主管部门进行沟通，采取措施化解了某些媒体的不实报道和炒作。该供电公司对事件继续调查了解，从内部管理与工作流程入手，防止内部事态扩大化。

本事件违反了以下规定：

（1）《电力供应与使用条例》第二十八条第二款："因供电设施临时检修需要停止供电时，供电企业应当提前24h通知重要用户"。

（2）《供电服务规范》第十七条第七款："在公共场所施工，应有安全措施，悬挂施工单位标志、安全标志，并配有礼貌用语。在道路两旁施工时，应在恰当位置摆放醒目的告示牌。"

抢修人员服务意识不强，服务观念淡薄。

工作制度执行不力。临时停电可能造成该地段交通信号指示灯、居民客户供电中断，尤其是涉及公共交通秩序，随时紧急抢修，但对停电后可能造成的影响严重估计不足，而且没有提前通知有关客户，客观上容易造成客户的不理解。

文明施工制度执行不严。停电抢修设施地处城市中心，抢修前没有按照有关要求，在道路两边布置安全措施，悬挂施工单位标志、安全标志，没有配礼貌用语标识，没有摆放醒目的告示牌，使供电抢修施工环境失控。

停电抢修任务安排和抢修方案存在不足。抢修管理部门对停电抢修的时间考虑不周，抢修时间选择在交通车辆高峰时间，对交通秩序产生的影响比较大；对抢修设施的安全隐患和危机程度了解不充分，抢修方案编制不合理，对倾斜变压器没有采用先支护后择机停电抢修的抢修方式。

对配电设施的日常管理存在疏漏。该公用变压器高度倾斜，说明正常巡视检查流于形式。

服务保障机制不健全。参与抢修工作的车辆均应该严格按照有关规定进行年检。车辆管理部门对车辆日常保养和管理未得到有效落实。

窗口服务人员是供电服务的前沿，承担着树立供电企业良好服务形象的重任。但是，如果由此就认定供电服务只是窗口服务人员的事儿，只是营销部门的事儿，就不仅仅是认识片面，而是大错特错了。供电服务涉及营销、声场、调度、农电、规划、基建、安全监察、行风建设、市场交易、品牌宣传、后勤保障等多个内部管理部门，包括营业厅"95598"抄表收费、业扩报装、故障抢修、计量检定、用电检查等诸多环节。本案例充分表明了梳理全员服务理念及安全供电优质服务保障机制的重要性。供电服务一线工作人员要规范服务行为，供电服务后台支撑部门要为供电优质服务奠定坚实基础，做好对人员、车辆、设备、环境的后勤保障工作，为供电服务提供服务支持。本案例也进一步提醒我们，要不断完善供电服务突发事件应急响应机制，强化与新闻媒体的联系和沟通，正确引导宣传导向，及时客观地向社会披露事件发生的真实信息，维护供电企业的服务形象。

思考与练习

1. 有效沟通的六个步骤是什么？
2. 有效沟通的事前准备有哪些？
3. 简述开放式问题的优点和劣势。

模块 4　协调的原则和工作方法（GDSTY17004）

模块描述

　　本模块介绍了协调的原则和工作方法，包含协调的及时性、关键性、激励性、全局性和长远性原则，外部协调和内部协调的工作方法。通过要点介绍，熟悉协调的原则，掌握协调的工作方法并能在实际中灵活运用。

模块内容

一、协调的原则

1. 及时性原则

矛盾和问题一旦出现，若不及时协调，会积少成多、积小变大，甚至无法正常解决，积重难返。有些问题当初只要稍加注意，用很少的时间和精力就可以解决。

2. 关键性原则

（1）要抓住重大和根本的问题。

1）影响长远的问题。

2）重大问题。

3）影响全局的问题。

4）薄弱环节。

5）代表性的典型问题。

6）带动性（根源性）问题。

7）群众意见大、反映强烈的问题。

（2）解决问题要标本兼治。不仅要解决问题本身，还要解决引发问题的原因，只要原因存在，则问题会不断重复出现。一般引起问题的根本原因如下：

1）企业方向上的问题。您选择了错误的市场、错误的产品，无论您怎么强化销售都不会有好的效果。

2）体制上的问题。经营管理体制不合理，无论您怎么努力，您最多解决的只是局部的或表面的问题，例如在大锅饭体制下，您不可能长期调动员工的积极性。

3）管理基础工作。基础工作不好，导致经营上诸多不畅重复发生。

3. 激励性原则

合理使用激励手段，不仅可以预防问题和矛盾的发生，而且在问题发生以后，又能调动各方协作的意愿。

4. 沟通情况和信息传递原则

及时沟通情况和传递信息，可以保证配合顺畅、反应迅速，也能达成相互的支持和理解，减少误会；问题发生以后，沟通和信息又是解决的主要方法之一。

5. 全局性原则

企业是个系统，牵一发而动全身。不能在解决问题的时候挖肉补疮，拆东墙补西墙。

6. 长远性原则

为了现在能轻松解决问题而把可能由此引起的更重大的问题推到以后，这是不明智的。

二、协调的一般内容和方法

这里仅讲述最常见的问题和矛盾及最一般的解决思路。

1. 企业外部协调

（1）垂直方向。存在于企业与上级（主管部门）及下属单位之间。

1）一般内容。政策和规划上的不一致，政企没有真正分；行政命令、人事制度、干部任免等；信息沟通不畅，利益冲突，领导个人因素（作风、工作方式、工作关系）等引起的问题。

2）一般方法。关键在上级，但下级也应主动配合、协调和沟通。切实做到政企分开是解决这一问题的根本措施，重点是要规范政府及企业主管部门的职能，真正落实企业经营自主权。健全宏观调控和法令条例，避免直接冲突。沟通信息，增进理解，改善上下级领导的工作方式、工作作风。

（2）水平方向。存在于企业与用户、协作单位、竞争对手、公众等对象之间。

1）一般内容。与用户在产品、服务方面发生纠纷；经济往来、协作中的经济纠纷（最常见的是经济合同、债务等）；同行之间由于竞争产生摩擦，企业在经营过程中触犯社会利益或公众利益。

2）一般方法。企业应规范自身行为（包括产品、服务质量保证、守法经营等），利用法律武器解决，通过上级主管部门协调；充分协商、沟通信息、增进理解、互谅互让；加强企业公共关系活动。

2. 企业内部协调

（1）垂直方向。处理好上下级关系。

1）一般内容。组织授权不合理，上下权责不清；下级不尊重上级职权，有越权行事、不服从行为；上级擅自干涉和干扰下级工作；上下级缺乏有效的沟通和理解；上级的不当指挥；上下级个人因素造成的问题（工作思路、习惯、作风等）。

2）一般方法。组织协调，理顺组织关系，合理分工授权，明确上下权责范围；加强信息交流，广泛开展各种形式的交流、访谈、座谈；企业形成良好的工作氛围和团结一致的合作愿望；提高上下级的素质；上级的指挥要减少失误。

（2）水平方向。部门之间、岗位之间、生产经营的各个环节之间，是企业协调最大量的工作，也是一个难点，因为上下级之间的矛盾往往可以通过行政手段解决，上级手中的权力可以起很大的作用，而同级之间的问题要复杂得多。

1）一般内容（问题和矛盾所在）。机构不健全，职能上存在漏洞。例如"三不管"，往往会引起推踢和争抢；分工不明、职责不清、好事争抢、难事推踢；机构臃肿，职位、职能重叠，人浮于事；任务苦乐不均；奖惩不明；部门利益冲突；本位主义；侵犯同级职权；个人因素；缺乏信息沟通、各行其是。

2）一般方法。组织调整，队伍精干、精兵简政、健全机构。制度协调，明确权责，健全各项管理制度，落实责任制度。科学计划，资源调整、任务分配、加强教育，提高素质，加强信息沟通，营造团结一致、相互协作的工作氛围。

三、案例

某供电所营销员张某与安全员王某，因为工作上的分歧，产生了误解，最近一段时间，隔阂越来越大，矛盾也在加剧。供电所长想方设法在其间协调，但收效甚微，分歧和矛盾依然存在，双方都认为，是对方故意给自己过不去。机会终于来了。一天，王某病了，住进了医院，供电所长到医院看望，把带来的礼品放到床头，然后对王某说："我不仅是代表供电所来的，还代表张某来的。得知你病了，张某很关心，本来我和他说好一起来看望你，但在来医院的路上被营业厅人员叫去了，说有急事，非要他去处理不可。"王某听后很感动。过了一段时间，张某的小孩病了，住进了同一家医院，供电所长到医院看望，又买了礼品，然后对张某说："你好好照顾小孩，王某原定下班后与我一起来医院看望，临时有急事，上级安监部门来检查，他来不了了。王某要我转达他对你的问候，并祝你小孩早日恢复健康，王某主动顶替了你的工作，要你不要急着上班，安心照顾好小孩。"张某听后，感动得热泪盈眶，心想自己过去是错怪王某了。

经过供电所长从中协调，缩短了两位员工之间的距离，驱散了笼罩在他们心头的乌云。王某上班后，主动与张某打招呼，张某也热情问候，两人和好如初。

思考与练习

1. 简述协调的原则。
2. 简述协调的一般内容和方法。
3. 协调关键性原则适用于哪些问题？

模块5 协调的形式和艺术（GDSTY17005）

模块描述

本模块介绍了协调的形式和艺术。通过要点介绍、案例分析，熟悉会议协调、现场协调、结构协调等协调的形式，掌握沟通、应变和驾驭等协调的艺术，并能掌握合理选择协调的形式和综合运用各种协调艺术的能力。

模块内容

一、协调的形式

协调的形式多种多样，择要介绍如下几种：

（1）会议协调。为了保证企业内外各不相同的部门之间，在技术力量、财政力量、贸易力量等方面达到平衡，保证企业的统一领导和力量的集中，使各部门在统一目标下自觉合作，必须经常开好各类协调会议，这也是发挥集体力量、鼓舞士气的一种重要方法。会议的类型有以下几种：

1）信息交流会议。这是一种典型的专业人员的会议，通过交流各个不同部门的工作状况和业务信息，使大家减少会后在工作之间可能发生的问题。

2）表明态度会议。这是一种商讨、决定问题的会议。与会者对上级决定的政策、方案、规划和下达的任务，表明态度、感觉和意见，对以往类似问题执行中的经验、教训，提出意见。这种会议对于沟通上下级之间感情、密切关系起到重要作用。

3）解决问题会议。这是会同有关人员共同讨论解决某项专题的会议。目的是使与会人员能够统一思想，共同协商解决问题。

4）培训会议。旨在传达指令并增进了解，从事训练，并对即将执行的政策、计划、方案、程序进行解释。这是动员发动和统一行动的会议。

（2）现场协调。这是一种快速有效的协调方式。把有关人员带到问题的现场，请当事人自己讲述产生问题的原因和解决问题的办法，同时允许有关部门提要求。使当事人有一种"压力感"，感到自己部门确实没有做好工作。使其他部门也愿意"帮一把"，或出些点子，这样有利于统一认识，使问题尽快解决。对于一些"扯皮太久"、群众意见大的问题，就可以采取现场协调方式来解决问题。

（3）结构协调。就是通过调整组织机构、完善职责分工等办法，来进行协调。对待那些处于部门与部门之间、单位与单位之间的"结合部"的问题，以及诸如由于分工不清、职责不明所造成的问题，应当采取结构协调的措施。"结合部"的问题可以分为两种，一种是"协同型"问题，这是一种"三不管"的问题，就是有关的各部门都有责任，又都无全部责任，需要有关部门通过分工和协作关系的明确共同努力完成；另一种是"传递型"问题，它需要协调的是上下工序和管理业务流程中的业务衔接问题。可以把问题划给联系最密切的部门去解决，并相应扩大其职权范围。

二、协调的艺术

（1）预防为主，预防与解决问题相结合。有水平的管理者应该有战略眼光，善于分析和推测未来，对可能发生问题和矛盾的环节，采取先期的预防措施，尽可能避免，或者准备好补救措施。

（2）把问题消灭在萌芽状态。有的问题，一旦出现苗头，就应该及时解决，防止问题恶化，最大限度减少损失。

（3）最有效的协调方式应该从根本因素入手。既要治标更要治本，防止不断引发不同的问题或是重复出现同一问题，例如从组织设计、管理体制、管理制度、员工素质等原因引起的问题。

（4）善于弹钢琴、抓关键。细小烦琐的事情可以不必去理会，或是交给下级解决，自己集中精力抓大事，解决重大问题。一般以下问题应引起足够重视：影响全局的问题、危害重大的问题、后果严重的问题、单位中代表性的典型问题、根源性的问题、群众意见大的问题等。

（5）协调工作体现一个领导的工作水平，因此要创造性地开拓新方法，要有魄力。

（6）不能忽略职工素质的提高和信息交流。

三、案例：客户之间起纷争，营业厅内巧化解

1. 案例简介

客户在营业厅内发生争执，相互推搡、打架，受害人要求营业厅赔偿其经济损失。通过供电所营业班长的解释，化解了矛盾，让客户心情舒畅地离开。

盛夏的一天中午，供电营业厅的其他工作人员都吃午饭去了，只有收费员李某当值。这时，营业厅来了个小伙子办理过户业务，又正好来了位姑娘缴电费，两位客户发生了言语和肢体的冲突，两个保安闻讯后立马赶到，小伙子自知理亏跑了，姑娘气得大哭，拨打了110，又打电话把自己的母亲叫来。

母女俩和收费员李某把经过告诉了110警务人员，李某并不认识小伙子，只提供了他的相貌特征，警务人员做完笔录后离开了。母女俩要求抓住打人的人，并要求供电公司赔偿自己的精神损失。收费员李某招架不了，赶紧打电话把情况告诉了营业班长。

营业班长将母女俩请入接待室，请她们坐下后，为每人倒了一杯茶并说："我首先向你们道歉！在营业厅内发生这种事儿，我们的工作人员没能及时制止，让你受委屈了。同时我们会配合警察做好调查，妥善处理好此事件。"姑娘母亲认为班长要包庇自己人，对此不依不饶，提出赔偿精神损失。营业班长晓之以理动之以情，耐心安抚客户，最后母女俩心平气和了，后来她们也没提任何要求。

2. 案例分析

有效平和了客户的激烈情绪，防止了事态的扩大，维护了公司的利益。

营业厅来往客户较多，小磕小碰的事儿在所难免。在寄希望于社会公民整体素质提高的同时，面对各种复杂局面，拥有化解矛盾的技巧，是供电企业窗口服务人员必备的能力和武器。本案例中，营业班长面对挑剔的、愤怒的客户，主动以婉转忍让、情感感化，让客户发泄—给客户认同感、亲切感；表示对客户的支持—真诚道歉；避免当事人与客户正面交锋—给客户"戴高帽"；婉转指出问题关键—积极从客户角度想办法；达成一致意见—与客户形成朋友式的关系等，化解客户情绪方法，给客户心理上如愿以偿的感觉，维护了公司的利益和形象，值得赞赏。本案例也提醒我们，要加强对窗口服务人员的专业化培训，让更多的前台服务人员掌握更多主动化解矛盾的理念和技巧。

思考与练习

1. 协调的形式主要有哪几种？

2. 协调的艺术包括哪些内容？

3. 简述现场协调的过程。

模块 6　有效解决冲突的技术方法（GDSTY17006）

模块描述

本模块介绍了解决冲突的几种技术方法和经验。通过方法介绍、案例分析，掌握有效解决冲突的方法，提高有效管理冲突的能力。

模块内容

"态度决定一切"，以坦诚、相互包容的态度处理冲突，往往更能赢得支持和理解，使冲突处理取得意想不到的结果。要高效地处理冲突，化冲突为和谐，掌握一些处理冲突的技术方法和经验也是必需的。

一、解决冲突的技术方法

（1）用正确的态度去对待冲突。只要有人的地方就有冲突。不是所有的冲突都是坏事。有的冲突使我们和员工增加了解、加深了感情，有的冲突使我们把问题看得更深、更全面，有的冲突让我们经受锻炼、变得更成熟。

（2）"穿上别人的鞋"走路。把自己放在别人的角度去考虑同一问题，并问自己："如果换上了我，把我放在员工的位置上，我的态度会是怎样？"只有这样，才能理解员工。

（3）有矛盾冲突就有解决矛盾冲突的办法。不要忽视矛盾的存在，不要用等待的态度去希望矛盾自动消失。尝试用不同的方式去解决不同的问题。

（4）向问题进攻，不向人进攻。对事不对人，就事论事。不掺杂个人感情和偏见，不感情用事。

（5）不要非辩论成功不罢休。不要强词夺理地和员工争论，不装腔作势去压人。如果员工同意表面上迎合了上级，但他不是心服口服，其实是上级领导输了。

（6）当员工持不同看法时，不要认为自己的权利受到冲击、威信受到挑战，一定要认真分析他为什么持这种观点。

（7）当谈话由于情绪过于激动时，应该立即停下来，等到他情绪稳定后再谈。

（8）尊重员工。即使员工犯了不可饶恕的错误，要开除他，但也要给予他同样的尊重。因为他在人格上，永远和我是同等的。

（9）该让步时就得让步。只要是对工作对员工有利，不要怕损伤自己的威信和丢了面子。

（10）避免使用结论性的词语。比如，"你总是""你一贯""大家都说你""你从来不"等；不用带感情方面的词语："我最恨的""我气愤极了""我最不喜欢"等。应该用一些准确表达的词语："在这个问题上""这次""有时"或"我更主张""我更赞同""我感到最理想的办法"等。

二、解决冲突的经验

（1）沟通协调一定要及时。团队内必须做到及时沟通，积极引导，求同存异，把握时机，适时协调。唯有做到及时，才能最快求得共识，保持信息的畅通，而不至于导致信息不畅、矛盾积累。

（2）善于询问与倾听，努力地理解别人。倾听是沟通行为的核心过程。因为倾听能激发对方的谈话欲，促发更深层次的沟通。另外，只有善于倾听，深入探测到对方的心理以及他的语言逻辑思维，才能更好地与之交流，从而达到协调和沟通的目的。同时，在沟通中，当对方行为退缩、默不作声或欲言又止的时候，可用询问引出对方真正的想法，去了解对方的立场以及对方的需求、愿望、意见与感受。所以，一名善于协调沟通的人必定是一位善于询问与倾听的行动者。这样不但有助于了解和把握对方的需求，理解和体谅对方，而且有益于实现畅通、有效的协调沟通之目的。

（3）和上级沟通要有"胆"、有理、有节、有据。能够倾听上级的指挥和策略，并作出适当的反馈，以测试自己是否理解上级的语言和理解的深刻度；当出现出入，或者有自己的想法时，要有胆量和上级进行沟通。

（4）平级沟通要有"肺"。平级之间加强交流沟通，避免引起猜疑；而现实生活中，平级之间以邻为壑，缺少知心知肺的沟通交流，因而相互猜疑或者互挖墙脚。这是因为平级之间都过高看重自己的价值，而忽视其他人的价值；有的是人性的弱点，尽可能把责任推给别人，还有的是利益冲突，唯恐别人比自己强。

（5）良好的回馈机制。协调沟通一定是双向，必须保证信息被接收者接到和理解了。因此，所有的协调沟通方式必须有回馈机制，保证接收者接收到。比如，电子邮件进行协调沟通，无论是接收者简单回复"已收到""OK"等，还是电话回答收到，但必须保证接收者收到信息。建立良好的回馈机制，不仅让团队养成良好的回馈工作习惯，还可以增进团队每个人的执行力，也就保证了整个团队拥有良好的执行力。

（6）在负面情绪中不要协调沟通，尤其是不能够做决定。负面情绪中的协调沟通常常无好话，既理不清，也讲不明，很容易冲动而失去理性，如吵得不可开交的夫妻，反目成仇的父母子女，对峙已久的上司下属……，尤其是不能够在负面情绪中作出冲动性的"决定"，这很容易让事情不可挽回，令人后悔。

（7）控制非正式沟通。对于非正式沟通，要实施有效的控制。因为虽然在有些情况下，非正式沟通往往能实现正式沟通难以达到的效果，但是，它也可能成为散布小道消息和谣言的渠道，产生不好的作用，所以，为使团队高效，要控制非正式沟通，是保持团队内部和谐的有效途径。

（8）容忍冲突，但不容忽视解决方案。冲突与绩效在数学上有一种关系，一个团队完全没有冲突，表明这个团队没有什么绩效，因为没有人敢讲话，一言堂。所以，高效团队需要承认冲突之不可避免以及容忍之必需。冲突不可怕，关键是要有丰富的解决冲突的方案，鼓励团队成员创造丰富多样的解决方案。

三、案例

元旦节后的一个晚上，某供电所的张所长接到下属刘某某的电话："张所长，我有件事向您反映一下，我听朋友说，王副所长到处说你过年后要下台了，王副所长可能当所长了"。张所长听了这番话并没有生气和激动，而是冷静地回答"不会吧，上级领导还没有找我谈话，也没有看到任免文件",刘某某继续说"王副所长早就想当这个所长了,你要防着点",张所长笑着说"谢谢你的提醒,如果真是他当所长,我也无所谓",刘某某见张所长对此事无所谓,觉得自讨没趣就把电话挂了。事后,张所长也没有问王副所长是否有此事,以为此事到此为止了。可过年的前几天,王副所长还是知道了这件事,他一脸委屈地找到张所长解释说"我一定要找刘某某问清楚",张所长笑着说"我相信你的为人,这就是我一直没有找你对质的原因,否则,我早就找你了。也请你不要再找刘某某,谣言止于智者嘛。"王副所长听了这番话,非常感激张所长对自己的信任,也没有去找刘某某理论,以后,正副所长的工作配合更默契了。

张所长运用了"信任不疑"的原则,该原则不仅是用来保护和支持人才,同时也是一种强大的激励手段,因为人如果被信任,一种强烈的责任感和自信心便油然而生,也可以说,信任是一种催化剂,它可以加速蕴藏在人体深处的自信力的爆发。

张所长同时还运用了"回避协调"法,为了不使矛盾进一步发展,达到激化的程度,而有意识地使双方不接触,避免正面冲突,使大事化小,小事化了。如果张所长当时听到这个电话不冷静,第二天去找王副所长对质,而王副所长又去找刘某某对质,其结果只能是把矛盾进一步激化。

思考与练习

1. 简述解决冲突的技术方法。
2. 简述解决冲突的经验。
3. 结合案例,说说还有哪些方法能较好解决问题?

模块 7　有效合作的前提(GDSTY17007)

模块描述

　　本模块介绍了团队有效合作的前提和如何合作。通过要点分析,领会团队有效合作的前提条件,掌握如何进行有效合作。

模块内容

一、团队有效合作的前提

忠诚是团队精神的基础和前提。今天,团队精神已成为各企业的核心,一个有高度竞争力的组织,包括企业,不但要求有完美的个人,更要有完美的团队。无数的个人精神,凝聚成一种团队精神,这家企业才能兴旺发达,基业长青。

团队精神的核心——协同合作;

团队精神的境界——凝聚力;

团队精神的基础——挥洒个性。

团队精神是看不见的堡垒;团队意识是同心合力、团结共进、群策群力、众志成城。

二、团队合作

（1）一个真正的团队应该是一个有机整体，有一个共同的目标，并为这个目标努力奋斗。其成员之间的行为相互依存、相互影响，并且能很好合作，追求集体的成功，是团队中的每个成员都习惯改变以适应环境不断发展变化的要求。人心齐，泰山移，团结就是力量。团队精神可以使团队保持活力、拥有创新、焕发青春、积极进取。就像步调一致的雁群一样，齐心协力，互帮互助，并在心中产生一种力量，激励自己前进，一起飞向灿烂美好的明天。

（2）一家企业的生存和发展也是需要精神力量的。其实，一个企业就是一个小社会。企业是一艘巨大的舰船，装载着一个团队，这个团队齐心合力，就能使这艘舰船避开暗礁急流、乘风破浪、扬帆远航。企业需要的是一只高效的企业竞争力，经过有效磨合能战斗的团队。一个企业要是没有团队精神，单打独斗成为一盘散沙，难以强大。团队精神是一个企业成功的基石、发展的动力、效益的源泉。员工渴望一个广阔的发展空间，希望生活在一个健康稳定、宽松和谐的集体之中。给员工一个充分展示自身才华的最佳位置，做到人尽其才，才尽其用；给员工一个宽松和谐的工作和生活环境，使其心情舒畅、精神愉悦，企业就有了向心力、凝聚力。每一个企业需要作风严谨、敢于拼搏、勇于创新、融洽默契、同舟共济、殊途同归的精神。要力求设计合理的团队结构，科学发挥团队精神，让每个人的能力得到发挥、得到互补，企业才能立于不败之地。

（3）团队精神就是企业中各员工之间互相沟通、交流、真诚合作。为实现企业的整体目标而奋斗的精神。它包含两层含义：一是与别人沟通、交流的能力；二是与人合作的能力。建立一个好的团队，团队成员学会积极地与人沟通，凡事采取合作的态度。团队成员除了具有独立完成工作的能力之外，同时具有与他人合作共同完成工作的能力。在工作中我们经常会与不同部门或同一部门的不同成员之间有所接触，不同岗位的工作性质，内容和操作流程都会有所不同，而不同的个人，其性格、处事的方式也有所区别。如果对这些不熟悉，那我们工作起来就有可能处处阻滞，无法顺畅。实际工作中还必须多做些沟通、交流，抱着合作的心态，多理解别人的苦衷，多设身处地为别人想一想，也就是说要善于与别人沟通、尊重别人，懂得以恰当的方式同他人合作，学会被别人领导和领导别人，只有这样工作起来才会事半功倍。

（4）员工个人的工作能力和团队精神对企业而言是同等重要的，如果说个人工作能力是推动企业发展的纵向动力，团队精神则是横向动力。当今的时代是一个知识经济的时代，竞争态势已经很明显，也越来越要求团队合作能力。一个伟大的团队远远胜于英雄个人的作用。时代需要英雄，但更需要优秀的团队。只有优秀的团队，才能陶冶出集高瞻远瞩与尽心尽职于一身的优秀人才，造就勤勉、诚信、团结、高效、自律的员工队伍，使一个组织、一个企业、一个团队朝着更高更远的目标不断迈进。一个人活着是要有一点精神的，一个人没有团队精神将无所作为。个人要有主人翁的精神，要将自己的利益与企业的利益相结合，因为个人的利益来源于企业的利益，只有企业的利益得到了维护，自己的利益才可能有所保障。

多为企业创造财富，就等于间接地为自己创造财富，只有从这样的角度去看，你的工作才会有动力、冲劲。如果只强调个人的力量，你表现得再完美，也很难创造很高的价值，所以说"没有完美的个人，只有完美的团队"。个人再完美，也就是沧海一粟，而一个团队、一个优秀的团队才是无边的大海。

三、案例

每当秋季来临，天空中成群结队南飞的大雁就是值得我们借鉴的企业经营的楷模、一支完美的团队。雁群是由许多有着共同目标的大雁组成，在组织中，它们有明确的分工合作，当队伍中途飞累了停下休息时，它们中有负责觅食、照顾年幼或老龄的青壮派大雁，有负责雁群安全放哨的大雁，有负责安静休息、调整体力的领头雁。在雁群进食的时候，巡视放哨的大雁一旦发现有敌人靠近，便会长鸣一声给出警示信号，群雁便整齐地冲向蓝天、列队远去；而那只放哨的大雁，在别人都进食的时候自己不吃不喝，是一种为团队牺牲的精神。

据科学研究表明，组队飞要比单独飞提高22%的速度，在飞行中的雁两翼可形成一个相对的真空状态，飞翔的头雁是没有谁给它真空的，漫长的迁徙过程中总有人带头搏击，这同样是一种牺牲精神；而在飞行过程中，雁群大声嘶叫以相互激励，通过共同扇动翅膀来形成气流，为后面的队友提供了"向上之风"，而且V字队形可以增加雁群70%的飞行范围。如果在雁群中，有任何一只大雁受伤或生病而不能继续飞行，雁群中会有两只自发的大雁留下来守护照看受伤或生病的大雁，直至其恢复或死亡，然后它们再加入新的雁阵，继续南飞直至目的地。

思考与练习

1. 团队有效合作的前提是什么？
2. 团队间如何进行有效合作？
3. 谈谈在实际工作中，有哪些有效合作的经验？

模块 8   应对冲突的策略（GDSTY17008）

模块描述

本模块介绍了应对冲突的策略，包含应对冲突的原则、处理冲突和激发建设性冲突的基本方法。通过要点分析、案例练习，掌握合理利用冲突，提高团队绩效的策略。

模块内容

何为冲突？在《牛津大辞典》中的解释是人们之间对不同观点或信仰的不同意见。在人们的共同生活中，冲突是一种司空见惯的正常现象，长期没有冲突的关系根本不存在。凡是人们共同活动的领域，总会产生不同意见、不同需求和不同利益的碰撞。

一、解决冲突的办法

我们有五种选择，回避、退让、竞争、妥协和合作。先用一个橘子故事来简单解释一下这5种解决冲突的区别。比如现在有一个橘子，你想要，我也想要。如果我不管不顾，抢先把橘子抢到，这是"竞争"方式；如果我考虑到你更需要这个橘子，故而把橘子让给你，这是"退让"；我们都不想争，大家都不要这个橘子，这是"回避"；如果我们把橘子掰开，一人一半，这是"妥协"；如果我们能坐下来共同探讨为什么想要这个橘子，原来我要吃橘子肉，你要的是橘子皮做糕点，这样我们两个人的需求都得到满足，这种方式就是"合作"。这5种处理冲突的方式就是著名的冲突管理的"托马斯—基尔曼"模型。我们先来看看这5种竞争方式各有什么特点。

（1）竞争。用"竞争"方式处理冲突时，双方各站在自己的利益上思考问题，各不相让，一定要分出个胜负、是非曲直来。这种竞争方式的特征是：正面冲突，直接发生争论、争吵，或其他形式的对抗；冲突双方在冲突中都寻找自我利益而不考虑对他人的影响；竞争的双方都试图以牺牲他人的利益为代价来达到自己的目的，为了争赢而不顾冲突带来的后果。

（2）退让。和竞争方式相反的是"退让"，是指在冲突发生时只考虑对方的要求和利益，不考虑或牺牲自己的要求和利益，把对方利益放在自己的利益之上，其行为特点为高度合作，不进攻，愿意牺牲自己的目标使对方达到目标，尽管自己有不同意见，但还是支持他人的意见，为了维护相互的关系，一方愿意做出自我牺牲。

（3）回避。"回避"是冲突的双方既不采取合作也不采取进攻行为，"你不找我，我不找你"，双方回避这件事情。回避方式的特征是双方意识到冲突的存在，却试图忽略冲突，都不采取任何行动，不发生正面对抗。

（4）妥协。"妥协"是冲突双方都有做出让步，俗话说"你让三分，我让三分"，双方都让出一部分要求和利益，但同时又保存一部分要求和利益。其特点是没有明显的赢家和输家，他们愿意共同承担冲突问题，并接受一种双方都达不到彻底满足的解决方案，所以妥协有一个明显的特点就是双方都倾向于放弃一些东西。冲突双方的基本目标能达成，相互之间的关系也能维持良好，冲突能得到暂时解决，也有可能留下了下一次冲突的隐患。

（5）合作。"合作"方式是冲突双方既考虑和维护自己的要求和利益，又要充分考虑和维护对方的利益，并能最终达成共识。合作方式的特点是冲突双方相互尊重与信任，对于自己和他人的利益都给予高度关注，冲突双方坦率沟通，澄清差异，并致力于寻找双赢的解决办法。合作的方式能使冲突得到完全消除。

从上面的介绍我们也许会得出一个结论，这5种解决冲突的方法中使用"合作"的方法处理冲突是最好的，那么我们所有冲突都用合作方法解决不就行了吗。不，实际工作中的情况要复杂很多。采用合作的方法处理冲突，相对其他解决冲突的方法而言，需要花费的成本要高一些，他需要花很多的时间和精力进行沟通、讨论，最终达成共识后才能采取行动，或许，在合作过程中还需要大量的财力物力，在这些条件不允许的情况下，使用合作是不现实的。

二、解决冲突的技巧

我们知道在工作中有些工作是重要的，有些事不重要的，工作的重要性有大有小，有紧迫的有不紧迫的。我们可以根据工作的性质来决定采取何种冲突的处理方法。

"竞争"，对于那些既有重要性又有紧迫性的问题，我们通常可以采取"竞争"的方式。每当一提起竞争，就会想到两败俱伤的结局，就认为是不好的，不可取的。其实并非如此，并不是在任何情况下采取竞争的方式都是不可取的。在有些情况下，竞争策略是十分必要的并且是行之有效的，甚至有些情况还必须使用竞争方式。比如当处于紧急情况下，需要迅速果断的做出决策并要及时采取行动；或在公司至关重要的事情或利益上，你明确知道自己是正确的情况下。例如公司为了提高公司业绩需要在销售部门推行销售业绩考核，不达标淘汰制度，这个制度能否贯彻执行下去直接影响到公司能否在市场上生存下去，在推广的过程中不管在销售部有多大的阻力都要严格执行下去。

"回避"是对那些既不重要又不紧迫的问题我们通常可以采取的方法。不要以为回避就是不负责任，其实在工作中，有时候采取回避会有意想不到的结果。在以下情况我们会采取回避策略：冲突的事件微不足道，不重要也不紧急；你发现还不到解决问题的时机，收集信息比立刻决策更重要；冲突双方都在非理性的情绪中；或者处理这个冲突会可能引发一个更大的冲突时。

"退让"也是那些既不重要又不紧迫的问题我们通常可以采取的方法，选择退让并不是说明自己软弱，或者是害怕对方，我们常说的"退一步海阔天空"就是指这种处理冲突的方法。采用这种方法有时更需要智慧和宽容心。在下面这些情况我们可以尝试着选择退让：当别人给你带来麻烦，但这种麻烦是你可以承受的，你明知道得到冲突的利益对别人来说比你更重要，维护关系的融洽比理性上的对错更为重要时，我们回想一下在我们的家庭生活中夫妻之间的冲突，很多时候为了保持家庭稳定，我们大多会采取退让的方式来处理，因为这个时候对错并不重要，良好的关系才是最重要的。

"妥协"是面对具有紧迫性但不具有重要性的问题通常可以采用的方式。当目标十分重要但过于坚持己见可能会造成更坏的后果时；当对方做出承诺不在出现类似的问题时，当时间十分紧迫需要采取一个妥协方案时；当为了一个复杂问题达成暂时的和解时，我们都可以采取妥协的方式。

"合作"是处理重要但不紧急事件时应该采用的方式，合作需要事先的沟通达成共识，既满足了自己的愿望，同时也站在对方的立场上为对方的利益考虑。对以那些重要性很强，但不是特别紧迫的，有时间进行沟通的问题，必须采取这种策略。要达成合作的关键点在于双方不再是冲突的对立面，他们能携起手来，站在同一战线上共同来面对他们遇到的问题。有了相互认同这个前提方能进行下一步的沟通，通过积极倾听、提问，反馈这些沟通技巧找出冲突的根本原因和对方真实深层需求并努力寻找共同的利益点，创新性地寻找大家都认可的解决方案。冲突是我们生活的一部分，我们大多数人都会形成自己应对冲突的习惯性处理方法，当我们再次面对冲突时，可以先停下来想一想，我现在处理的冲突是什么样的冲突，我的处理方式还有没有别的更好的选择？

三、冲突的性质

冲突有两种不同的性质，凡能推动和改进工作或有利于团队成员进取的冲突，可称为建设性冲突；相反，凡阻碍工作进展或不利于团队内部团结的冲突，称为破坏性冲突。其中建设性冲突对团队建设和提高团队效率有积极的作用，它增加团队成员的才干和能力，并对组织的问题提供诊断资讯，而且通过解决冲突，人们还可以学习和掌握有效解决和避免冲突的方法。

一个团队如果冲突太少，则会使团队成员之间冷漠、互不关心，缺乏创意，从而使团队墨守成规，停滞不前，对革新没有反应，工作效率降低。如果团队有适量的冲突，则会提高团队成员的兴奋度，激发团队成员的工作热情，提高团队凝聚力和竞争力。

综上所述，冲突是另一种形式的沟通，冲突是发泄长久积压的情绪，冲突之后雨过天晴，双方才能重新起跑；冲突是一项教育性的经验，双方可能对对方的职责极其困扰，有更深入的了解与体认。冲突的高效解决可开启新的且可能是长久性的沟通渠道。

四、案例

一位业绩一直第一的员工，认为一项具体的工作流程是应该改进的，她也和主管包括部门经理提出过，但没有受到重视，领导反而认为她多管闲事。

一天，她就私自违犯工作流程进行改变。主管发现了就带着情绪批评了她；而她不但不改，反而认为主管有私心，于是就和主管吵翻了，并退出了工作岗位。主管反映到部门经理哪里，经理也带着情绪严肃批评了她，她置若罔闻。于是经理和主管就决定严惩，认为开除她的也有、扣三个月奖金的也有，这位员工拒不接受，于是部门经理就把问题报告到老总那里。

老总于是就把这位早有耳闻的业务尖子叫到办公室谈话。老总没有一上来就批评她，而是让她先叙述事情的经过，通过和她交谈，交换意见和看法。老总发现这位员工确实很有思路，她违反的那项工作流程确实应该改进，而且还谈出了许多现行的工作流程和管理制度中存在的不完善之处。老总这种朋友式的平等的交流，真诚地聆听她的意见，让她感觉受到了重视和尊重，反抗情绪渐渐平息下来，从而开始冷静地反思自己的行为，从开始的只认为主管有错，到最后承认自己做得也不对。在老总策略性地询问下，她也说出了她认为自己的错误应该受到的处罚程度，最后高兴地离开了办公室。此后，老总与部门经理以及主管交换了意见和看法，经理和主管也都认同了"人才有用不好用，奴才好用没有用"的道理。

大家讨论决定以该位员工自己认为应受的处罚减半罚款，让她在班前会上公开做了自我检讨，并补一个工作日，她十分愉快地甚至可以说是怀着感激之情接受了处罚，而且公司还以最快的速度把那项工作流程给改进了。

事情过后，发现这位员工一下子改变了原来的傲气和不服的情绪，并积极配合主管的工作，工作热情大增，大家说她好像变了个人似的。

思考与练习

1. 简述冲突的定义。
2. 处理冲突有哪几种方式？
3. 冲突的性质可分为哪两种？

模块 9　建设高绩效团队的条件和途径（GDSTY17009）

模块描述

本模块介绍了高绩效团队的建设条件和途径，包含高绩效团队建设的六个特点，影响团队绩效的六个因素，提高团队绩效的五个途径。通过要点分析，熟悉建设高绩效团队的条件和途径。

模块内容

"康泰之树，出自茂林，树出茂林，风必折之。"一棵健康高大的树木，一定是从茂密的森林中生长出来，这棵树如果离开这片森林，风一吹来势必折枝散叶。在现今社会中没有一个人单靠自己就能顶天立地。企业竞争不是个人赛，而是团体赛。但是在一个组织里，大家由于心态、观念、能力的不一致，难以高效地完成组织目标，正所谓"百姓百心"，很多工作进展缓慢，领导者和管理者往往不知道员工究竟是"不会做"还是"不愿做"，还是由于资源缺乏而"不能做"，从而很难让员工凝成一股绳。

管理学大师彼得·杜拉克强调，企业最终的关键是"让员工众志成城，调动员工的积极性与潜能，为企业创造绩效"，因此，建设高效团队尤其显得重要。

一、高效团队的特点

高效团队具有以下特点：

（1）规模比较小，一般不超过 10 人。

（2）互补的技能，即团队各成员至少具备科技专长、分析解决问题能力、沟通技能。

（3）共同的目的，产生共同目的的前提，并可以为成员提供指导和动力。

（4）可行的目标以使成员采取行动和充满活力。

（5）共同手段或方法来达成目标实现。

（6）相互之间的责任。

二、影响团队绩效的因素

（1）团队凝聚力。与绩效存在着很大的相关性，尤其是在高新技术企业，高层管理团队的凝聚力指标与公司财务绩效指标之间呈正相关关系。

（2）团队成员的熟悉程度。团队决策效率的提高，取决于成员之间的熟悉程度。

（3）团队的领导。团队氛围对团队绩效有很大影响，而领导力风格又对团队氛围有直接影响。

（4）团队的目标。团队的绩效目标可以有许多形式，如数量、速度、质量、成本、客户满意度等。

（5）团队的激励。不仅包括对集体层面的激励，也包括对团队成员个体层面的激励。

（6）团队成员的多样化。成员在性格、性别、态度以及知识背景或经验方面的差异影响着团队的绩效。

（7）团队成员的素质。团队应从知识、技能和态度几个方面对团队的核心素质进行界定。

三、提高团队绩效的途径

（1）明确使命，确定目标。团队使命是团队成立的根本所在，阐述了团队存在的意义，也决定了团队未来目标的制定。所以，团队成立之初一定要结合整个组织的战略目标确立自己的使命，再根据使命制定目标，而团队目标的制定应根据ＳＭＡＲＴ原则，即明确性

（Specific）、衡量性（Measurable）、可接受性（Acceptable）、可实现性（Realistic）、时限性
（Timed），以实现最终目标，实现效益。

（2）促进沟通，增加信任。同级之间、上下级之间以及在执行命令过程中都要保持积极
有效的沟通。同级之间的沟通可以增加对彼此的了解，有效避免一些误解和摩擦；而上下级
之间的沟通有利于领导及时发现决策的有效性，不断改进，也可以及时解决下级成员的矛盾。
通过不断地沟通交流，增加对彼此的信任，提高绩效。

（3）选择成员，互补技能。组建团队或执行任务时，要注重对员工的选择，充分了解员
工的各自能力与不足，使员工之间可以优势互补、扬长避短，实现群体能力最大化，充分发
挥集群优势。

（4）定期考核，赏罚分明。要保证群体高效有序的运行，就必须有一套完善科学的奖惩
制度，而奖惩的根据就是定期考核，包括个人和群体。这样可以起到激励作用，形成竞争，
促使成员们努力完成任务，进而获得相应的荣誉，实现自我价值。不过，过度的强调奖惩竞
争，可能会导致内部的一些矛盾甚至分裂，所以要把握好度。

（5）重视学习，提高自我。这要求每个团队成员，尤其是团队的领导者，要有与时俱进的
思想，科技社会不断发展，要想使自己和团队跟上潮流，拥有竞争优势，就要不断汲取外在的
"营养"，提升自己和团队的综合能力；而作为领导者——团队命令的发出者，是一个团队的核
心，更要不断地学习，提升自我，以保证指令的科学性、可实施性，以最有效的途径实现目标。

综上所述，团队绩效的高低对当代企业有着重要的意义，而团队绩效又受众多因素的影
响。所以作为团队的领头羊，必须要充分地掌握这些细节，并灵活运用提高团队绩效的策略，
以打造一个优秀的团队，在激烈的市场竞争中凭借高效的团队绩效立于不败之地。

四、案例

高淳县供电公司固城供电所现有员工 33 人，负责辖区内 11 条 10kV 线路的巡视、通道
治理，同时担负着 17 个行政村、196 台农村综合变、16672 户低压客户和 154 家企业、157
台专用变的抄表催费等供用电服务工作。2013 年 5 月以来，固城供电所根据《国家电网公司
关于实施乡镇供电所管理提升工程的意见》和《南京供电公司供电所管理提升工程实施方案》
的部署，结合自身实际，从六个方面细化要求，不断更新思想观念，创新工作思路，深化专
业管理，强化人员责任落实，进一步提升供电所各项基础管理水平。

1. 以管理问题全面排查为手段，实现专业管理规范化

为夯实供电所管理基础，着力解决管理中存在的突出问题和薄弱环节，确保实现供电所
全过程、全方位的提升，固城供电所不断探索管理新途径，以实施"供电所管理提升工程"
为主线，依据国家电网公司相关要求，以管理问题全面排查为抓手，制定了实施细则，建立
了"三查制度"，即"自己查、相互查、专业查"，在边查边改过程中提高管理水平。

2. 以信息化系统建设为载体，促使营销管理精益化

固城供电所充分意识到供电所营销工作应立足于"电网是基础、技术是支撑、服务和管
理是保障"的原则，不断加强信息系统体系建设，积极探索供电所精益化管理工作。

为保质保量地完成用电信息采集工作建设任务，固城供电所积极采取措施，合理安排工
期，狠抓源头管控，规范理顺内部流程机制，制定了《用电信息采集系统安装维护方案》，确

保用电信息采集工程建设有序开展。

严格按照省公司建设方案要求，对营销、配电基础资料和数据进行实地核实，在制订详细的数据清理计划同时还建立了相应的考核机制，层层落实责任，把好数据质量关，提高工作效率。

试点推广线损分线分台片管理，在营配集成上线运行后，通过营销业务应用系统线损管理模块实现台区线损实时统计功能，助力企业降损节能和提高经济效益。

3. 以同业对标为指导，明确绩效管理提升方向

为最大限度提高和促进供电所经济效益，提升综合管理水平，固城供电所通过同业对标工作平台，以业绩对标为手段，坚持向管理要效益，以效益促发展，以先进供电所经营管理绩效为标杆，进行竞争性的对照学习，激励供电所员工形成"比、学、赶、超"的浓厚氛围。

固城供电所按照"指标对标为先导，管理对标为核心，绩效提升为目标"的工作思路，结合上级单位同业对标工作思路，实行"规定动作不走样，自选动作有创新"，努力突出农村供电所特点和特色，在对标中不断找差距、选定位、重创新、勇争先。把各项指标细化分解到人，从供电所记录填写、台账建立，到线损率、电费回收率及优质服务等，实行对标项目每月一考核，每季一评审。

4. 以星级班组建设为契机，促进班组基础管理上台阶

根据国家电网公司《关于加强班组建设的实施意见》，固城供电所以推进班组标准化建设为主线，以"创建标杆、优秀班组"为目标，对班组基础资料、5S管理、班务公开、班容班貌等进行全面梳理整改，不断提升班组员工素质，切实加强班组基础管理工作，提高班组建设水平，主要体现为班组管理"三化"。

（1）生产管理标准化。严格按照工作标准进行作业，从制度标准化、运行常态化入手，坚持建标和贯标工作的同步推进，坚持标准制度与实施的有机衔接，强化标准体系的管理与考核，强化标准化作业针对性。同时严格实行定置管理，对资料进行分类保存，工器具、备品备件规范定置摆放，专人管理，每周检查情况汇总通报，通过所务公开、班务公开，开展互学互比，督促班组重在整改。

（2）资料管理信息化。根据江苏省电力公司要求，作为"班组建设信息化管理系统"的第二批运行试点单位，固城供电所按照"班组建设信息化管理系统应用录入规范"完善各类台账、记录共三个功能模块，包括班组公示、班组建设、班组考评二十一类台账资料。"班组建设信息化管理系统"的建设实现了班组信息资源共享，员工查阅资料更加方便快捷，使班组建设走上了信息化道路。

（3）文化建设常态化。不断深化班组民主管理，推进员工素质提升，增强班组的凝聚力、核心竞争力和创新能力，实现班组自主管理。鼓励班组围绕技能提高、技术创新、安全生产等方面，立足岗位，开展"创先争优"、群众性经济技术创新、QC小组等活动；推进"企业文化落地"主题实践活动，将企业文化融入班组管理；开展"强素质、担重任、比贡献"主题教育和形势任务宣传教育；开展员工职业素养教育，促进员工行为规范建设；针对变革，开展员工思想动态分析，注重员工心理疏导，确保队伍稳定。

5. 以服务农村经济发展为核心，打造优质服务新形象

固城供电所正确认识到供电企业与地方、管理与发展的关系，紧紧依靠地方政府，加大

工作力度，强化组织宣传，不断深化服务内涵，扩展服务外延。

（1）实施农村用电安全强基固本工程。为全面落实国家电网公司相关要求，固城供电所作为农村用电安全强基固本工程示范点，严格按照要求结合实际，紧紧抓住加强农村用电安全这一有利时机，扎实高效地开展农村用电安全强基固本工程工作。坚持政企联动，发挥政府主导作用，发挥镇、村监督协调作用，发挥供电企业技术优势，夯实农村用电安全管理基础。积极应用新技术、新设备，加强设备管理，排查各类农网设备缺陷，加强隐患治理，提升农村电网设备供电能力。创新宣传形式，深入开展农村安全用电宣传"六进"（进集市、进校园、进塘口、进村头、进农户、进建筑施工现场）活动，构建农村安全用电宣教长效机制。

（2）大力开展"亲情服务"。根据南京供电公司"刘平创新工作室"的"亲情服务法"理念，固城供电所独创了"四勤"服务法："腿勤"——建立特殊客户台账，定期上门服务，展示电力企业关爱社会、服务社会、回报社会的国企形象；"手勤"——采取张贴告示、发送宣传资料、下发通知等形式宣传电价电费政策、安全用电知识等；"脑勤"——营业过程多动脑，创新营业手段；"嘴勤"——对辖区内用电大客户、重要客户以及居民用电情况通过走访等形式进行了摸底了解，登门听取工作意见和建议，了解供电需求，解决用电困难。

6. 以培育学习型供电所为目标，提升员工队伍素质

为了努力培养与一流企业相适应高素质的农电队伍，针对供电所管理需要一支"知识型、技能型、管理型、服务型"的高素质农电队伍这一主线，固城供电所狠抓农电员工业务技能培训，认真制订了年度培训计划并严格执行。在培训计划中落实培训内容、教员、对象及培训责任和培训措施，从而确保培训工作不走过场。

固城供电所结合市县公司开展的各种培训，组建了由技师、高级工和新进大学生组成的培训小组，发挥他们的专业特长，按照"干什么、学什么，缺什么、补什么"的原则，梳理出营业业务、优质服务、抄表信息自动化等专业培训方向，针对每位员工的特点建立培训档案，量身定制了切实可行的培训工作方案，重点解决工作中遇到的难点问题。

为了规范农电员工低压施工、检修、维护工艺标准，提高农电员工实际业务操作能力和抄、核、收、计量等管理水平，固城供电所在紧凑的用房条件下，首批建设了"四个一"工程，即"一档线、一台变、一间学习室、一间训练室"，为农电人员创造了"就近、随时、灵活"的基本培训条件。通过培训，农电员工思想素质和业务技能有了明显提高，基本实现了由经验型向规范化的转变。

此外，固城供电所采用"请进来"和"走出去"，定期邀请公司生产、营销等方面专业技术人员授课，积极鼓励员工开展后续学历教育，切实开展"创建学习型班组、争做知识型员工"活动，为供电所的可持续发展奠定了员工素质基础。

思考与练习

1. 简述高效团队的特点。
2. 简述影响团队绩效的因素。
3. 简述提高团队绩效的途径。